U0102860

科學天地 85

World of Science

觀念化學 I

基本概念・原子

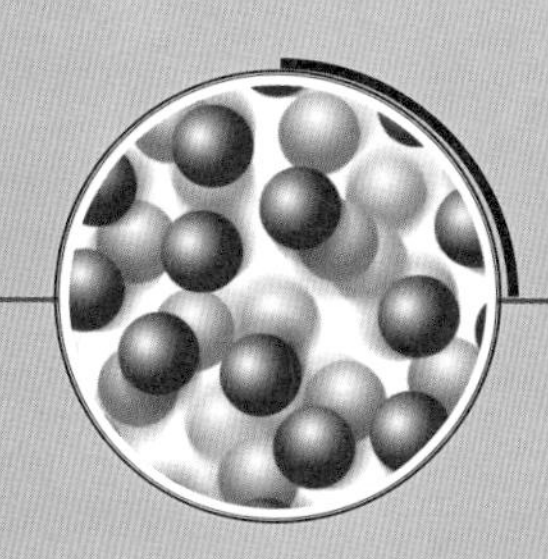

CONCEPTUAL CHEMISTRY

Understanding Our World of Atoms and Molecules

Second Edition

by John Suchocki, Ph. D.

蘇卡奇／著　　葉偉文／譯

作者簡介

蘇卡奇（John Suchocki）

美國維吉尼亞州立邦聯大學（Virginia Commonwealth University）有機化學博士。他不僅是出色的化學教師，也是大名鼎鼎的《觀念物理》（*Conceptual Physics*）作者休伊特（Paul G. Hewitt）的外甥。

在取得博士學位並從事兩年的藥理學研究後，蘇卡奇前往夏威夷州立大學（University of Hawaii at Manoa）擔任客座教授，並且在那裡與休伊特一同鑽研大學教科書的寫作，從此對化學教育工作欲罷不能。

蘇卡奇最拿手的，就是帶領學生從生活中探索化學，他說：「當你好奇大地、天空和海洋是什麼構成的，你想的就是化學。」他總是想著要如何用最貼近生活的例子，給學生最清晰的觀念；他也相信，只要從基本觀念著手，化學會是最實際且一生受用不盡的科學。

目前，蘇卡奇與他的妻子、三個可愛的小孩，一同定居在佛蒙特州，並且在聖米迦勒學院（Saint Michael's College）擔任教職，繼續著他熱愛的教書、寫書，還有詞曲創作的生活。

譯者簡介

葉偉文

1950年生於台北市。國立清華大學核子工程系畢業，原子科學研究所碩士。現任台灣電力公司緊急計畫執行委員會執行祕書。

譯作有《愛麗絲漫遊量子奇境》、《幹嘛學數學？》、《數學小魔女》、《統計，改變了世界》、《數學是啥玩意？I～III》、《葛老爹的推理遊戲 1、2》、《一生受用的公式》、《統計 你贏的機率》、《蘇老師化學黑白講》、《費曼手札》、《刻卜勒的猜想》、《神奇數學117》、《蘇老師化學五四三》、《牛頓物理駕訓班》、《蘇老師化學聊是非》、《相對世界的美麗》、《薛丁格的兔子》等三十多種書（皆為天下文化出版）。

觀念化學 I　基本概念・原子

前言　到化學世界逛逛　10

導言　用《觀念化學》教化學觀念　12

第1章　化學是一門科學

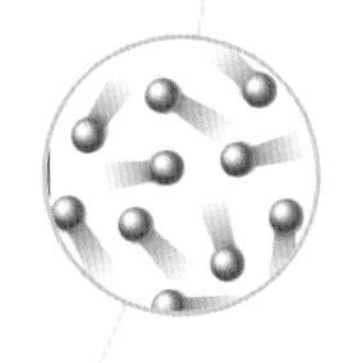

1.0　看看分子與原子的世界　18

1.1　化學是對生活有益的中心科學　19

1.2　科學是瞭解宇宙的方法　22

1.3　科學家度量的物理量　32

1.4　質量和體積　38

1.5　能量使物體移動　45

1.6　溫度測量東西有多熱，而不是有多少熱量　47

1.7　物質的相和粒子的運動有關　52

1.8　密度是質量對體積的比　58

第 1 章　觀念考驗　72

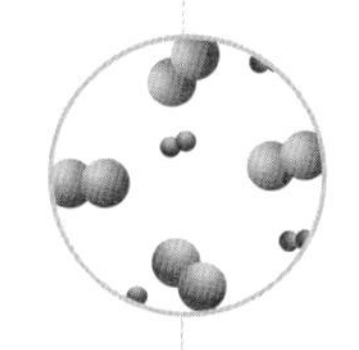

第 2 章 化學元素

2.0 用化學語言來瞭解化學 84

2.1 物質有特定的物理和化學性質 85

2.2 原子是構成元素的基本材料 94

2.3 元素可以結合成化合物 97

2.4 大部分的物質是混合物 102

2.5 化學把物質分為純物質與不純物兩類 107

2.6 元素依性質，有秩序的排在週期表裡 111

第 2 章 觀念考驗 123

第 3 章 發現原子與次原子

3.0 我們來自何方，現在又知道了些什麼？ 134

3.1 化學的發展源自人類對物質的興趣 135

3.2 拉瓦謝奠立了現代化學的基礎 136

3.3 道耳吞推論出，物質是原子構成的 148

3.4 電子是最先發現的次原子粒子 156

3.5 原子的質量集中在原子核上 161

3.6 原子核是由質子和中子構成的 164

第 3 章 觀念考驗 176

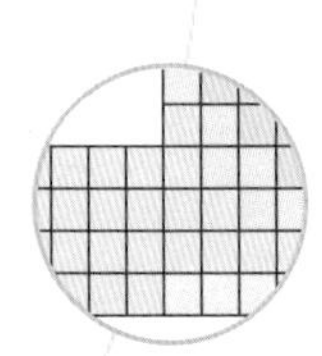

第 4 章 原子核

4.0 認識原子核 186

4.1 由陰極射線發現放射性 187

4.2　放射性是自然現象　192

4.3　放射性同位素是有用的示蹤劑與醫學造影劑　196

4.4　放射性是原子核內部力量不平衡造成的　200

4.5　放射性元素會遷變成不同的元素　205

4.6　半衰期愈短，放射性愈強　208

4.7　同位素的年代測定法可度量物質的年代　212

4.8　核裂變是指原子核的分裂　216

4.9　核質量生成核能，核能造就核質量　225

4.10　原子核與原子核結合叫核聚變　229

第 4 章　觀念考驗　236

觀念考驗解答　243

附錄 A　科學記號　278

附錄 B　有效數字　283

元素週期表　288

圖片來源　289

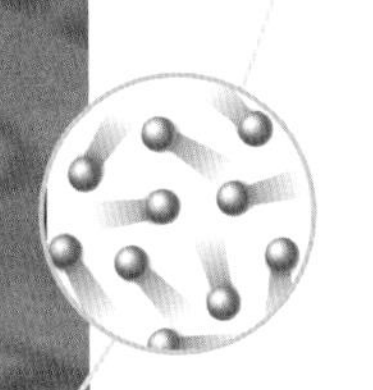

觀念化學Ⅱ　化學鍵・分子

第 5 章　原子模型

第 6 章　化學鍵結與分子的形狀

第 7 章　分子混合

第 8 章　奇妙的水分子

觀念化學 Ⅲ　化學反應

第 9 章　化學反應如何進行

第 10 章　酸和鹼

第 11 章　氧化和還原

第 12 章　有機化合物

觀念化學IV　生活中的化學

第 13 章　生命的化學

第 14 章　藥物的化學

第 15 章　糧食生產與化學

觀念化學V　環境化學

第 16 章　淡水資源

第 17 章　空氣資源

第 18 章　物質資源

第 19 章　能源

前言

到化學世界逛逛

歡迎各位到化學世界來。在這個奇妙的世界裡，你們身邊的所有東西，都可以追溯到不可置信的微小顆粒上。這種顆粒叫做原子。化學是研究原子怎麼結合成物質的學問。學了化學之後，你們看事情會有全新的視野，不僅知道物質是怎麼形成的，也知道它們爲什麼會表現出這種特性。

化學是一門非常實際的科學。在瞭解了原子的行爲模式，並找到方法進一步加以控制原子的行爲後，化學家就開始製造出許多有用的新物質，例如：合金、肥料、藥品、聚合物、電腦晶片、合成DNA等等。這些物質把人類的生活提升到空前的水準。就憑化學對我們社會有這麼大的影響，就值得好好把它搞清楚。更重要的是，有了基本的化學知識之後，你可以自己評估，那些新穎的技術是否會對環境造成劇烈衝擊，是否值得信賴。你也可以自己判斷有些人的說法是不是對的，而不會被別人牽著鼻子走。

《觀念化學》介紹的是化學觀念，主要的重點是觀念理解而不是計算技巧。雖然有時候會有些看似難解的化學觀念出現，但其實這些觀念都很直接易懂，只要你有學習的意願，就能弄懂它。你付出的努力將會有豐碩的成果。你不但能學習到和環境有關的新知識，也會瞭解自身和環境之間的關係，還能改善學習技巧，變成較精通思考的人。不過你要記得，學化學就和學習所有的東西一樣，要有付出，才會有收穫。

我很喜歡化學，我知道你一定也會喜歡的。因此，穿上鞋子，和我一起到化學世界去逛逛吧。我們就從最基本的觀念開始。

祝你們

愛上化學

蘇卡奇

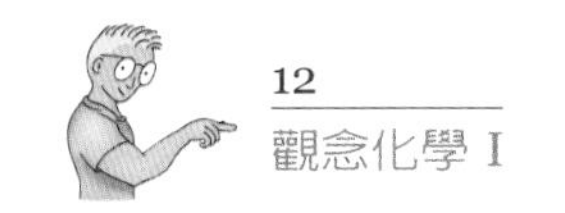

導言

用《觀念化學》教化學觀念

當老師的都希望我們的教導對學生有長期的正面影響。因此，我們注意的是學生該學習的且最重要的東西。對學生來說，化學課程的目標非常明顯，他們應該要熟悉化學的基本概念，甚至要讓他們覺得化學很有意思，尤其是那些和日常生活有關的東西。舉例來說，肥皂是怎麼作用的？冰爲什麼會浮在水上等等。學生應該能區別「平流層臭氧的消耗殆盡」和「全球增溫」這兩個問題有什麼不同；也該知道怎樣才能確定飲水的供應是否安全，他們應該學會物質在原子和分子的尺度上是怎麼回事。不僅如此，在學習化學課程後，學生應該瞭解科學探索的方法，也比較能把自己學會的知識教給下一代。簡單的說，學生應該有高於平均素質的科學水準。

這是很偉大的目標，而它是否能成功，和我們當老師的是否盡了最大的力有關。不過從我接觸過的學生那兒聽到的意見是，他們並不是覺得有必要學化學。他們感興趣的，倒不一定是化學知識，而是希望在學習過程中，發展自己的科學觀念。

誠如所有科學教育工作者所知，化學以及許多化學觀念是發展高階思考技巧的優良沃土。因此，我們應該把這一項科學的特質和所有學生分享，它可以調合到不同的程度，適應各不同科系的學生。學生進入大學並不是只想學習某些特定的學業科目，也想發展健全的人格特質。健全的人格發展，應該也包括增進分析能力與口語溝通技巧，同時強化自己面對各種不同挑戰的信心。因此，我們教化學時，不只能幫助學生學好化學，也能幫助學生瞭解自己並認清自己的潛力。

這就是爲什麼我要寫這套《觀念化學》的原因。從目錄裡大家可以發現，這套書介紹了完整的化學知識。而且，這套書也的確如它的書名所言，是在介紹化學觀念，幫助學生理解微觀尺度分子與原子的行爲，從中瞭解分子與原子的行爲如何構成並且影響巨觀的物質環境，讓學生對自然世界有更深的認識，並瞭解物質的行爲與運作模式。

《觀念化學》並不強調背誦或計算解題技巧，書中的化學觀念主要是以故事敘述的方式來介紹的，配上很多例子與圖解。每一章末尾的「觀念考驗」挑戰學生對內容瞭解的程度，及進行綜合判斷、做出清晰結論的能力。《觀念化學》不僅能協助學生學習化學，還能讓學生藉由學習化學，成爲較好的思考者，完成對自我的發掘。

《觀念化學》的各冊結構

《觀念化學》的 I 至 III 冊，也就是前 12 章，介紹化學基本觀念。我們用生活實例貫穿全書，幫助學生瞭解並評斷相關的化學觀念。在第 IV 至 V 冊，也就是 13 至 19 章裡，學生有機會練習前面 12 章學到的東西，用以探討許多不同的化學議題。

《觀念化學》的特點

《觀念化學》包含下面這些重要的特點：

☆用清晰明瞭的介紹，加強學生的興趣。

☆書裡利用**觀念檢驗站**，提出問題並且立刻給予解答。在介紹新觀念之前，讓學生對之前介紹的概念有更清楚的認識。

☆**生活實驗室**活動的設計，提供學生在正式化學實驗室外，見識到化學實例進行的機會。活動用到的材料和設備，都是家庭常見的物品。我們在每一章裡，都設計兩、三項活動。這些活動也可以在課堂裡進行。

☆某些章節會有**化學計算題**的單元。學生在此有機會練習與數量有關的推理技巧，這些技巧是進行化學計算所必須的。在每個「化學計算題」裡，我們會先行示範，讓學生知道怎麼執行特殊的計算。接下來會有題目可讓學生自己試試看。課文裡用到的數學技巧，只是一些分數、小數和基本代數的基本運算。

☆每一章都附有**關鍵名詞**，在內文中，關鍵名詞會以粗體字標示出來，在章末會把各關鍵名詞的概念再簡述一次。希望學生經由瞭解關鍵名詞，更瞭解化學意涵，及增進與人討論化學的能力。

☆每一章的**延伸閱讀**，都提供更進一步的參考資料，內容是與本章有關的重要書籍、期刊、論文或網站。學生可以從中找到與這一章內容相關的最重要資料。

在每一章的結尾都有「觀念挑戰」的單元，其中也有幾個特別設計的內容，分述如下：

☆**關鍵名詞與定義配對**：這是把這一章裡所有粗體字的關鍵名詞，做綜合整理。

☆**分節進擊**：我們設計一連串的問題，讓學生重溫本章內容，完全依照章節順序安排，幫學生做有系統的複習。

☆**高手升級**：這些題目的設計，是測試學生對本章內容瞭解的程度，強調的是關鍵性思考，而不是記憶。在很多時候，會把化學問題設定在日常生活場景裡。這些問題（含定義配對、分節進擊和高手升級）的答案，都附在每冊的書末。讀者做過題目後，可以自己對答案。

☆**思前算後**：有些特別的觀念，要經過數值計算才會清楚。它們是依據「化學計算題」裡的資料而來的。因此，有「化學計算題」的章節，才有「思前算後」。「思前算後」的解答也在每冊的書末。

☆**焦點話題**：我們在一些議題式的章節裡（《觀念化學IV、V》），提供一些題目，讓學生可以進行討論。這些問題並沒有所謂的正確答案。學生可以分成正、反兩邊來辯論。

《觀念化學》裡的所有單元，都是設計來加強或釐清化學觀念的，寶藏於此，就等你自己來挖掘了。

化學是一門科學

你知道化學是什麼，科學的定義又為何嗎？

你知道科學家怎麼做研究，而化學家都在幹嘛嗎？

這一章我們不僅會闡明科學的本質，

還帶大家一窺化學家如何進行實驗，

看看科學定理要怎麼來發現。

1.0 看看分子與原子的世界

1.1 化學是對生活有益的中心科學

1.2 科學是瞭解宇宙的方法

1.3 科學家度量的物理量

1.4 質量和體積

1.5 能量使物體移動

1.6 溫度測量東西有多熱，而不是有多少熱量

1.7 物質的相和粒子的運動有關

1.8 密度是質量對體積的比

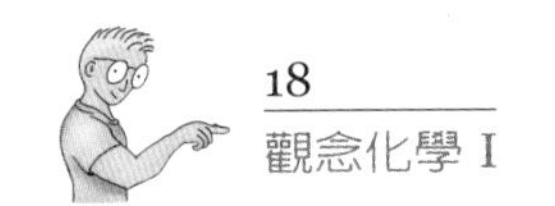

1.0 看看分子與原子的世界

從遠方眺望，沙丘好像是平滑的物體，但走近些詳細觀察，卻會發現它是由很多沙粒堆積而成的，只是在遠方看不清一顆顆的沙子而已。我們周圍的東西，不管看起來多麼光滑，也同樣是由叫做「原子」的基本單元，一顆顆構成的。但原子實在太小了，一粒沙子可能就含有 1.25 億顆原子。

雖然原子只有一點點大，但我們能從原子裡學到的東西可多了。比如說，我們知道地球上的原子大約有一百多種不同的型態，而且這些原子可以按照某種規律，排列在眾所周知的「週期表」上。有些原子會互相結合，構成稍大一些但仍小得不可思議的「分子」，分子就是組成各種不同特性物質的單元。例如兩個氫原子和一個氧原子會結合成一個水分子，分子式是 H_2O。水分子非常小，一個 250 毫升的玻璃杯，大概可以裝上一兆兆個水分子。

我們可以應用不同的尺度來觀察這個世界。在「巨觀」尺度上東西都大到看得見、量得到，也可以處理。一把沙或一杯水，就是巨觀尺度的東西。但是在「微觀」尺度上，例如生物細胞的物理結構、蜻蜓翅膀上的鱗片組織等，都必須用顯微鏡才觀察得到。在微觀尺度下還有更小的**次顯微**尺度，指的是原子和分子的領域，這也是化學研究的焦點所在。

圖 1.1
一杯水裡頭，就有一兆兆個水分子。

1.1 化學是對生活有益的中心科學

當你好奇大地、天空和海洋是什麼構成的，你想的就是化學。當你好奇雨水坑怎麼會乾涸，汽車怎麼從汽油得到能量，或食物怎麼變爲人所需要的營養與熱量，你想的事情也同樣屬於化學。根據定義，**化學**這門學問研究的是，物質與物質可能的變化。**物質**是指任何占有空間的東西；物質是組成所有東西的基本素材，任何可以摸得到、見得著、可品嚐、可聞嗅、可聽得的東西，都屬於物質。因此，化學的範圍是非常廣泛的。

化學和其他很多科學都有關係，大家常認定化學是中心科學。化學上承物理學的原理，也是生物學這門複雜科學的基礎。事實上今日許多生命科學上的重大進展，如基因工程等，都是化學科技的應用。化學也是地球科學的基礎，像地質學、火山學、海洋學、氣象學等，而與這些學門都有關係的考古學也要靠化學來奠基。另外，化學也是太空科學裡重要的一環。在 1970 年代早期，我們藉由分析月球岩石的化學成分，終於斷定月球的起源。現在，我們正在分析由太空探測器蒐集到的火星與其他行星的樣品，希望能由其中的化學成分來判斷它們的成因與歷史。

包括化學在內的許多科學進展，都是由科學家持續不懈進行研究才達成的。科學家的行動都朝向一個共同目標，就是有系統的發掘新知識，並設法解釋新發現的知識。**基礎研究**讓我們能更加瞭解自然世界的運作方式。很多科學家專注於基礎研究工作。那些由基礎研究得來的基本知識，常會產生非常有用的應用技術。專注於發

展這類應用技術的研究工作，則稱爲**應用研究**。大部分的化學家都是致力於應用研究領域。化學的應用研究，爲人類提供了藥品、食物、飲水、遮風庇蔭所，以及現代生活不可或缺的一些物質。這些例子不勝枚舉。

現代家庭裡大部分的東西，都是用化學技術製造出來的，我們在後面幾章也會逐漸介紹。拿廚房看得到的東西來說好了：瓦斯爐用的是添加硫味的天然瓦斯、流理台的材質是熱固性聚合物（《觀念化學 III》第 12 章）；廚房料理的食物是碳水化合物、脂肪、蛋白質和維他命構成的（《觀念化學 IV》第 13 章）；早上煮的咖啡裡頭有咖啡因、冰箱裡有處方藥（《觀念化學 IV》第14 章）；我們吃的蔬菜是用化學肥料施肥的（《觀念化學 IV》第15章）、水龍頭流出的是化學消毒過的水（《觀念化學 V》第 16 章）；冰箱用的是非氟氯碳化合物冷媒（《觀念化學 V》第 17 章）；透明玻璃杯是二氧化矽做的、鍋子是合金做的（《觀念化學 V》第 18 章）；電器的電能來自化石或核燃料（《觀念化學 V》第 19 章）。

圖 1.2
現代家庭中的許多物品，都與化學息息相關，你在這張照片裡，看到了多少化學物品？

我們在二十世紀，成功的操控了原子和分子的特性，合成了許多新材料和新物質；但另一方面，我們也忽略了對環境的照顧，犯了很多錯。人類產生的大量廢棄物倒入河中、埋進土裡或排入大氣中，完全沒注意這些東西在環境中長期累積會有什麼後果。很多人總認為地球這麼大，資源應該取之不盡、用之不竭，而且也認為地球能吸收所有的廢棄物，不會產生任何不好的結果。

現在很多國家已經知道這種態度很危險，因此政府機構、工業界和社會上關心環境問題的人士，都共同付出心力清理遭有害廢棄物汙染的地方。國際間也開始有某些禁令，保護我們賴以生存的環境，例如全面禁用會破壞臭氧層的氟氯碳化合物。美國化學協會（American Chemistry Council）也採行了一項稱之為「環境責任」（Responsible Case）的計畫，誓言只生產不會危害環境的產品。在美國的化學製造業成員中，有 90% 的人都是美國化學協會會員。這項「環境責任」計畫的徽章如圖 1.3，這項行動是因為瞭解「現代科技既可以用來傷害環境，也可以用來保護環境」。舉例來說，適切使用化學品可以把廢棄物的量減到最低、回收使用轉化成有價值的商品，或無害的回歸大自然。

圖 1.3
美國化學協會「環境責任」計畫的標誌。

化學已經深深的影響了我們的生活，以後勢必也會繼續影響下去。因此，每個人最好都能具備一些化學概念，這樣當你面對社會上層出不窮的相關問題時，才有能力處理而不覺得徬徨無依。舉例來說，沒有商標的自然藥材真的比有商標的藥品好嗎？藥效會相同嗎（《觀念化學 IV》第 14 章）？食物是否該接受法令規範、基因改造食品安全嗎（《觀念化學 IV》第 15 章）？自來水該加氯消毒嗎（《觀念化學 V》第 16 章）？平流層的臭氧到底發生了什麼事？它和全球增溫會有什麼關係？是不是同一個問題（《觀念化學 V》第 17 章）？資源回收再利用有什麼重要性（《觀念化學 V》第 18 章）？未來的初級能源是什麼（《觀念化學 V》第 19 章）？

就某方面來說，我們自己或我們選出來的民意代表，應該要關心這類問題，美國國會審議的法案中有 70% 以上是與科學相關的問題或爭議，而且其中大部分是屬於化學方面的。每個人都應該學一些科學，尤其那些想出人頭地，成爲領袖的人。我們的知識愈充分，做出來的決定就愈明智。

觀念檢驗站

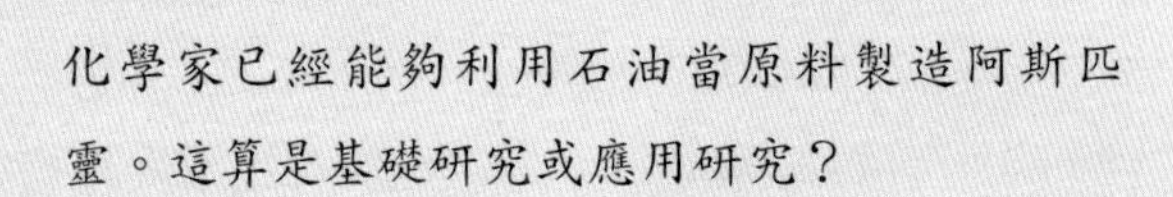

化學家已經能夠利用石油當原料製造阿斯匹靈。這算是基礎研究或應用研究？

你答對了嗎？

這是應用研究，因爲目標是製出有用的商品。但想要從石油提煉出阿斯匹靈的成分，必須充分瞭解相關的原子與分子結構。這種瞭解則要來自於多年的基礎研究。

1.2 科學是瞭解宇宙的方法

科學豐富了人類的生活。現今的世界可說是建立在科學基礎之上，從生產藥品到太空旅行等所有技術，幾乎都是科學的應用。但這種叫做「科學」的美妙事物究竟是什麼？我們要如何利用科學？科學來自何方？如果沒有科學，我們的世界會變成什麼樣子？

科學是對大自然進行有系統、有組織瞭解的知識，是由觀察、常識判斷、理性思考，有時候還要加上卓越的洞見才能構成的。不論是群體的努力或個人的發現，都有助於科學的進展。科學經過幾千年來人類的努力，以及全球各地人們的投入，才發展成今日的規模，這是古代思想家及實驗者留給今人珍貴的禮物。

科學並不單是一堆知識，它也是一種方法，可以探索大自然，找尋隱於其中的秩序。更重要的是，科學還是解決問題的工具。

科學的起源可以追溯到人類有記載的歷史之前。當人們發現大自然裡有某種重複的模式發生時，就開始有科學了。這種重複的模式有：夜空中的星斗排列、四季的氣候變化或動物的定期遷移。從這些重複發生的模式裡，人類經由觀察學會了預測，進而對周遭的事物擁有某種程度的控制力。

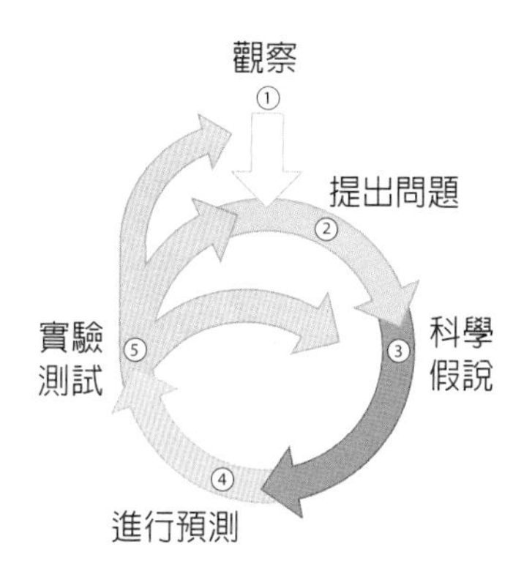

圖 1.4
科學發展通常以下列的次序來進行（不過並不限於此）：觀察、提出問題、提出科學假說、預測結果、測試。測試後，會引發進一步的觀察、進一步的問題、進一步的假說。整個過程以循環方式進行。每經過一次循環，我們對大自然就有進一步的瞭解。

雖然科學家研究的領域很廣，從事科學活動的方式很多且型態各異，但其中有一些傳統的關鍵要素，卻是所有科學活動都必須具備的。它們是：觀察、提出問題、做出科學假說、預測還沒有發生的現象和測試自己的假設。**科學假說**必須是能夠測試、檢驗的，通常可以用來說明、解釋觀察到的現象。正如圖 1.4 所示，測試的結果必然會引起更進一步的觀察、提出更深入的問題以及進一步的假設。也就是說，科學的循環過程是永遠不會停止的。

用海蝴蝶的研究來說明科學的進展

我們用麥克林托克（James McClintock）率領的一支南極科學研究隊做的研究，來說明科學的進展過程。麥克林托克是美國阿拉巴馬大學的生物學教授。隊上的另一位成員貝克（Bill Baker），是南佛羅里達大學的化學教授。研究計畫裡有一個項目，是研究南極海洋生物分泌的一種毒性化學物質，南極海洋生物用此來保護自己，免受掠食者吞食。麥克林托克和貝克看到「海蝴蝶」和一種「端足類」（amphipod），這兩種海生物之間，有非比尋常的關係。牠們的關係引起一個問題、一項項科學假說、一種預測和許多測試，測試是爲了找出牽涉其中的化學物質。

1. **觀察**　海蝴蝶（*Clione Antarctica*）是類似無殼蝸牛的生物，利用像翼片一樣的延伸外膜在水裡游動（圖 1.5a）。端足類（*Hyperiella dilatata*）是像蝦子一樣的小生物。麥克林托克和貝克觀察到，很高比例的端足類生物會把海蝴蝶背在背上，並用後面的腳把海蝴蝶緊緊抱住（圖 1.5b）。端足類如果背上沒有海蝴蝶，會立刻找一隻來背。換句話說，端足類生物會主動去找海蝴蝶。
2. **提出問題**　麥克林托克和貝克發現，背著海蝴蝶的端足類，行動緩慢很多，既不利於躲避掠食者也不方便獵食。那麼，端足類生

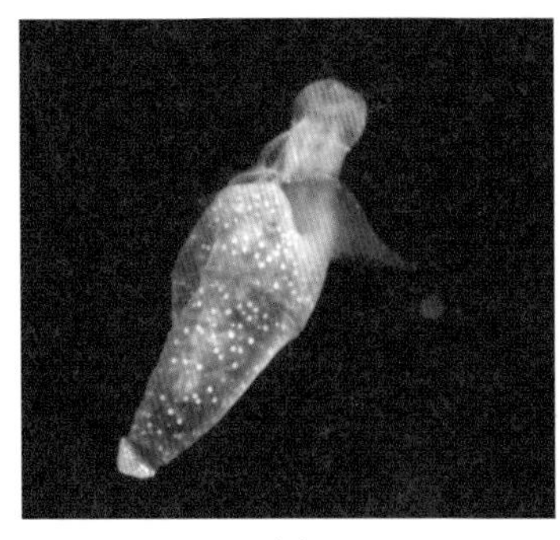
(a)

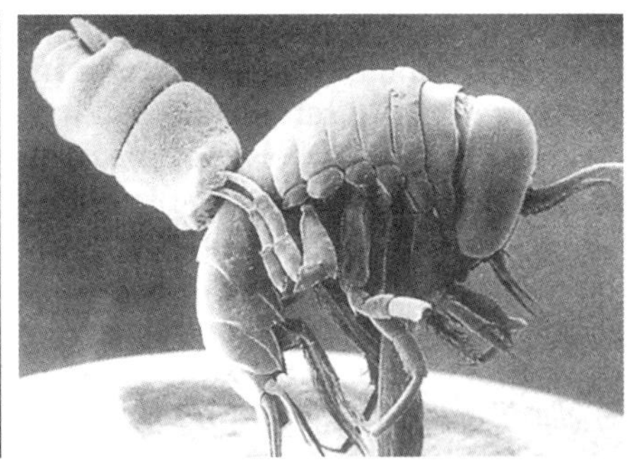
(b)

圖 1.5
(a) 海蝴蝶很像無殼蝸牛。(b) 儘管會增加行動上的不便，蝦子般的端足類生物還是寧願把海蝴蝶背在自己身上。

物為什麼要做這種吃力不討好的笨事，背著海蝴蝶四處跑呢？

3. **科學假說**　研究人員知道某些海洋生物擁有奇妙的化學防衛系統，因此小組成員假設，端足類會喜歡背著海蝴蝶，可能和海蝴蝶分泌出來的化學物質有關。或許這種化學物質可以逐退端足類生物的掠食者。
4. **進行預測**　小組成員依據假，預測出：（a）這種化學物質應該能夠分離出來。（b）這種化學物質可以逐退端足類生物的掠食者。在麥克林托克和貝克的初步實驗裡，掠食魚：（a）不吃海蝴蝶，（b）吃單獨游動的端足類，（c）不吃背海蝴蝶的端足類。
5. **測試**　為了檢驗上述的假設和預測，研究人員抓了幾種端足類生物的掠食魚類，進行圖 1.6 的測試。當魚遇到海蝴蝶時，會一口把海蝴蝶吞入口裡，但立刻又吐了出來。魚會把沒有背海蝴蝶的端足類吞下肚，但會把有背著海蝴蝶的吐出來。這種結果正好說明了，海蝴蝶可能會分泌出某種可以趕跑魚的化學物質，但也可能魚兒只是不喜歡海蝴蝶在嘴裡的感覺，也或許根本沒有什麼化學物質牽涉其中。總之這個測試還不夠完整，仍有待澄清的疑點。

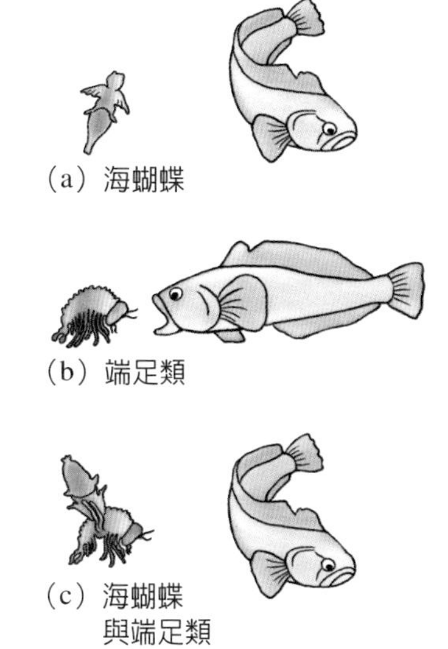

圖 1.6
在麥克林托克和貝克的初步實驗裡，掠食魚（a）不吃海蝴蝶，（b）吃單獨游動的端足類，（c）不吃背海蝴蝶的端足類。

所有的科學測試，都必須儘量減少可能的結論。因此我們在進行實驗時，除了實驗組外，通常還另做一組**對照組試驗**。在理想情況下，這兩組應該只有一個不同的變數。如此，若結果不同，就可說是這個變數造成的。

為了證實驅逐掠食者的，是化學因素而非物理因素，研究人員用魚肉做成肉丸子來餵魚。其中一些食物丸子除了魚肉之外，還添加了由海蝴蝶萃取出來的化學物質（實驗組）。另外的食物丸子裡則只有魚肉（對照組）。實驗結果如圖 1.7 所示。掠食者果然只吃沒有

添加化學萃取物的丸子（對照組），而完全不吃添加化學劑的丸子。這項實驗結果強烈支持了化學物逐退掠食者的假設。

進一步分析從海蝴蝶身上得到的萃取物，可以得到五種主要的化學成分。其中只有一種成分，能夠阻止魚吃肉丸子。把這種成分拿來做化學分析，發現它是一種以前從來不知道的物質分子（如圖1.8）。研究人員把它命名爲pteroenone。

就像科學研究經常發生的情形一樣，麥克林托克和貝克的研究結果，產生了新的問題。這種化學物質有什麼特性？它有沒有機會治療人類的某些疾病？事實上，在美國上市的大部分藥品，有許多都是化學家從天然物裡分離出來的。我們在《觀念化學 IV》第 14 章將會更深入探討這個主題。這也是人類應全力保護熱帶雨林和海洋棲地的主因，因爲有很多好東西藏在裡面，等待我們去發現。

圖1.7
掠食者 (a) 只吃對照組的丸子，(b) 不吃含有海蝴蝶萃取物的丸子。

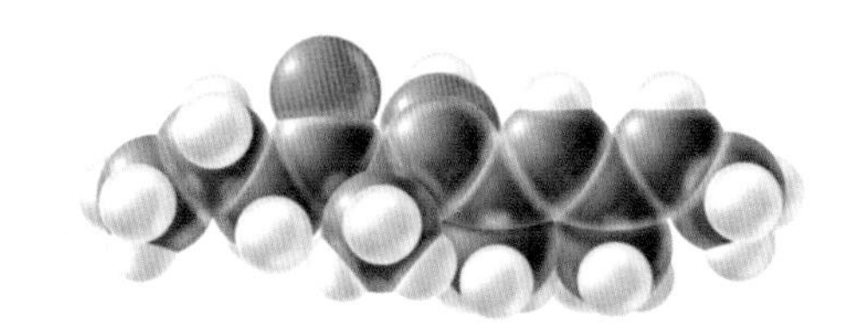

圖1.8
pteroenone是海蝴蝶分泌來逐退掠食魚類的分子結構物。它是個複合字，ptero是翅的意思（代表海蝴蝶），enone透露了它的化學結構。黑色球代表碳原子，白色球是氫，而紅色球是氧原子。

科學的重要本質是可重複性與好奇心

除了進行對照組試驗外，科學家還重複進行實驗來驗證結果。例如上述的南極研究小組，就做了很多實驗組和對照組要用的食物丸，重複進行多次實驗。要每次的實驗結果都一致，該實驗才有價值，假設才能成立。

如果在實驗裡，有一個未測得的變數或錯誤，則不管重複多少次實驗，再現性有多好還是沒用，都算是有瑕疵的實驗。這種情形就像是用故障的磅秤量體重，不管量多少次，得到的值都是錯的。同樣的，在南極進行研究的科學家，如果不讓實驗組以及對照組的魚，種類一樣，餓的程度也相同，實驗結果的說服力就會降低。

實驗過程很可能碰到不可預知的錯誤，因此實驗的結果要能由世界各地不同的科學家，以類似的實驗設備與技術複製或再現，才算是有效的。這類嚴苛的限制有助於實驗結果的確認，讓大家對實驗的解釋也更有信心。再現性可說是科學的本質。如果科學沒有再現性，我們透過科學所得到知識，會是有問題的。

雖然傳統的科學方法很有力，但科學的成功與其說是依靠某種特殊的方法，倒不如說是依靠科學家共通的求知的態度。這個態度是充滿好奇心、有實驗精神、誠實，並有充分的信心認為所有的現象都能解釋得通。其實，很多科學發現都包含嘗試錯誤的成分、確實的實驗結果以及偶然的意外發現。

舉例來說，在 1930 年代末，杜邦公司的科學家普倫基特（Roy Plunkett, 1910-1994）和他的同事把四氟乙烯灌進鋼瓶裡。第二天上午，他們很驚訝的發現，鋼瓶是空的。鋼瓶又沒有漏，裡面的東西怎麼會憑空消失呢？他們不能相信眼前見到的事，因此找來鋼鋸把瓶子鋸開，發現在鋼瓶的內表面上，覆著一層白色固體。他們受好奇心的驅使，繼續研究這種物質。最後就是市場上有非常多用途的鐵氟龍。

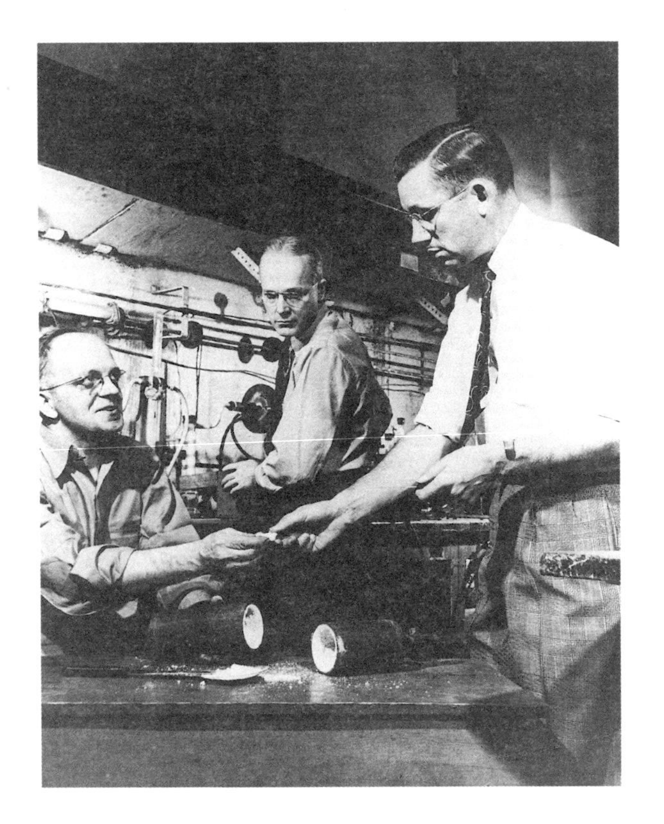

圖1.9
普倫基特和他的同事慶祝發明鐵氟龍，拍照留念。他們的成功完全是因為有好奇心。

觀念檢驗站

爲什麼科學家必須誠實？

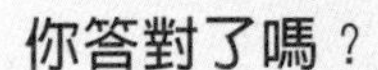

科學家做的任何發現，都是別的科學家細察與檢驗的對象。如果其中有錯誤，不管是無心之失，還是深思熟慮的詭計，遲早都會給拆穿的。因此，誠實成爲科學研究過程中最重要的品德，也是必須時時自我要求的特質。

理論是科學的基礎，且愈修訂愈牢靠

科學發展到一個階段時，很多觀察都可以用綜合性的想法來說明，而且這個想法經得起反覆的細察。科學家稱這種想法爲**理論**。例如，生物學家常提到「天擇理論」，用來解釋生物的整體性與多樣性；物理學家常說的是「相對論」，用來解釋東西如何受地球的重力牢牢吸住；化學家經常掛在嘴邊的是「原子理論」，用來解釋怎麼把一種物質變成另一種物質。

理論是科學的基礎，但理論並不是固定不變的。有時候，一個理論會經過好幾階段的重新定義與整理，一直演變下去。以原子理論爲例，它第一次提出來時，大約是兩百年前，之後我們對原子的行爲愈來愈瞭解，蒐集到的數據也愈來愈多，原子理論也跟著不斷的翻新。不懂科學的人，可能會覺得理論如果老是在修正的話，可能沒什麼價值；但瞭解科學本質的人對此的看法則大不相同，認爲理論因此會變得更堅實可靠。

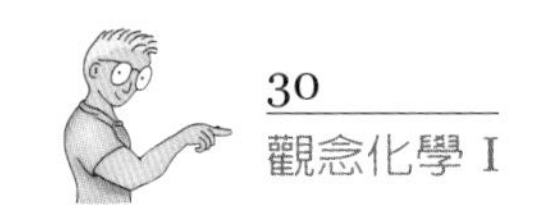

科學也有極限

科學是很有用的工具，專門用來探索大自然的知識，但它並不是毫無極限的。沒有一個單獨的實驗能證明某項科學假說正確無誤。事情是這樣的，如果經過許多不同的研究人員，做了很多不同的實驗，結果都能支持某項假說，我們就對這項科學假說愈來愈有信心。如果有一項實驗的結果和這個假說衝突，而這個結果又是可以再現的，那麼不管以前有多少實驗支持這個假說，只要有一個反例，原假說就必須修正，或甚至必須完全放棄，就連很堅實的理論，都必須接受這種嚴酷的考驗。

科學只處理那些可以檢驗的假說，它的觀察範圍限於自然界。雖然科學方法可以揭穿許多不實的主張，但卻無法證實某些超自然的聲明或看法。所謂「超自然」就是超越了自然現象。科學只處理自然現象，超過了這個範圍就無能爲力了。因此，科學沒有辦法回答某些哲學思考或宗教性的問題。例如，「生命的意義何在？」或「人類精神的本質是什麼？」這些問題對某些人來說，是非常有意義且重要的。但它們是個人特殊的主觀經驗，沒辦法構成可以檢驗的假說。

觀念檢驗站

Q

下面哪個敘述是科學性假說？

a. 月亮是瑞士乳酪做的。

b. 人的良心來自不可測的本體。

你答對了嗎？

這兩條敘述，都在試圖解釋觀察到的現象，因此都可算是假說。但敘述（a）是可以檢驗的，敘述（b）則否。因此，（a）段敘述是個科學假說。

我們雖然永遠無法檢驗那種「不可測」的東西，但我們卻眞的跑到月球上，發現它並不是瑞士乳酪做的（最後一次的載人登月飛行，是在 1974 年）。分析從月球帶回來的岩石標本，發現它們的化學組成與地球的岩石類似。這個結果，產生了更多的問題和假說。

例如：為什麼月球岩石的化學成化和地球岩石這麼相像？地球和月球本來是不是連在一起，而在幾十億年前突然分開？後來的實驗認為，這兩個問題的答案可能是肯定的。

科學幫助我們瞭解大自然的規則

如果我們不懂棒球規則，就不能欣賞棒球賽；不懂某個電腦遊戲的規則，就不能玩這個電腦遊戲；不懂某個團體的規則，就很難加入那個團體。大自然也不例外。科學幫助我們瞭解大自然的規則，使我們更懂得欣賞大自然的美妙。當你看到一棵樹時，或許覺得它很美麗，可是如果你更進一步，知道樹主要是由空氣裡的二氧化碳和水構成的，而不是土壤裡的東西時，那你將不只覺得樹是美麗的而已，而是覺得它有點奇妙了。而且，知道空氣中的二氧化碳與水，竟是來自靠呼吸作用的動物，像人類（圖 1.10）等等，事情就更美妙了。

學習科學能得到前所未有的全新視野，情況就像是爬山一樣，每一步都是前一步的延伸，也是更高處的起點。而且每爬高一步，就能看得更高、更遠。

圖1.10
小女孩抱的樹，主要是由空氣裡的二氧化碳和水構成的。這些東西，很像小女孩由肺裡呼出來的物質。而樹木又放出氧氣，這是小女孩賴以活命的物質。在原子和分子的層次裡，我們也是自然環境裡的一部分。

1.3 科學家度量的物理量

科學是由觀察開始的。為了好好的觀察，通常觀察者會進行一些度量。例如，我們僅觀察到某件東西具有質量，這是不夠的，更完整的觀察應該包括度量這件東西到底有多少質量，同時也度量這些質量到底占多少體積。經由這種定量的觀察，我們才能夠進行客觀的比較，彼此分享準確的資訊，或者尋找出相關的趨勢，揭開大自然運作的內部訊息。

科學家度量的是所謂的「物理量」。在《觀念化學》中，你將看到與學到的物理量，包括了長度、時間、質量、重量、體積、能量、溫度、熱和密度。任何物理量的完整度量，都包含兩個部分：數值和單位。數值告訴你有多少，單位則告訴你它是什麼。如果一個度量只有數字而沒有單位，是完全沒有意義的。譬如說，我告訴你一個動物是 3，你會完全不知所云。3 什麼呢？牠有 3 公尺長？或 3 公斤重？還是 3 個月大？公尺、公斤或月是相關的單位，牠告訴我們這個物理量的意義。物理量的敘述一定要有單位才有意義。

現在世界上使用的單位系統，主要共有兩種。一個是「美國商用系統」（United States Customary System, USCS）或稱爲英制，主要用在美國的一些非科學領域。而另外一個系統是「國際單位系統」（System International, SI），或稱爲公制，現在絕大部分國家採用的都是這種公制系統。公制單位條理分明、井然有序，全世界的科學家都樂於採用，美國的科學家也不例外。現在就連在美國，有些非科學場合也開始漸漸採用國際單位（圖 1.11）。

圖 1.11
美國有些地方終於也開始採用公制單位。如小朋友最愛的汽水等很多產品，現在也用公制來標示。

本書使用的公制單位列於次頁的表 1.1，有時我們也會使用英制單位，方便你們做比較。

公制單位最大的優點在於使用十進位系統，也就是大、小單位的之間，都是相差十的倍數。第37 頁的表 1.2 列出常用來代表多少次方倍的前置詞。由這個表你知道，千米是 1000 倍的米，它的前置詞「千」（kilo-），代表數值 1000。同樣的，1 毫米 等於 0.001 米，前置詞的「毫」（milli-）就是千分之一的意思。你們不必背這個表，但在學習的過程中，大家會發現這個前置詞表很好用。

表 1.1　物理量在公制單位與英制單位間的換算

物理量	公制單位	縮寫	換算成英制
長度	千米（公里）	km	1 km = 0.621 mi（英里）
	米（公尺）	m	1 m = 1.094 yd（碼）
	厘米（公分）	cm	1 cm = 0.3937 in.（英寸）
			1 in. = 2.54 cm
	毫米（公厘）	mm	–
時間	秒	s	s
質量	千克（公斤）	kg	1 kg = 2.205 lb（磅）
	公克	g	1 g = 0.03528 oz（盎斯）
			1 oz = 28.345 g
	毫克	mg	–
體積	升	L	1 L = 1.057 qt（夸脫）
	毫升	mL	1 mL = 0.0339 fl.oz（液量盎斯）
	立方公分	cm^3	1 cm^3 = 0.0339 fl.oz
能量	千焦耳	kJ	1 kJ = 0.239 kcal（千卡）
	焦耳	J	1 J = 0.239 cal（卡）
			1 cal = 4.184 J
溫度	攝氏	°C	(°C × 1.8) + 32 = °F
			°F（華氏）
	凱氏	K	°C + 273 = K

*除了美國之外，賴比瑞亞和緬甸也用英制單位。

化學計算題：單位換算

歡迎來到化學計算題。觀念化學強調對視覺模式和性質的瞭解。但是和許多其他的科學一樣，化學也有一些獨特的量化需求。事實上，有時候化學觀念，要由實驗得到的量化數據推演出來。因此，透過簡單直接的計算，能加強對化學觀念的理解。

在化學裡，尤其是在實驗過程中，常需要單位轉換。通常，你只要把某個單位的值，乘上適當的換算因子，就能得到另一個單位的值。所有的換算因子都可以寫成分數，分數的分子和分母，各爲以不同的單位來表示的相等物理量。因爲分子和分母代表相同的物理量，換算因子的值當然是 1。例如下面兩個換算因子，都是由 1 公尺＝100 公分，這個關係式得來的。

$$\frac{100\text{公分}}{1\text{公尺}} = \frac{1\text{公尺}}{100\text{公分}} = 1$$

由於所有換算因子都等於 1，因此一個數量乘上換算因子，只改變單位，數量並不改變。假設我們度量一個東西，發現它的長度是 60 公分。你可以把它乘上適當的換算因子，把公分抵消。

例題：

把60公分轉換成公尺。

解答：

$$(60\text{公分})\frac{1\text{公尺}}{100\text{公分}} = 0.6\text{公尺}$$

以公分爲單位　換算因子　以公尺爲單位

要推導換算因子，可以利用表 1.1 之類的單位換算表，把原來的單位乘上換算因子，新的單位就出現了。不過要記得，在轉換時一定要把最終的單位寫出來，你才知道如何轉換，或設的方程式適不適當。

■ **請你試試：**

把下面的物理量乘上換算因子，轉變成新單位，看看數值變爲多少。可能會需要紙、筆、計算機、表 1.1 及表1.2。

a. 7320 公克變千克　　b. 235 千克換成磅　　c. 4500 毫升變升
d. 2.0 公升變夸脫　　e. 100 卡化成千卡　　f. 100 卡化成焦耳

■ **來對答案：**

a. 7.32千克　　b. 518磅　　c. 4.5公升
d. 2.1夸脫　　e. 0.1千卡　　f. 400焦耳

你也許對答案要算到第幾位小數而猶豫，對答案應該是 400 焦耳或 418.4 焦耳而感到困擾。計算題的答案應該求到第幾位數，是有一定的程序的。答案裡的數字稱爲「有效數字」。本書以介紹化學觀念爲主，計算的機會不多，但在書末的附錄 B 裡特別討論了計算的「有效數字」。你們可以在那兒找到對於數量的深入討論，在實驗室裡做實驗時，對數值有深入瞭解是必要的。

表 1.2　公制的前置詞

前置詞	符號	小數值	指數值	舉例
兆（tera-）	T	1,000,000,000,000	10^{12}	1 Tm = 1 兆米
十億（giga-）	G	1,000,000,000	10^{9}	1 Gm = 10 億米
百萬（mega-）	M	1,000,000	10^{6}	1 Mm = 1 百萬米
千（kilo-）	k	1,000	10^{3}	1 km = 1 千米
百（hecto-）	h	100	10^{2}	1 hm = 1 百米
十（deka-）	da	10	10	1 dam = 10 米
一（無）	—	1	10^{0}	1 m = 1 米
十分之一（deci-）	d	0.1	10^{-1}	1 dm = 1 公寸
厘（centi）	c	0.01	10^{-2}	1 cm = 1 厘米（公分）
毫（milli-）	m	0.001	10^{-3}	1 mm = 1 毫米
微（micro-）	μ	0.000 001	10^{-6}	1 μm = 1 微米
奈（nano-）	n	0.000 000 001	10^{-9}	1 nm = 1 奈米
微微（pico-）	p	0.000 000 000 001	10^{-12}	1 pm = 1 微微米

在這一章之後的幾個小節，我們要介紹一些在化學學習上非常重要的物理量。因爲《觀念化學》的主題是原子和分子，因此，我們將從原子和分子的角度來討論這些物理量。除了物理量之外，我們也會從同樣的角度來描述物質三態，也就是固態、液態與氣態。

1.4 質量和體積

要描述一個物體，我們可以用量化的數字來說明它的某個特質。物體最基本的特質可能是它的質量。**質量**代表這個物體含有多少的物質組成。一個物體的質量愈大，含有的物質成分愈多。舉例來說，如果 A 金條的質量，是 B 金條的兩倍，那麼 A 金條中的金原子數目，就是 B 金條金原子數目的兩倍。

質量也能代表物體的慣性。「慣性」是指一個東西抵抗運動狀態改變的能力。慣性愈大的東西，運動狀態愈不容易改變。舉例來說，預拌混凝土車的質量（慣性）很大，不容易起動也很難剎車。因此要有強大的引擎和有力的剎車系統。

質量的標準單位是「千克」（公斤）。圖 1.12 是「1 千克」標準質量的複製品。成年男子的平均質量大約是 70 千克。質量較小的東西也可以使用「公克」爲單位。表 1.2 告訴我們，千（k）這個前置詞是 1000 倍的意思。因此，1000 公克就是 1 千克。更小的物體，還可以用「毫克」；1000 毫克＝1 公克。

質量的觀念很容易瞭解。它所度量的是樣品裡含的物質多寡。因此，同一個東西不管放在哪裡，所含的物質都是一樣的，質量並不會改變。舉例來說，一塊質量 1 千克的金條，不論是在地球上、月球上或是呈「無重力」狀態的太空中，質量都是 1 千克。因爲不管是在哪裡，金條裡含有的原子數目全都一樣。

重量則複雜多了。根據定義，**重量**是指鄰近質量最大的物體對某物體所施的力。在地球上，幾乎所有東西都受到了地心引力，我

圖 1.12
標準 1 千克是一塊圓柱型的鉑銥合金，放在法國「國際重量與度量服務局」（International Bureau of Weights and Measures in Sevres）裡。它平常放在非常安全的地方，每年拿出來一次和複製品做校正比對。

生活實驗室：手指秤重

歡迎各位來到「生活實驗室」這個互動單元。這個特殊單元，讓你們有機會把化學觀念用在實驗室以外的地方。單元裡的活動都有特殊意義，而且保證有趣，有時甚至會讓你驚喜連連。

美國在 1982 年以前鑄造的一分錢都是銅幣，質量約為 3.5 公克。1982 年之後的一分錢硬幣是鋅做的，只是鍍了一層銅，質量只有 2.9 公克。現在，找兩個一分錢硬幣，一個是 1982 年以前的銅幣，一個是 1982 年後的鍍銅鋅幣，分別放在右手與左手的食指尖上，然後兩手緩緩上下移動，體會一下兩個硬幣的慣性差異。

雖然兩個硬幣的質量差別只有0.6公克（600毫克），但應該還是感覺得到的。如果不行就換手試試看。如果用一個硬幣實在試不出來，那麼同時用兩個 1982 年前後的硬幣來試試看。也邀同學和朋友來試試。

下面的「生活實驗室觀念解析」是在做過「生活實驗室」活動的後續討論。目的是確定你能從活動中得到最大的學習效果。在活動中如果有什麼誤解，可以在這裡修正過來。最好你在做完活動後再看這些討論與解析。

生活實驗室觀念解析

你必須把硬幣上上下下的移動，才知道自己的偵測限度在哪裡。有人往上動比較敏感，有人正好相反。你在這裡感覺到的，是慣性的差別。記不記得慣性是什麼？它是物體抗拒運動狀態改變的一種物理特性。如果你降低運動量，你察覺兩個硬幣不同的能力也會降低。交換兩個手指頭上的硬幣，閉上眼睛，體會一下兩個硬幣之間的細微差別。

不管有沒有運動，硬幣都受重力吸引，會在手指末梢神經上產生一個向下的壓力。要感受這股壓力，在左、右手的食指末端，分別放一個 1982 年之前和以後製造的硬幣。但這次手指不移動，看看自己能不能察覺它們之間的差異。如果一枚不夠，多放幾枚試度，看看要多少枚硬幣才能察覺差異。如果在月球上重複這個實驗，硬幣的數目應該要增加還是減少？爲什麼？

們稱這個引力爲重力。因此，如圖 1.13 所示，物體的重量和它所在的位置有關。同一個金塊在月球上的重量會比在地球上輕。這是因爲月球的質量不如地球，導致月球對金條施的重力較小。木星的質量比地球大很多，同一個金塊在木星上，會比在地球上重很多。

由於質量和物體所在的位置無關，因此科學上習慣度量物體的質量而不是重量。《觀念化學》也遵守這種約定，因此我們用千克、公克或毫克等質量單位來度量物體。有時也會引用磅和噸（1 噸等於 2000 磅）等重量單位，主要是給大家參考。

物體的**體積**是指它所占的空間大小。在國際單位系統裡，體積的單位是公升。公升比英制用的單位夸脫稍微大一點。1 公升是一個每邊長 10 厘米的正方體，也就是 10 厘米 × 10 厘米 × 10厘米，等於 1000 立方厘米。較小的體積單位是毫升，等於千分之一公升，正好也是 1 立方厘米。

圖 1.13
（a） 1 千克的金塊，在地球上有 2.2 磅重。（b） 在月球上，同一個金塊只有 0.37 磅重。（c） 在無重力狀態的外太空中，金塊的質量還是 1 千克，但卻是 0 磅重。

觀念檢驗站

Q　月球上有重力嗎？

你答對了嗎？

當然有，月球有質量，會吸引月球附近的物質。我們以登月太空人的照片爲證，太空人可以在月球上漫步。從美國航空暨太空總署（NASA）發表的照片可以看到太空人在跳躍。如果沒有重力，這位老兄會一躍衝天。

如果月球眞有重力，爲什麼照片中的美國星條旗不會下垂呢？你們若看得仔細，會看到旗子的上端有根短棒把旗面撐開。月球上沒有大氣層，因此不會有風，太空人把旗子撐開，才能照出漂亮的相片。

如果物體的外型很不規則，可以用圖 1.14 的方法來量體積。把物體放進盛有水的容量，上升的水量就等於物體的體積。圖 1.15 是大家熟悉的東西，它們有的非常大，有的非常小。供大家參考。

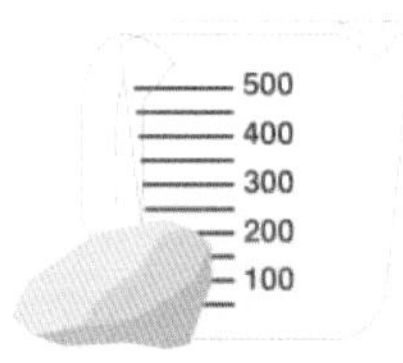

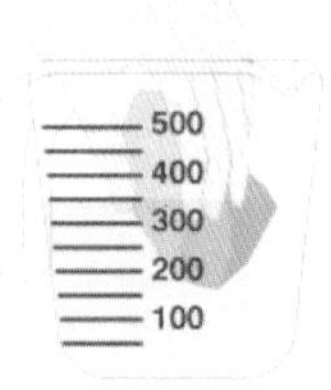

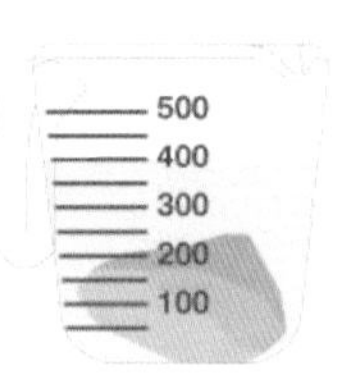

圖 1.14
不管物體的形狀有多怪異，都可以利用水的置換法來度量體積。當圖中的岩石浸入水裡時，水面上升的體積就是岩石的體積。在這個例子裡，石頭的體積大約是 100 mL。

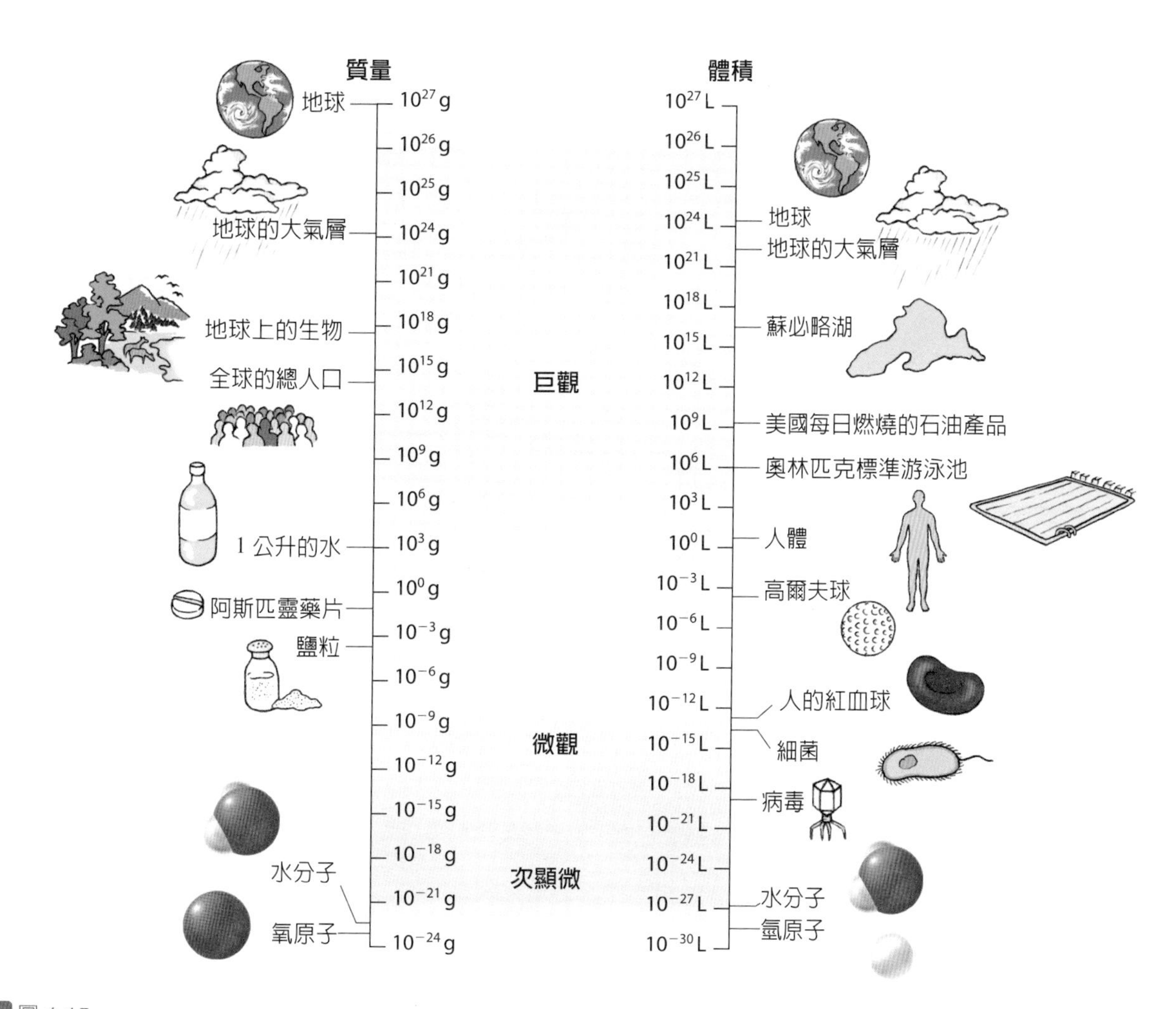

圖 1.15

宇宙裡一些東西的質量與體積範圍

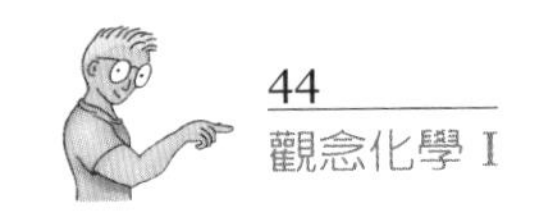

生活實驗室：決定尺寸

這一個活動要挑戰你對體積的想法。當有人問你：「兩個物體的體積相等時，質量可以不一樣嗎？」有人對這個問題可能會感到很困惑，但做完這個活動後就會明瞭了。

■ 請先準備：

細長玻璃杯、透明膠帶、空底片盒（塑膠）、一些銅幣

■ 安全守則：

戴上安全眼鏡，並注意實驗產生的蒸氣，因為被蒸氣灼傷可不好受。

■ 請這樣做：

1. 玻璃杯裝水約三分之一高，用膠帶標示水面。把銅幣裝入底片膠盒，蓋上蓋子後放入水中。水面會上升到某個高度，用膠帶標示。
2. 小心拿出底片盒，不要讓杯子裡的水濺出來。如果杯子的水平面比最初的標示低，把水加到原先的水平面。
3. 打開底片盒，拿出一半銅幣，重新蓋上蓋子放入杯裡。放之前先預測水面會升到哪裡。

你的結果支持下面的哪個敘述：

a. 物體置換的水量，只和體積有關，和物體的質量無關。

b. 物體置換的水量，與體積及質量都有關係。

生活實驗室觀念解析

如果你猜錯了，別難過，很多人都會猜錯的。但是在這次活動後，你就知道一件物體所置換的水量，只和它的體積有關，和物體的質量或重量都沒有關係。

1.5 能量使物體移動

物質是一種實體，能量則能使實體移動。能量的概念很抽象，不像質量或體積那麼容易定義與描述。**能量**的定義之一，就是「做功的能力」。具有能量的東西能對別的東西做功。我們無法直接觀察到能量，只能間接的看到它的效應。

能量有兩種主要的型式，就是位能和動能。**位能**是貯藏起來的靜態能量。山崖邊上的巨石由於受到重力的吸引，具備了位能。圖 1.16 裡的箭，由於受弓弦的張力作用，也具備了位能。物體的位能和它所在的位置有關。物體若離施加在它身上的力源愈遠，它的位能愈大。巨石所在的位置離海平面愈高，它受地心引力向下的位能就愈大，在它掉下來的時候，能做的功就愈多。同樣的，若弓拉得愈滿，箭的位能就愈大，就射得愈遠。滿弓的箭，位能大於半滿弓弦上的箭。

動能是運動的能量。掉下山崖的巨石和射出去的箭，都具備了動能。物體運動得愈快，具備的動能愈多，做功的能力也越強。例如，箭飛得愈快，對靶子所做的功愈多，會射得愈深。

圖1.16
拉滿弓的箭有很大的位能，可以把箭射出去，轉變為動能的型式。

觀念檢驗站

飛行中的箭，同時具備了位能和動能嗎？

你答對了嗎？

箭還未落地前都有位能，落地後，位能和動能都是零。因此，當它在空中飛行時，的確是同時具備了位能和動能。

化學物質具有所謂的「化學位能」。這是貯藏在原子與分子之間的能量。能燃燒的物質都具有這種能量。例如鞭炮就具備了化學位能。點燃鞭炮後，化學位能就會釋放出來，鞭炮爆炸時，有些化學位能變成了碎片的動能，但大部分都轉化成熱與光。《觀念化學 III》的第 9 章將探討能量與化學反應之間的關係。

能量的國際單位是焦耳，它是某種標準蠟燭燃燒某段時間釋放出來的能量。在美國，一般使用的能量是卡路里（calorie）。根據定義，1 卡路里是 1 公克的水，溫度升高 1℃所需的能量。1 卡路里是 1 焦耳的 4.184 倍，也就是說 4.184 焦耳的能量等於1 卡路里。

觀念檢驗站

在地上的木箭，有什麼位能？

你答對了嗎？

它可以燃燒，所以具有化學位能。

在美國，食物裡的熱量是用 Calorie 來表示，注意它的C是大寫，因此稱爲大卡或千卡。1 大卡等於 1000 卡路里。圖1.17的餅乾，每 100 公克可提供 488 千卡，等於 488,000 卡路里的熱量。

營養標示 Nutrition Facts	
	每100公克 Per 100g
熱量Calories	488 大卡 kcal
蛋白質Protein	3.5 公克 g
脂肪Fat	23.5 公克 g
碳水化合物Carbohydrate	65.5 公克 g
鈉Sodium	954 毫克 mg

圖1.17
每 100 公克的餅乾有488,000卡熱量，燃燒後可讓 488,000公克的水，提高 1°C。

1.6 溫度測量東西有多熱，而不是有多少熱量

構成物質的原子和分子一直在運動，不是前後搖動，就是在兩個位置間跳來跳去。這些粒子由於運動的關係，都具備動能。粒子的平均動能是你能感覺得到的特性，你由這東西有多熱可以看出它的平均動能。以次顯微的觀點而言，當一個東西變得較溫暖時，原子和分子的動能較高。我們用鐵槌敲一枚硬幣，硬幣的原子受到鐵槌的敲擊，會劇烈搖動，動能會提高，因此變得比較熱（同理，也會使鐵槌變熱）。用火加熱液體，液體的粒子接受了火焰的能量，運動得更快，液體也會變得比較熱。例如在次頁的圖 1.18 中，平均而言熱咖啡裡的分子，運動得比冷咖啡裡的分子快。

圖1.18
熱咖啡與冷咖啡的差別，主要是分子的平均速率。在熱咖啡裡，分子平均的運動速率比較快，冷咖啡的分子運動速率比較慢。（上圖中，熱咖啡分子的「運動軌跡」比較長，表示它的運動比較快。）

圖1.19
我們能信任自己對冷、熱的感覺嗎？當手指頭放進置於中央的溫水時，感覺會不會相同？你可以自己試試看（如圖），就知道為什麼要用溫度計來測定物體的溫度了。

告訴我們一個東西究竟有多冷或多熱的量稱爲**溫度**，溫度是和某種標準比較而來的。我們用來表示溫度的數值，是參考了某一個特別選定的冷、熱尺度所對應的冷、熱程度。利用觸摸的感覺，來決定一個東西的溫度，是不可靠的。圖 1.19 就是好例子。要度量溫度，我們應用了熱脹冷縮這個很普遍的物理特性。當溫度上升時，粒子運動的速率增快，平均而言，粒子彼此間分得更開、離得更遠，因此物質會膨脹。當溫度降低，粒子的運動速率變慢，平均而言，粒子彼此的距離會縮小，因此物質會收縮。**溫度計**用的就是這個原理。我們利用液體的膨脹和收縮來度量溫度。通常使用的液體是水銀或著色的酒精。

觀念檢驗站

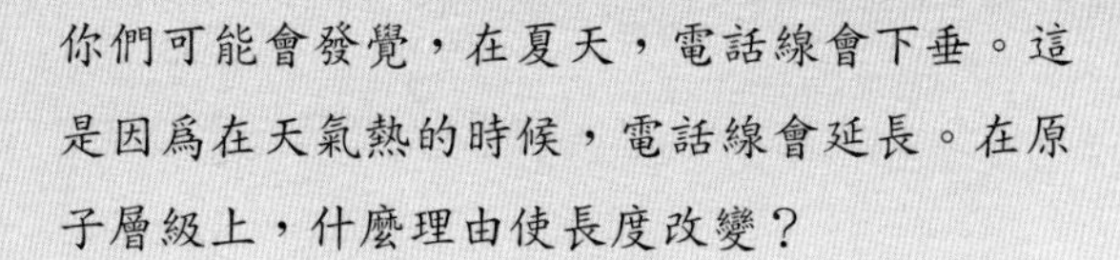

你們可能會發覺，在夏天，電話線會下垂。這是因爲在天氣熱的時候，電話線會延長。在原子層級上，什麼理由使長度改變？

你答對了嗎？

天氣熱的時候，線裡的原子運動得更快，因此線會變長。天冷的時候，原子的運動會變慢，使電線收縮。

全世界用得最多的溫標，是攝氏溫標（℃）。它是用來紀念瑞典的天文學家攝氏（Anders Celsius, 1701-1744）。他是第一位建議，把水的沸點和水的凝固點之間的尺度，分成 100 度的人。在攝氏溫標裡，純水在零度會結冰，而在 100 度會沸騰（在標準大氣壓力之下），而在這兩點之間可以平均的分成一百份。

在美國，一般人習慣的是華氏溫標（°F），這個溫標的名稱是爲了紀念德國科學家華氏（Daniel Gabriel Fahrenheit, 1686-1736）。他把雪和等重量的鹽混成的混合物定爲 0°F，而把人的體溫定爲 100°F。但人的體溫這個參考點並不可靠。因此，華氏溫標改把水的凝固點定爲 32°F，而水的沸點成了 212°F。在這個重新校正的尺度上，正常人的體溫大約是 98.6°F。

科學家比較喜歡的溫度尺度是凱氏溫標，這是紀念英國物理學家凱文爵士（Lord Kelvin, 1824-1907）而命名的。這個尺度並不是以水的

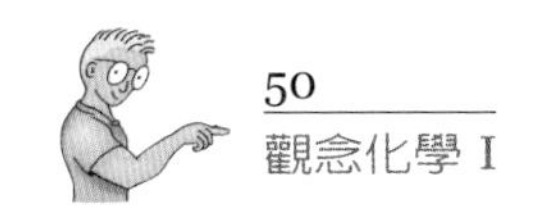

沸點和凝固點來做參考點的，而是以原子和分子的運動爲參考點。凱氏溫標裡的零度稱爲**絕對零度**，這是理論上的極限值，表示在這個溫度下沒有原子運動產生。在絕對零度之下，物質的粒子完全不具有動能。絕對零度以華氏溫標測量是－459.7˚F，在攝氏溫標下則會是－273.15℃。在凱氏溫標裡，絕對零度是0K，讀成「零K」。凱氏溫標的每一度，大小和攝氏溫標一樣。因此在凱氏溫標裡，水的凝固點是273K（注意在凱氏溫標裡，沒有度這個字。因此，說 273 度K，是不正確的說法，273K才是正確的）。三種溫標的比較，見圖 1.20。

有一件很重要的事大家必須瞭解，溫度代表的是物質的平均能量，而不是它的總能量。圖 1.21 說明的就是這個觀念。裝滿沸水的游泳池，能量當然比一杯沸水多得多。如果你用電熱器燒水，由電

圖 1.20
三個溫度系統的比較

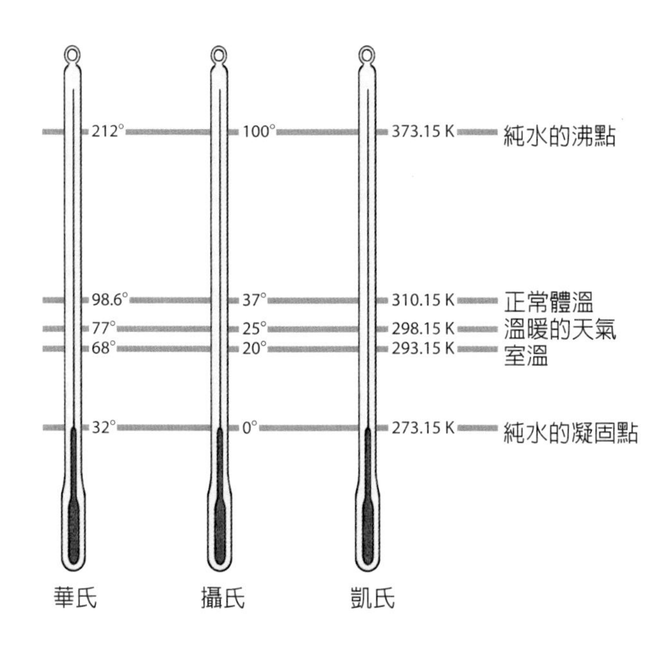

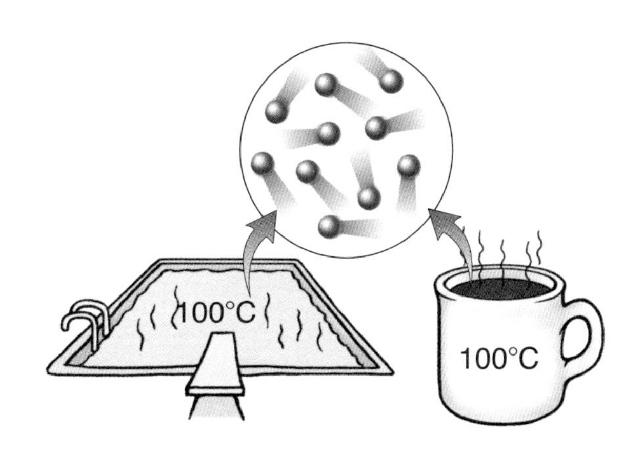

圖 1.21
相同溫度的水，水分子的平均動能是一樣的。水的體積和溫度無關。

費就可以知道上述爲眞。儘管裝滿沸水的游泳池，總能量大於一杯沸水，但它們同樣是 100℃，因此在這兩個水體中，水分子的平均能量是一樣的。游泳池裡的水分子，運動速率和杯子裡的水分子一樣，差別只是游泳池裡的水分子多得多，總能量也多很多。

熱是一種能量，會由高溫物體流向低溫物體。如果你觸摸到熱爐子，由於爐子的溫度比你的手溫高，熱會從爐子進入你的手裡。當你用手接觸冰塊時，因爲冰塊的溫度比手溫低，能量會流出你的手進入冰塊裡。從人的觀點來看，接受到熱會有燙的感覺，流出熱就會有涼的感覺。下一次，當你碰到好朋友生病發燒時，用手觸摸他的前額試他體溫時，順便問他，是不是會覺得你的手冰冰的。溫度的值是固定的，但冷和熱的感覺卻是相對的。

通常兩個東西碰在一起時，如果溫度差愈大，熱的流動率就會愈高。因此，你碰到愈熱的鍋子，會燙傷得愈厲害。

熱是能量的一種形式，單位是焦耳。

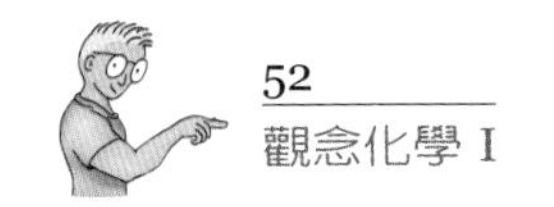

觀念檢驗站

你剛進游泳池的時候，會覺得水很冷。但過了一會兒，身體就會習慣水溫不再覺得那麼冷。試用熱的觀念，解釋一下爲什麼。

你答對了嗎？

熱流是溫度差產生的。剛進入游泳池的時候，皮膚的溫度比水溫高很多。因此有較多的熱量從身體流進水中，因此身體立刻覺得很冷。等在水裡浸了一陣子後，皮膚的溫度和水溫會較接近（這是由於水的冷卻效果和身體保持體溫的能力）。這時，由身體流向水的熱量減少。因爲熱流量減少，你也不覺得那麼冷了。

1.7 物質的相和粒子的運動有關

我們描述物質最直接的方式，就是描述它的物理態。這種物理態有三種，分別爲：固態、液態和氣態。例如岩石等固態物質，占有一定的空間，在壓力之下也不太會變形。換句話說，**固體**是有一定的空間和一定形狀的物質。**液體**也占有一定的空間（它有固定的體積），但形狀卻會改變並不固定。例如一公升的牛奶，不管是在紙盒裡或流到坑洞裡，雖然形狀不同，但體積都一樣。**氣體**會擴散，它既沒有固定的體積，也沒有固定的形狀。只要是氣體，不管容器的形狀爲何，都會自動占滿該容器的體積。例如一定量的氣體分子，既可以占滿氣球，也可以占滿腳踏車的內胎。氣體如果從容器中逸出來，會進入大氣中。大氣是很多種氣體的集合，受地球的重力吸引，包圍在地球的表層，構成所謂的大氣層。

在次顯微的尺度上，固體、液體和氣體三種物理態的區別，在於次顯微粒子聚集的程度。圖 1.22 顯示了三種不同物理態的粒子結構。在固態物質裡，粒子間的吸引力非常強，所有粒子都固定在三維空間的排列架構中。固體粒子可以在固定位置的附近振動，但彼此的相對位置保持不變。繼續加熱會使粒子的振動更劇烈，到達某個溫度時，振動會強烈到破壞原來固定的排列結構。這時候，粒子

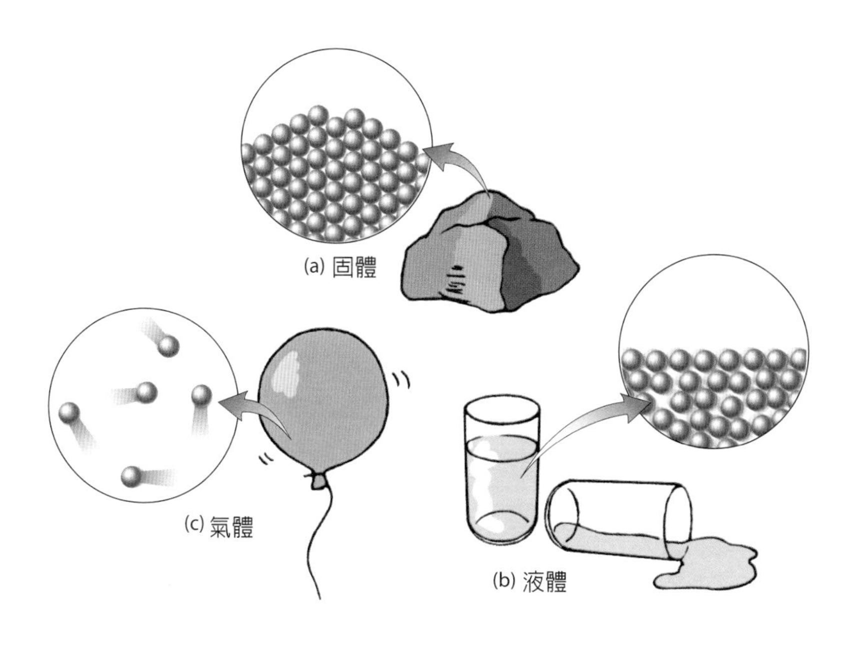

圖 1.22
固體、液體和氣體的特性：
（a） 固體裡的次顯微粒子，只在固定的位置上振動。
（b）液體的次顯微粒子會彼此滑動。
（c）氣體的次顯微粒子移動得很快，彼此間有一段距離。

可以改變位置、四處亂動，就像裝在袋裡的彈珠一樣。這溫度叫做「熔點」，形成的物理態是液態。這些次顯微尺度粒子（原子與分子）的流動性，造就液體物質的特性，使液體可隨不同容器，任意改變形狀。

進一步的加熱會使液體的次顯微粒子運動得更快。這時候，它們彼此間的吸引力已經沒辦法把粒子都拉在一起了。因此，這些粒子彼此分開，形成氣態。氣體粒子的運動很快，每秒鐘的平均速率約為 500 公尺，所以，粒子間相距很遠。也因此，氣態物質占有的體積，比它在固態和液態時都大了很多。如果對氣體施加壓力，會把氣體粒子逼得靠近一點，體積會變得比較小。例如，水底下的潛水人員需要很多的空氣以供呼吸，我們可以把空氣壓縮到鋼瓶裡，讓他背到水底。

雖然氣體分子移動的速率很快，但它從房間的一角跑到另一角的速率，卻相當的慢。這是因為氣體分子不斷的彼此碰撞，它們實際進行的是曲折的迂迴路線。在家裡，你可以親自體會氣體分子的迂迴路線。下次當你打開烤箱時，先不要聲張，偷偷開始計時，看屋子裡的人什麼時候才聞到香味（圖 1.23）。氣體分子雖然立刻從烤箱衝出，但要在一段時間後，隔壁房間的人才聞得到香味。

圖 1.23
氣體分子以曲折的途徑從 A 點前進到 B 點。因為氣體分子永遠彼此碰撞，平均每秒碰撞約八十億次，每次發生碰撞，前進的方向就會改變。圖裡的折線只代表少數幾次的碰撞而已。由於碰撞過多，雖然分子運動的速率很快，但從一點走到另一點，也需要相當的時間。

觀念檢驗站

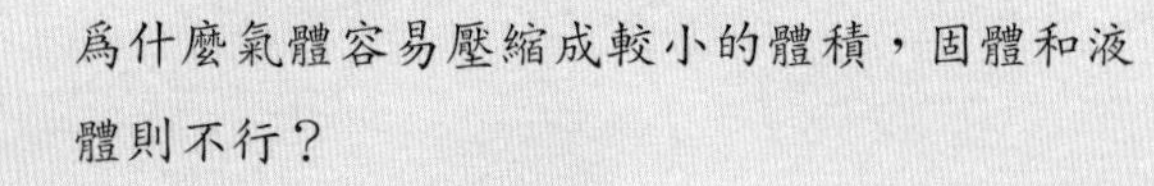

為什麼氣體容易壓縮成較小的體積，固體和液體則不行？

你答對了嗎？

因爲氣體分子間有很大的空間。但固體和液體裡，分子彼此緊緊的靠在一起，沒有多餘空間可以縮小體積了。

三態變化常見的描述

由圖 1.24 可以看出，如果想要物質發生物理態的變化，你必須提供它熱量或移除它原有的熱量。固體變成液體的過程叫**熔化**。我們可以用比喻，讓你更瞭解物質在熔化過程中，究竟發生了什麼事情：假設你和一群人手牽手站在一起，大家隨意亂動亂跳，如果每個人都動得非常劇烈，想保持牽手的狀態幾乎是不可能的。

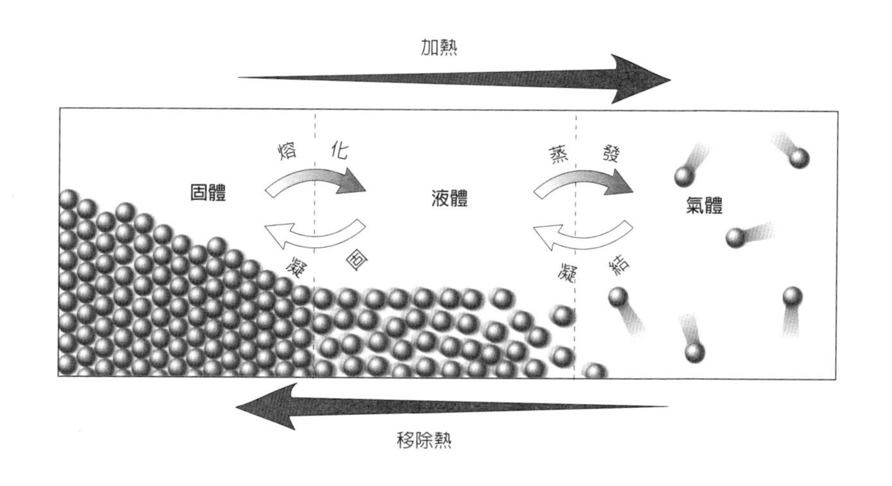

圖 1.24
熔化和蒸發必須加熱，凝結和凝固則牽涉到放熱。

當固體加熱時，它的次顯微分子，運動的情況就類似上述的狀態，分子的振動愈來愈劇烈。如果加的熱量夠多，分子間的吸引力就無法再維持，固體就開始熔化。

把液體物質的熱量移走可以使它變成固體，這個過程叫**凝固**。凝固與熔化的過程剛好相反。熱量從液體抽出後，液體分子的運動能力會降低，當分子的運動變慢後，會互相吸引，最後形成固定不變的永久性結構。這時候，分子只能在固定的位置上振動，不再能隨意跑來跑去，液體就凝固成固體了。

液體也可以加熱變成氣體，這個過程叫做**蒸發**。在加熱時，液體分子得到更多的能量，動能增加了，運動得更快。最後，液體分子得到足夠的動能，終於衝出束縛跳入空中，轉變成氣體狀態。如果持續加熱，會有愈來愈多的液體分子吸收到足夠的能量，紛紛變成氣體，離開液面進入空中。有時候，我們會說液體漸漸蒸發了。例如當水分子變成氣體時，我們叫它水蒸氣。

液體蒸發的速率會隨著溫度上升而上升。例如，在滾燙人行道上的積水，蒸發速率就比清涼室內地板上的積水快。如果液體的溫度夠高，甚至連液面下的分子也會發生蒸發現象。因此，會有氣泡從水面下往表面升上來。我們稱液體在此時開始**沸騰**。每個物質的沸點都不太一樣，我們常用沸點來區分不同的物質。在海平面上，純水的沸點是 100℃。

從氣態變成液態，叫做**凝結**；凝結是蒸發的相反過程。氣體的溫度降低，就會發生凝結。在白天，氣候溫暖，水蒸氣可以保持氣態，但在夜晚氣溫下降後，會凝結成露珠，掛在花瓣、葉片或蜘蛛網上。

生活實驗室：熱水氣球

親自感受物質在液態時的體積，的確比氣態時小很多。

■ 請先準備：

兩茶匙的水、氣球、微波爐、廚房手套、安全眼鏡

■ 請這樣做：

1. 把兩茶匙的水灌進氣球，儘量把氣球裡的空氣擠出來，再把氣球口打結。
2. 把氣球放進微波爐，開強微波若干秒（只要看到氣球迅速膨脹起來就行了）。不要太久，因爲 10 秒鐘左右，氣球就會炸開。（加太多水或微波太久，氣球都可能會炸開。）
3. 戴上廚房手套，取出氣球後搖動氣球，聽聽水蒸氣在裡面凝結成水的聲音。你應該聽得出氣球裡面下雨的聲音。

把膨脹的氣球泡入冰水裡，看看會發生什麼事。

生活實驗室觀念解析

當一個小彈珠打在你手上時，會對你的手產生一股小推力。水蒸氣分子在氣球裡，會對氣球內壁產生一股推力。一顆水蒸氣分子的推力當然微不足道，但是當水蒸氣分子有數百億個時，加起來的總推力足以讓氣球膨脹。這就是液態的水蒸發成水蒸氣的效果。你同時也可以看出，氣態的水蒸氣所占的體積，比液態的水多很多。如果你仔細觀察微波爐裡的氣球，會發現所有的水都變成水蒸氣後，氣球膨脹的速率雖然慢了下來，但仍在繼續膨脹。這是因爲微波持續加熱水蒸氣分子，使它們的動能增加，水蒸氣運動得愈來愈快，推氣球內壁的力量也會愈來愈大。

當氣球從微波爐裡拿出來時，會開始接觸到外面的空氣。空氣的溫度比氣球裡的水分子低，所以空氣分子的運動速率比水蒸氣分子慢。水蒸氣分子撞擊氣球內壁，把動能傳遞給運動速率慢得多的空氣分

子，空氣分子的動能增加後，就變得比較熱些。（同理，用鐵槌把釘子釘入牆面時，鐵槌的動能有一部分會傳遞到牆另一邊的畫框上。）你把手伸近氣球，也可以感覺到這股溫暖。
水蒸氣分子損失動能後，會凝結成水。氣球會把這個過程發出來的雜音放大（仔細聽）。
想想看，從分子的立場來看，爲什麼氣球在冰水裡收縮得更快？

1.8 密度是質量對體積的比

一個物質的質量除以它所占有空間的大小，稱爲密度。因此，密度是物質緻密程度的度量，也就是可以看出某個既定的體積裡，到底擠進多少物質。一塊鉛比同體積的鋁塊，包含更多的物質。因此，鉛比鋁更緊緻，密度更大。我們比較兩個東西的密度，是看在相同體積下，誰「比較重」誰「比較輕」，如圖 1.25 所示。

圖 1.25
一塊鉛裡的物質，比同體積的鋁塊多得多。因此鉛塊更重，更不容易舉起來。

密度的定義，是樣品的質量除以它的體積。

$$密度 = \frac{質量}{體積}$$

例如，有一件東西的質量是 1 公克，體積是 1 毫升，它的密度就是

$$密度 = \frac{1公克}{1毫升} = 1\frac{公克}{毫升}$$ ，唸成「每毫升 1 公克」。

如果另外有一個東西，體積還是 1 毫升，但質量卻有 2 公克，這個東西就比較密。它的密度爲

$$密度 = \frac{2公克}{1毫升} = 2\frac{公克}{毫升}$$ ，唸成「每毫升 2 公克」。

除了公克與毫升之外，密度也能用其他的質量與體積的單位來表示。舉例來說，氣體的密度非常低，通常是以「每升多少公克」來表示密度的。但不管是什麼情況，密度的單位都是用質量除以體積的方式來呈現。

觀念檢驗站

Q　1 千克的鉛與 1 千克的鋁，哪一個的體積比較大？

你答對了嗎？

鋁的體積較大。鉛比較緻密，只要一點點就有 1 千克了。相反的，鋁沒有那麼緻密，因此 1 千克的鋁比 1 千克的鉛，占有更多的體積。

化學計算題：密度的代數運算

經過一點代數的運算，我們就能夠輕易的改變密度的公式，然後用它來計算物質的密度或體積。首先，我們把密度公式的兩邊乘上體積，然後把出現在分子與分母上的體積同時消去，就得到質量的公式。

$$\text{密度} \times \text{體積} = \frac{\text{質量} \times \cancel{\text{體積}}}{\cancel{\text{體積}}}$$

$$\text{密度（D）} \times \text{體積（V）} = \text{質量（M）}$$

例題：

1982 年以前，美國的一分錢硬幣，密度是每毫升 8.92 公克，體積是 0.392 毫升，質量是多少？

解答：

$$D \times V = M = 8.92\ \frac{\text{公克}}{\text{毫升}} \times 0.392\ \text{毫升} = 3.50\ \text{公克。}$$

如果要得到一個東西的體積，那麼把質量公式的兩邊，都除上密度就可以得到相關的體積了。即：

$$\frac{\cancel{密度} \times 體積}{\cancel{密度}} = \frac{質量}{密度}$$

$$\therefore 體積 = \frac{質量}{密度}$$

例題：

1982 年之後美國鑄造的一分錢硬幣，密度是 7.40 公克／毫升，質量為 2.90 公克，體積是多少？

解答：

$$V = \frac{M}{D} = \frac{2.90\,公克}{7.40\,\frac{公克}{毫升}}\,毫升 = 0.392\,毫升。$$

總之，下列的三個公式，充分表達出密度、質量和體積之間的相互關係。

密度	**質量**	**體積**
$D = \frac{M}{V}$	$M = D \times V$	$V = \frac{M}{D}$

要記住它們三者之間的關係，可以利用次頁的三角形。用手指頭遮住要計算的項目，剩下的就代表它和其他兩個項目的關係。例如，用手指頭把 M 遮住，就剩下 D × V，也就表示 M＝D × V。

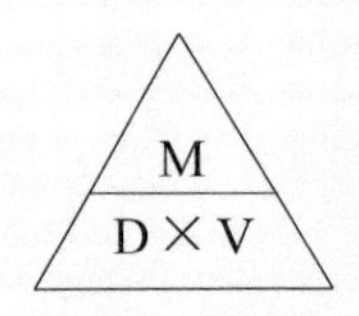

■ **請你試試：**

1. 一條麵包質量是 500 公克，體積是 1000 毫升，密度是多少？
2. 上面那條麵包擺了幾天，水分都喪失了，體積還是 1000 毫升，但密度只有 0.4 公克每毫升，現在它的質量是多少？
3. 有一家雜貨店，意外做出密度高達 5 公克／毫升的麵包，每一塊麵包還是 500 公克，體積是多少？

■ **來對答案：**

1. 每毫升 0.5 公克　　2. 400 公克　　3. 100 毫升

表 1.3 是某些物質的密度。一公升的水或一公升的水銀，哪個比較不容易舉起來？

不像固體和液體，氣體的密度受壓力和溫度的影響很大。壓力增加後，氣體分子會彼此靠得近些，體積因此減少，密度增加。舉例來說，潛水人員氣瓶裡的空氣密度，比大氣壓力下的空氣密度高很多。溫度升高時，氣體分子會得到更大的動能，因此有往外擴張的傾向，會占用更大的體積。熱空氣沒有冷空氣那麼密，因為密度較小而能升空。載人熱氣球裡的熱空氣，也因為比四周的冷空氣來得輕，因此能載客升空。

表 1.3　一些物質的密度

物質	密度（g/mL）	密度（g/L）
固體		
鋨	22.5	22,500
金	19.3	19,300
鉛	11.3	11,300
銅	8.92	8,920
鐵	7.86	7,860
鋅	7.14	7,140
鋁	2.70	2,700
冰	0.92	920
液體		
水銀	13.6	13,600
海水	1.03	1,030
水（4˚C）	1.00	1,000
乙醇	0.81	810
氣體*		
乾燥空氣		
0˚C	0.00129	1.29
20˚C	0.00121	1.21
氦（0˚C）	0.000178	0.178
氧（0˚C）	0.00143	1.43

*均在海平面的大氣壓力下

觀念檢驗站

1. 1 公克水和 10 公克水，哪一個密度比較大？
2. 1 公克鉛和 10 公克鋁，哪一個密度比較大？

你答對了嗎？

1. 水不管量多少，密度都是一樣的。1 公克水的體積是 1 毫升，10 公克水的體積是 10 毫升。兩者質量相對於體積的比，都同樣是每毫升 1 公克。
2. 鉛的密度較大，密度的定義是質量除以體積。鉛的密度比鋁的大。

想一想，再前進

本章介紹如何以化學來研究物質，以及爲什麼化學的內容包羅萬象，任何你可以觸摸、嚐味、聞香、眼見或耳聽的東西，都是化學研究的對象。化學是科學裡的重要學門。依照本章的定義，科學是有組織、有系統的學問，是經由我們的觀察、常識判斷、合理的思考以及對自然的眞知卓見而形成的。在經過數世紀的發展後，科學已經變成有力的工具，協助我們清楚的認識周遭的環境。

要學習化學，首先必須瞭解幾個很基本的物理量。這些基本的物理量包括：質量、體積、能量、溫度和密度。質量度量物體到底具備多少物質；體積則是看這個物體，占了多大的空間。能量是抽象的觀念，我們無法直接度量，只能間接度量它的效應，它和移動某件東西所需的能力有關。一個東西的溫度越高，它的次顯微粒子具備的平均動能愈大。

一個東西的物理態（相），和它的溫度有關。在固態裡，物質的粒子只在固定的位置附近振動。在液態裡，這些次顯微粒子可以兩兩相互滑動或滾動。在氣態裡，物質的原子和分子具備了高動能，彼此可以毫無瓜葛的輕易分開。最後，本章還介紹了密度的概念，這是物質的質量對體積的比值。密度也是物質的特性之一。

關鍵名詞

次顯微 submicroscopic：指原子和分子層次的世界，在此層次的物體，小到用光學顯微鏡無法觀測到。（1.0）

化學 chemistry：用以研究物質本身及它能產生的變化的科學。（1.1）

物質 matter：任何占有空間的東西。（1.1）

基礎研究 basic research：致力於發現自然界運作的基本道理的研究。（1.1）

應用研究 applied research：致力於開發、製造實用產品的研究。（1.1）

科學 science：一套關於自然的系統性知識體。（1.2）

科學假說 scientific hypothesis：可以測試的假設，往往用以解釋所觀察到的現象。（1.2）

對照組試驗 control test：科學家為了從實驗組的測試中求得結論所做的對照試驗。（1.2）

理論 theory：一種綜合的概念，可以用來解釋許多現象。（1.2）

質量 mass：一個物體含有多少物質的計量。（1.4）

重量 weight：兩物體之間的重力吸引，其中一個物體通常是地球。（1.4）

體積 volume：一個物體占據的空間量。（1.4）

能量 energy：做功的能力。（1.5）

位能 potential energy：物體儲存的靜態能量。（1.5）

動能 kinetic energy：物體運動產生的能量。（1.5）

溫度 temperature：用以表示物體的冷暖，同時也顯示物體中每個分子的平均動能，可以攝氏、華氏、凱氏等單位表示。（1.6）

溫度計 thermometer：測量溫度的儀器。（1.6）

絕對零度 absolute zero：任何物質的最低可能溫度；在這個溫度下構成物質的原子，動能為零：0K ＝－273.15℃＝－459.7°F。（1.6）

熱 heat：一種能量，會由高溫物體流向低溫物體。（1.6）

固體 solid：有明確體積、形狀的物質。（1.7）

液體 liquid：有明確體積，但沒有固定形狀，形狀會隨容器形狀而改變的物質。（1.7）

氣體 gas：不具固定體積和形狀的東西，哪邊有空隙，就往哪邊跑。（1.7）

溶化 melting：從固體變液體的轉變。（1.7）

凝固 freezing：從液態到固態的轉變。（1.7）

蒸發 evaporation：從液態到氣態的轉變。（1.7）

沸騰 boiling：氣泡從液表下方形成所產生的蒸發作用。（1.7）

凝結 condensation：從氣態到液態的轉變。（1.7）

密度 density：物體的質量與體積的比值。（1.8）

延伸閱讀

1. 布雷斯勞（Ronald Breslow）的《跨世紀的化學：化學的今日與明日》（*Chemistry Today and Tomorrow : the Central, Useful, and Creative Science*）中文版由藝軒圖書出版社出版：
   這本書是前美國化學學會的主席所著，分析化學在現代社會發展中所扮演的角色，以及在未來的發展中，必定會更受重視。
2. 霍夫曼（Ronald Hoffman）的《迴盪化學兩極間》（*The Same and Not the Same*），中文版由天下文化出版：
   作者是諾貝爾化學獎得主，也是傑出的研究者和教師。本書爲一般民眾解釋化學，重點在強調分子結構之美。

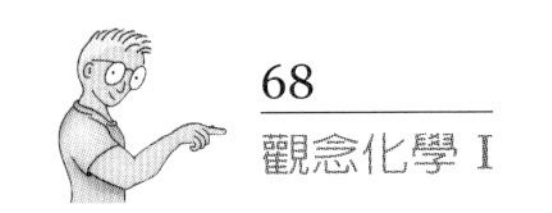

3. 包洛斯（John Allen Paulos）的《數學文盲》（*Innumeracy: Mathematical Illiteracy and Its Consequences*）：

   介紹一般人對統計常有的誤解。不識字的人我們稱爲文盲，不懂數字含意的，就是數學文盲。

   羅伯茨（Royston Roberts）的《科學的意外發現》（*Serendipity: Accidental Discoveries in Science*）：

   用很多有趣的故事，說明有些科學的進展是來自意外的發現。有時研究人員必須敏銳的查察某項不起眼的現象。

5. 卡爾·薩根（Carl Sagan）的《魔鬼盤據的世界》（*The Demon-Haunted World: Science as a Candle in the Dark*），中文版由天下文化出版：

   本書動人心弦的描述了現代社會對科學的普遍態度，以及當僞科學、新世紀思潮、基本教義席捲而來時，我們面臨的困境。

6. http://www.awis.org

   婦女科學聯合會的網站，這是致力於提升婦女在科學、數學、工程與技術上的參與和成就的組織。

7. http://www.chemcenter.org

   美國化學學會負責維護的網站。這是搜尋和化學有關資讀的極佳入口，裡面有最新的發展現況和一些特殊研究領域的進展。

8. http://www.csicop.org

   這是「異象申訴科學調查委員會」（Committee for the Scientific Investigation of Claims of the Paranormal）的網站。由許多諾貝爾獎得主和孚眾望的科學家負責，答覆許多關於異象或科學問題。

9. http://www.newscientist.com

   英國《新科學家》雜誌的網站。裡面報導許多最新、最熱門的科學事件。

10. http://www.rsc.org/lap/rsccom/wcc/wccindex.htm

這是英國皇家化學會的女化學家委員會網站。這個組織致力提昇婦女對化學的參與及貢獻，並列出化學研究上對婦女歧視的事件資訊，供各界參考。

11. http://www.sciencenews.org.sn_arch

《科學新聞檔案》(*Archives of Science News*)，是流傳很廣的周刊雜誌。內容是科學的最新發展。

觀念考驗

考驗你什麼

本書每一章的章末都有一個「觀念考驗」的小節，內容包括了「關鍵名詞與定義配對」、「分節進擊」和「高手升級」，有幾章還有「思前算後」的計算題。

看到關鍵名詞時，試著找出適當的定義配對。為了達到最好的學習效果，各位最好先自己老實回答，而不急著看解答。對這些名詞愈熟悉，應用這些觀念愈容易。

分節進擊可以協助你把腦子裡的想法弄得更清楚、明白，對教材的內容本質也更能掌握。就像「關鍵名詞與定義配對」一樣，「分節進擊」也不至於太困難。你可以在書末找到解答。如果你只看「關鍵名詞與定義配對」，學習成效將是有限的。

和分節進擊不同的是，高手升級有相當的難度。目的在挑戰你對這一章課程內容的瞭解程度，強調的是思考而不是背誦和記憶。請各位在完成「關鍵名詞與定義配對」、「分節進擊」之後，再試試「高手升級」。很多時候，有些題目能協助你把某個化學觀念應用在熟悉的日常情況下。

在做「高手升級」時，答案要寫清楚，必要的時候，還應該附上說明或圖形。如果「高手升級」做得很好，你的化學考試一定可以得高分。為了讓各位知道自己實力如何，有沒有做對，「高手升級」的答案也會附在每冊的書末，供各位參考。

思前算後通常有助於釐清觀念，使我們明白某些重要的事情。這裡的內容主要來自「化學計算題」的單元，答案記得要附上單位。本書重點是化學觀念的介紹，因此計算題並不太多，以免大家誤會我們太著重解題技巧而忽略了觀念的吸收。本書最主要的，還是介紹化學觀念以及它們與日常生活的關係。

先做完「觀念考驗」，再去核對書末的詳解，瞭解自己的程度並加以補強，就能得到最大的學習成效了！

想學好化學嗎？你每上一小時的課，大概要花上二倍的時間來複習。這種自我投資的回報很豐厚。除了化學成績一定很好之外，對其他很多方面也會有很大的幫助。因此別猶豫了，馬上開始吧。找一個舒適的地方，好好用功。另外，找同學一起研究，互相討論，試著把自己學到的東西清楚的說出來。如果你還不能用自己的話把某件事情講清楚，那表示你還沒有完全學會它。

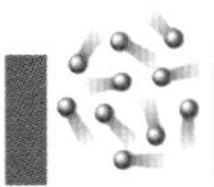

第1章 觀念考驗

關鍵名詞與定義配對

絕對零度	液體
應用研究	質量
基礎研究	物質
沸騰	熔化
化學	位能
凝結	科學
對照組試驗	科學假說
密度	固體
能量	次顯微
沸騰	溫度
凝固	理論
氣體	溫度計
熱	體積
動能	重量

1. ______ ：一套關於自然的系統性知識體。
2. ______ ：指原子和分子層次的世界，在此層次的物體，小到光學顯微鏡也無法偵測出來。
3. ______ ：用以研究物質本身及它能產生的變化的科學。

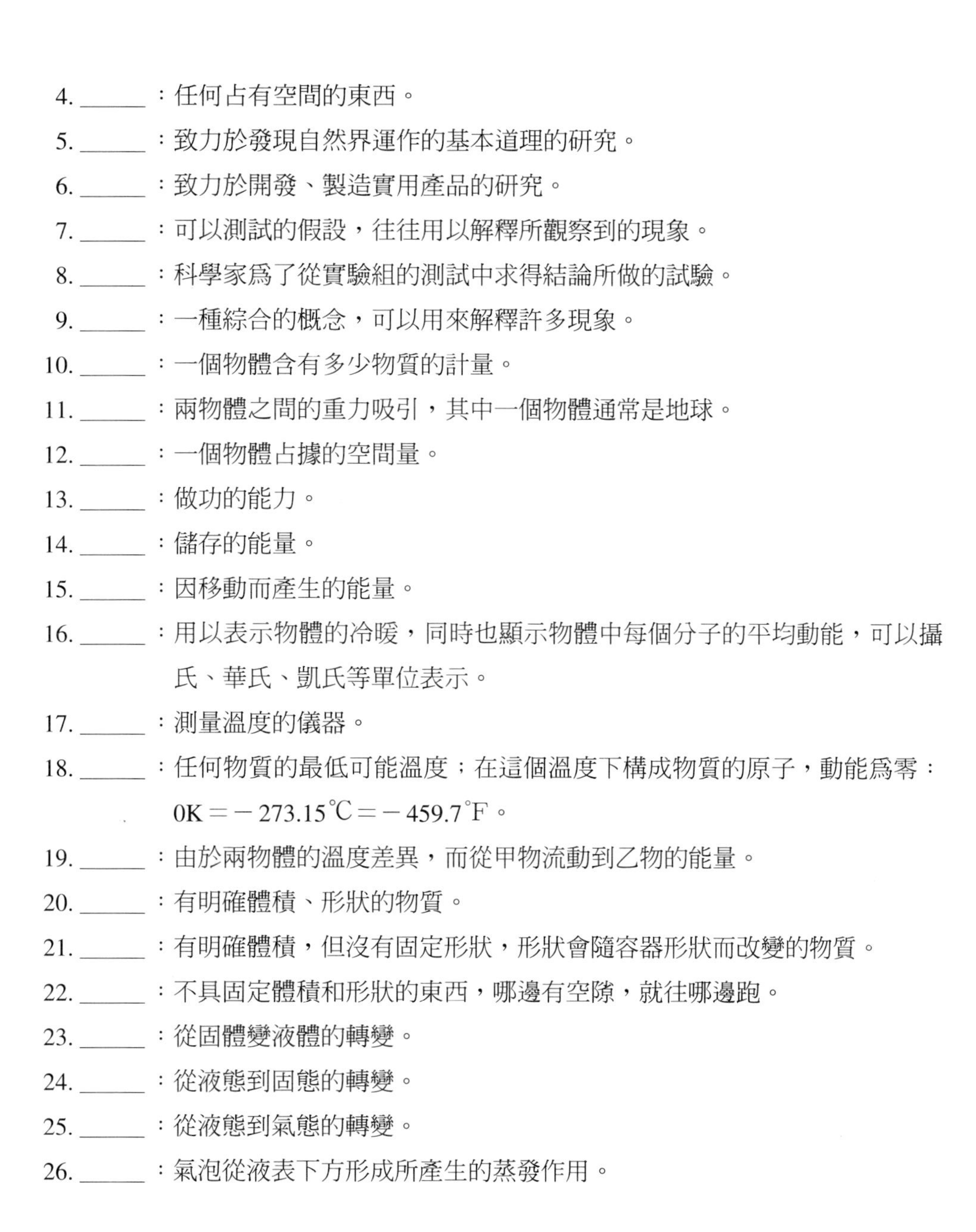

4. ______ ：任何占有空間的東西。
5. ______ ：致力於發現自然界運作的基本道理的研究。
6. ______ ：致力於開發、製造實用產品的研究。
7. ______ ：可以測試的假設，往往用以解釋所觀察到的現象。
8. ______ ：科學家爲了從實驗組的測試中求得結論所做的試驗。
9. ______ ：一種綜合的概念，可以用來解釋許多現象。
10. ______ ：一個物體含有多少物質的計量。
11. ______ ：兩物體之間的重力吸引，其中一個物體通常是地球。
12. ______ ：一個物體占據的空間量。
13. ______ ：做功的能力。
14. ______ ：儲存的能量。
15. ______ ：因移動而產生的能量。
16. ______ ：用以表示物體的冷暖，同時也顯示物體中每個分子的平均動能，可以攝氏、華氏、凱氏等單位表示。
17. ______ ：測量溫度的儀器。
18. ______ ：任何物質的最低可能溫度；在這個溫度下構成物質的原子，動能爲零：0K＝－273.15℃＝－459.7°F。
19. ______ ：由於兩物體的溫度差異，而從甲物流動到乙物的能量。
20. ______ ：有明確體積、形狀的物質。
21. ______ ：有明確體積，但沒有固定形狀，形狀會隨容器形狀而改變的物質。
22. ______ ：不具固定體積和形狀的東西，哪邊有空隙，就往哪邊跑。
23. ______ ：從固體變液體的轉變。
24. ______ ：從液態到固態的轉變。
25. ______ ：從液態到氣態的轉變。
26. ______ ：氣泡從液表下方形成所產生的蒸發作用。

27. ______ ：從氣態到液態的轉變。
28. ______ ：物體的質量與體積的比值。

分節進擊

1.1 化學是對生活有益的中心科學

1. 原子構成分子，或是分子構成原子？
2. 基礎研究和應用研究有什麼不同？
3. 爲什麼常有人稱化學爲中心科學？
4. 美國化學製造業協會的成員參加「環境責任計畫」，是要採取什麼行動？

1.2 科學是瞭解宇宙的方法

5. 爲什麼麥克林托克和貝克要探索南極海洋？
6. 麥克林托克和貝克的假說是：端足類生物把海蝴蝶背在身上，目的是希望藉著後者的化學防禦系統對抗掠食者。有什麼證據支持？
7. 對照組試驗的目的何在？
8. 爲什麼再現性是科學裡最重要的成分？
9. 依照實驗的結果來修正理論，是會使它更堅實，還是會削弱它？
10. 什麼樣的問題是科學無法回答的？

1.3 科學家度量的物理量

11. 爲什麼物理量的單位與它的數值同樣重要？
12. 今日世界主要的度量系統有哪兩類？
13. 爲什麼公制系統喜歡使用前置詞？

14. 微米或公寸哪個比較大？
15. 一公斤等於多少公克？
16. 一毫克等於多少公克？

1.4 質量和體積

17. 什麼是慣性？它和質量有什麼關係、
18. 質量或重量，哪一種觀念比較複雜？
19. 質量或重量，哪一個的值會隨位置而改變？
20. 什麼是體積？
21. 物體的質量和體積，有什麼不同？

1.5 能量使物體移動

22. 爲什麼能量很難定義？
23. 由物體的位置產生的能量叫做什麼？
24. 由物體的運動所產生的能量是什麼？
25. 一焦耳或一卡路里，哪個能量多？
26. 一卡路里或一大卡，哪個能量多？

1.6 溫度測量東西有多熱，而不是有多少熱量

27. 一杯熱咖啡與一杯冷咖啡，哪一個的分子平均速率比較低？
28. 絕大部分的物質在加熱時會發生什麼事？
29. 在哪個溫度系統裡，零度時原子與分子都沒有任何運動？
30. 一杯 100℃的熱水或一個放滿 100℃熱水的游泳池，哪個情況的總能量多？
31. 熱量由冷的東西流向熱的東西是正常的嗎？
32. 什麼決定熱量流動的方向？

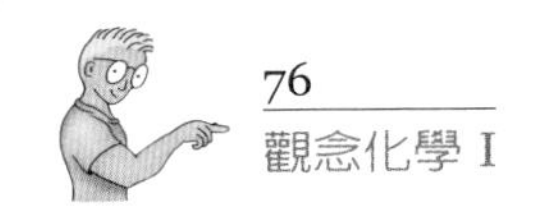

1.7 物質的相和粒子的運動有關

33. 固體和液體的粒子排列，有什麼不同？
34. 氣體粒子的排列，與液體及固體有何區別？
35. 一公克冰、一公克水或一公克水蒸氣，哪一個的體積比較大？
36. 氣體粒子大約以每秒 500 米的速率在運動，爲什麼需要相當長的時間，才能走一段不算長的距離？
37. 當水蒸發時，分子發生了什麼事？
38. 熔化或凝結，哪一個過程會放出熱量？
39. 蒸發或凝結，哪一個過程要加熱？
40. 當蒸發發生在液表下，叫做什麼？

1.8 密度是質量對體積的比

41. 質量大的物體，密度一定大於質量小的物體嗎？
42. 密度愈大的物體，質量一定愈大嗎？
43. 密度的單位是哪兩個物理量的比值？
44. 把氣體壓縮到小容器裡後，密度會有什麼變化？

高手升級

1. 爲什麼在做「高手升級」之前，要先完成「分節進擊」？
2. 彩色電腦螢幕或彩色電視，和我們看東西的原理有何相同之處？放一滴水（只要一滴）在電腦螢幕或彩色電視上，仔細看看。
3. 物理、化學和生物學這三門科學，哪一個最複雜？

4. 化學研究的是次顯微、微觀或巨觀尺度現象的哪一種，或三者皆是？請說明。
5. 有些政客以堅持某個特殊觀點而自豪，他們認爲改變心意是意志不堅的表示。科學上對「改變心意」這件事，有什麼不同的看法？
6. 爲什麼科學研究不限於用特定的方法進行？
7. 科學假說和理論有什麼不同？
8. 科學要求的再現性，長期而言對誠實競爭有什麼影響？
9. 麥克林托克和貝克共同研究南極海洋的生物，但兩人卻有截然不同的科學背景。麥克林托克是生物學家，貝克是化學家。這算是不尋常的狀況嗎？請說明。
10. 下面哪一個是科學假說？
    a. 星星是小孩子掉落的牙齒形成的。
    b. 愛因斯坦是最偉大的科學家。
    c. 火星的紅色是因爲上面覆蓋著一層棉花糖。
    d. 外太空的異形，把自己移植入政府官員的腦子裡。
    e. 潮汐是由月亮引起的。
    f. 你的前世是林肯。
    g. 人類在睡眠時還保有意識。
    h. 人死後，靈魂不滅。
11. 關於「供應植物生長的原料是從哪來的？」的問題，古希臘哲學家亞里斯多德認爲，所有的材料都來自於泥土。你認爲他的想法正確、不正確或部分正確？爲什麼？有什麼實驗可以支持你的答案？
12. 偉大的哲學兼數學家羅素（Bertrand Russell, 1872-1970）曾寫道：「我認爲，我們必須相信科學知識是人類的榮光。我並不覺得知識永遠是無害的。『知識無害』的想法，很容易用例子來駁倒。我相信的是，知識有用的時機比有害的時候多很多。而害怕知識造成的損害比它的益處也多很多。」舉出一些事例來支持羅素的看法。

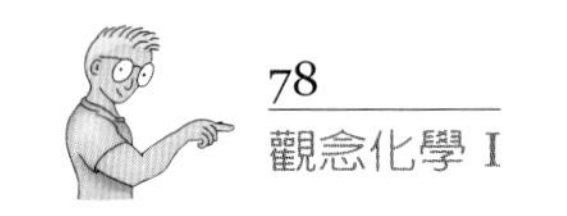

13. 舉出兩個本章討論過的物理量，說明汽車壓成一塊正方形廢鐵時，有什麼東西會改變。
14. 黃金1 千克與黃金0.1 公克，你喜歡哪一個？
15. 有沒有什麼東西有質量而沒有重量？有沒有相反的情況？即有重量而沒有質量？
16. 爲什麼質量和重量要用不同的單位？
17. 月球的重力只有地球的六分之一。在月球上，6 千克的物體質量是多少？它在地球上的質量又是多少？
18. 二千克的鐵塊，質量是否爲一千克鐵塊的兩倍？重量是否爲兩倍？體積是否爲兩倍？
19. 二千克鐵塊的質量是否爲一千克木塊的兩倍？體積是否也爲兩倍？請說明。
20. 位能與動能何者比較明顯？請解釋。
21. 人在死亡後，身體是否仍具有能量？如果有，是哪一種形式的能量？
22. 溫度度量的是什麼？
23. 有一個老方法，可以把兩個緊緊套在一起的玻璃杯分開。把某個溫度的水倒進裡面的杯子裡，再把不同溫度的水淋在外面的杯子上。這兩種水中，哪一個是冷水，哪一個是熱水？
24. 協和式超音速客機在超音速飛行時，機身和空氣摩擦，會產生可觀的熱量。因此在飛行時，機身的長度和停在地面時比較，大約長了 20 公分。試以次顯微的角度，解釋這種情況。
25. 下面哪種情況的總能量較多？100℃的沸水一杯或 90℃左右的游泳池水一池？
26. 如果你把一塊熱石頭丟進一桶冷水裡，石頭的溫度和水的溫度都會持續改變，直到兩者相等爲止。石頭變冷而水會變熱。如果熱石頭掉進南極洋裡，情況依然不變嗎？
27. 下面哪種情況的次顯微粒子間，吸引力比較大？是25℃的固體或 25℃的氣體？試說明之。

28. 下面的左圖，表示堅固容器內氣體粒子的運動情形。氣體加熱後，哪一個圖形（a、b、c）可以代表它的狀態？

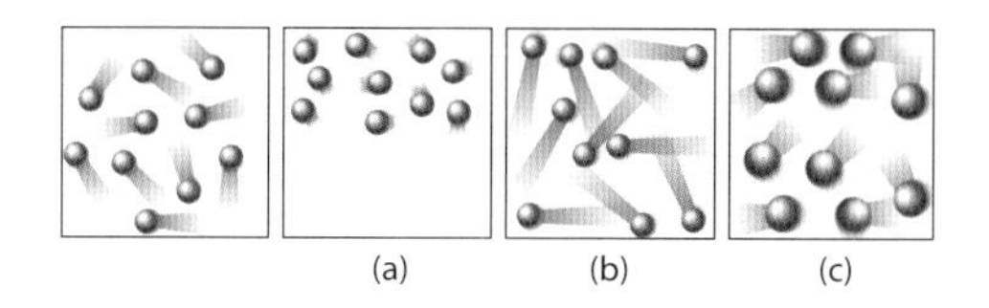

29. 下面左圖代表單一物質的兩種物理狀態。把它抽出熱量和加熱的情形，分別畫出來（中間與右圖）。如果圖中的粒子代表水分子，左圖是哪個溫度的情形？

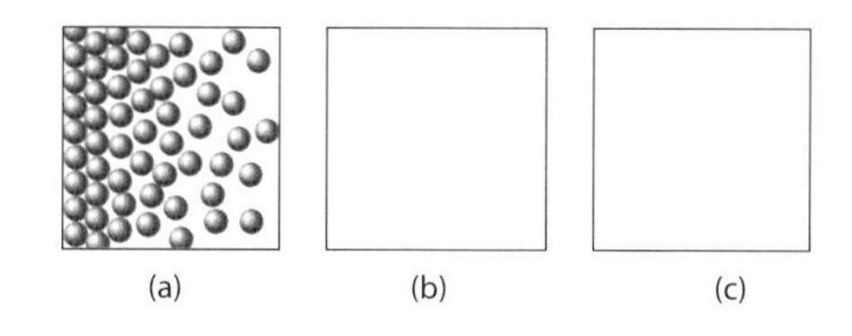

30. 濕度是空氣中水蒸氣的含量。爲什麼冰箱裡的濕度永遠非常低？
31. 當氣體壓縮進一個體積很小的容器時，密度會有什麼變化？
32. 美國在 1982 年以後鑄造的一分錢是用鋅做的，但是這個硬幣的密度比純鋅大，爲什麼？
33. 下面三個圖形是同一種物質在固定體積下，不同溫度的次顯微粒子情況。哪一個圖的密度最高？哪一個圖代表最高溫度？如果 a 圖代表某種物質的液態而 b 圖代表這種物質的固態。那麼，這一定是一種最不尋常的物質了。爲什麼？

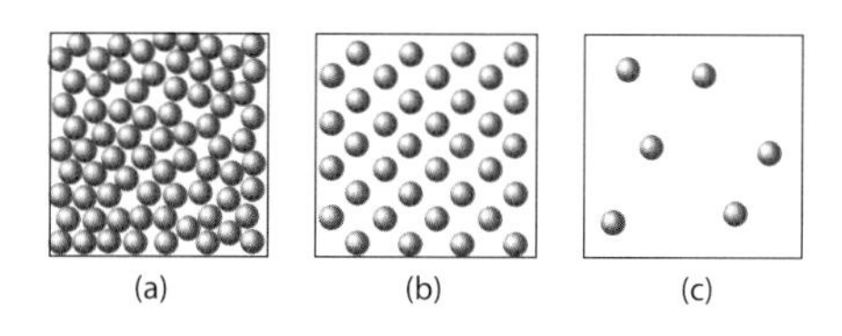

思前算後

1. 在地球上重 130 磅的人，質量是多少公斤？
2. 在月球上 130 磅重的人，質量是多少公斤？
3. 一條糖果棒含 230,000 卡路里，等於多少焦耳？
4. 一個洞的體積是 5 公升，裡面有多少毫升的土？有多少毫升的空氣？
5. 有人想賣一塊金子給你，說它幾乎是純金。在購買之前，你量出它的質量是 52.3 公克，而它取代了 4.16 毫升的水。計算一下這個東西的密度，和表1.3 比較，評估金子的純度。
6. 純金 52.3 公克，體積是多少？

化學元素

化學家不是外星人，但他們的確說著另一種語言，

要學習化學，得先學會化學語言，而化學語言中，

最重要的基礎就是化學元素。

化學家每天在研究的，就是週期表上的那些化學元素，

學會了化學元素，就更能輕鬆理解化學是什麼，

化學家在幹嘛！

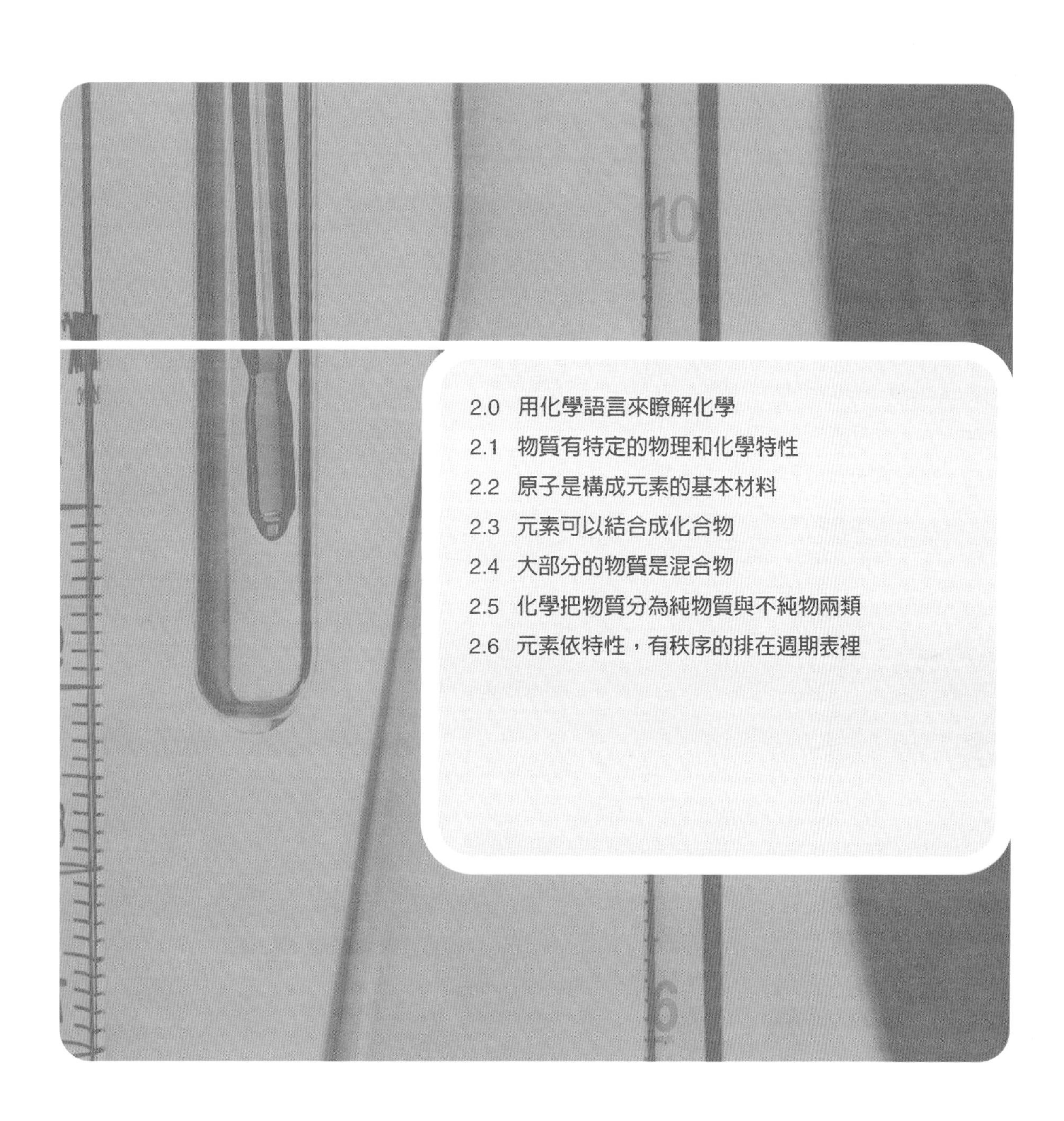

2.0 用化學語言來瞭解化學
2.1 物質有特定的物理和化學特性
2.2 原子是構成元素的基本材料
2.3 元素可以結合成化合物
2.4 大部分的物質是混合物
2.5 化學把物質分為純物質與不純物兩類
2.6 元素依特性，有秩序的排在週期表裡

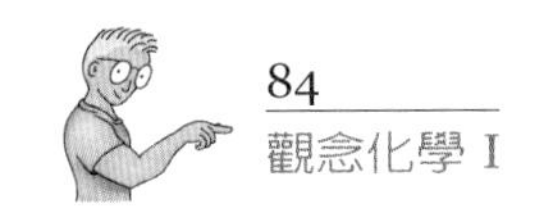

2.0 用化學語言來瞭解化學

經由本書，你會發覺自己學到的化學專有名詞一直在累積。在第 1 章，我們已經介紹了 28 個關鍵的專有名詞。本章將進一步介紹 32 個。爲什麼我們需要這些專有名詞呢？化學家在實驗室裡做實驗，進行觀察並且做出結論。經常，實驗的結果會產生出前所未知的新知識，超越了日常詞語所能表達的範圍。比方說，在化學的術語裡，我們說原子有一百多種，而任何只含有一種原子的物質，都叫做「元素」，而原子會構成「分子」。就這樣，當我們描述自然現象時，名詞就一個接著一個自然而然的累積起來了。

在學習過程中，你們不要費心死背專有名詞，應該盡量去瞭解名詞代表的觀念和實際意涵。你要認識的是文字代表的意思，而不是文字本身。依據你在第 1 章裡學到的知識，爲什麼熱咖啡會燙嘴？答案可能是，熱咖啡的分子具有大量的動能。當然，要瞭解這個答案，你可能要先知道什麼是動能（1.5 節）。但名詞只是一種記號而已，有人可能知道這個名詞但卻完全不懂化學。就像有人懂化學，卻不記得名詞一樣。

如果你眞的瞭解化學，但不記得相關的名詞，你或許會把分子的運動拿來和子彈的運動比較：子彈走得愈快（動能愈大），造成的傷害愈嚴重。同樣的，熱咖啡的分子運動得愈快，愈會燙傷你的嘴。知道動能或相關的化學專有名詞，雖然有助於彼此的溝通，但不保證使用名詞的人眞的瞭解它所代表的觀念。如果你先瞭解名詞代表的觀念，描述觀念的文字自然而然會成爲你的知識的一部分。

本章的焦點集中在化學家對物質如何進行描述與分類，因此是後面各章的基礎。對書中用**粗體字**標出的名詞，要特別注意。而且要能清楚的解釋它們所代表的觀念。你們可以試著把名詞的意義，大聲的對自己或同伴說明。當你們能夠用自己的話，把一個觀念說清楚，就代表能精確的掌握那個觀念了，這樣學習才算成功。

我們就從化學如何以相關的物理和化學性質來描述物質開始。

2.1 物質有特定的物理和化學性質

物體看起來或感覺得到的性質，叫做**物理性質**。例如顏色、硬度、密度、質地和物理態。任何一種物質都有它特殊的物理性質，可以用來描述它（如圖2.1）。

金
透明度：不透明
顏色：黃色
25°C的相：固體
密度： 19.3g/mL

鑽石
透明度：透明
顏色：無色
25°C的相：固體
密度： 3.5g/mL

水
透明度：透明
顏色：無色
25°C的相：液體
密度： 1g/mL

圖2.1
我們可用物理性質來分辨金、鑽石和水。如果一個東西具備了金的全部物理性質，那它一定是金。

當情況改變時，物質的物理性質可能也會改變，但這並不是說它變成了另一種東西。把水降到 0℃以下，水就凝固成冰，但它仍然是水。因爲不管是液體或固體，水分子都是 H_2O。唯一的差別是水分子的排列狀況。在液體裡，水分子沒有固定的位置，分子間會相互滾動，但結成冰後，水分子就固定在某個位置上，只能在這個位置的附近振動而已。水結冰就是化學家所謂的**物理變化**的例子。在物理變化裡，物質的相或一些其他的物理性質可能會改變，但它的化學組成並沒有改變，如圖 2.2 所示。

觀念檢驗站

爲什麼金的熔化是物理變化？

你答對了嗎？

進行物理變化時，雖然物質的某些物理性質改變了，但它的本質不變。金熔化後，雖然由固體變成液體，但金還是金。所以這是物理變化。

化學性質是物質可以和別的物質發生作用，或轉化成別的物質的特殊能力。例如，天然氣甲烷有一種化學性質，就是可以和氧作用產生二氧化碳和水，同時釋放出許多熱量；小蘇打會和醋作用，產生二氧化碳和水並吸收少許的熱量；銅的化學性質是會與二氧化碳及水產生銅銹。曝露在空氣裡的銅像，由於受到空氣中二氧化碳與水的作用，會披上一層綠色的銅銹。銅銹的成分既不是銅，也不

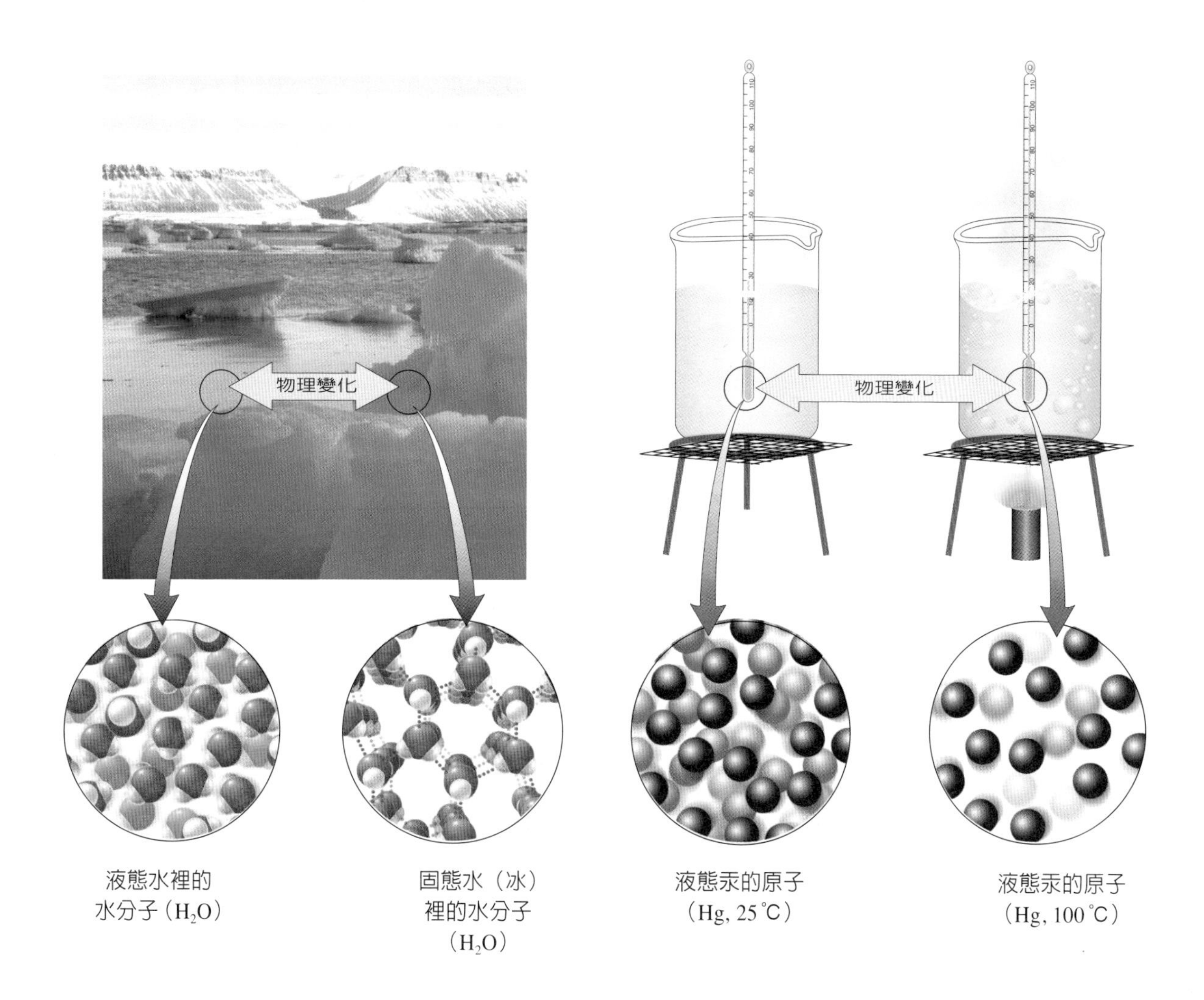

圖 2.2

兩種物理變化。(a) 水和冰看起來好像是不同的東西，但是在次顯微尺度裡，它們都是水分子。(b) 在 25℃時，水銀裡的原子彼此分開一段距離，密度是 13.53 g/mL。在 100℃時 原子間的距離更大，密度變成 13.35 g/mL。密度這項物理性質，會隨溫度而改變，但水銀還是水銀，物體的本質並沒有變。

是二氧化碳或水，而是這些物質彼此發生化學反應生成的東西。

這三種變化，都牽涉到分子內原子間化學鍵的改變（化學鍵是分子裡使兩個原子結合的吸引力）。例如甲烷分子就是以一個碳原子和四個氫原子結合而成的。氧分子是兩個氧原子結合而成的。圖 2.3 顯示出，甲烷分子和氧分子的原子先完全分離，然後重新組合成二氧化碳分子和水分子。

物質的改變如果牽涉到原子的重新鍵結，就屬於**化學變化**。因此，甲烷變成二氧化碳和水，是化學變化。

圖 2.4 的化學變化發生在電流通過水的時候。電流的能量會把水分子分解成原子，而原子又重新結合成新物質。因此，水分子會變成氫分子和氧分子，這兩種物質都和水差很多。在室溫下，氫和氧都是氣體，會形成氣泡冒出水面來。

在化學語言裡，物質發生化學變化叫做「起了反應」或「起了作用」。甲烷和氧氣作用，生成二氧化碳與水。水因電解作用，生成氫氣和氧氣。「化學變化」這一個名詞的意義，就是指物質發生了**化學反應**。由於原子間的結合重新排列，形成新物質。我們以後會探討原子間如何形成鍵結，鍵結又要如何打斷，等等的作用。

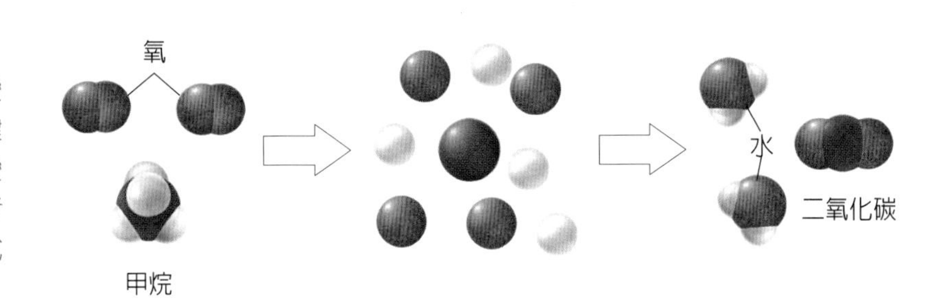

圖 2.3
甲烷和氧分子發生化學變化，變成二氧化碳和水。原子打破舊鍵結形成新鍵結。當然，實際的變化比我們描述的複雜得多。但新物質是由舊原子重新組合而成的，則是事實。

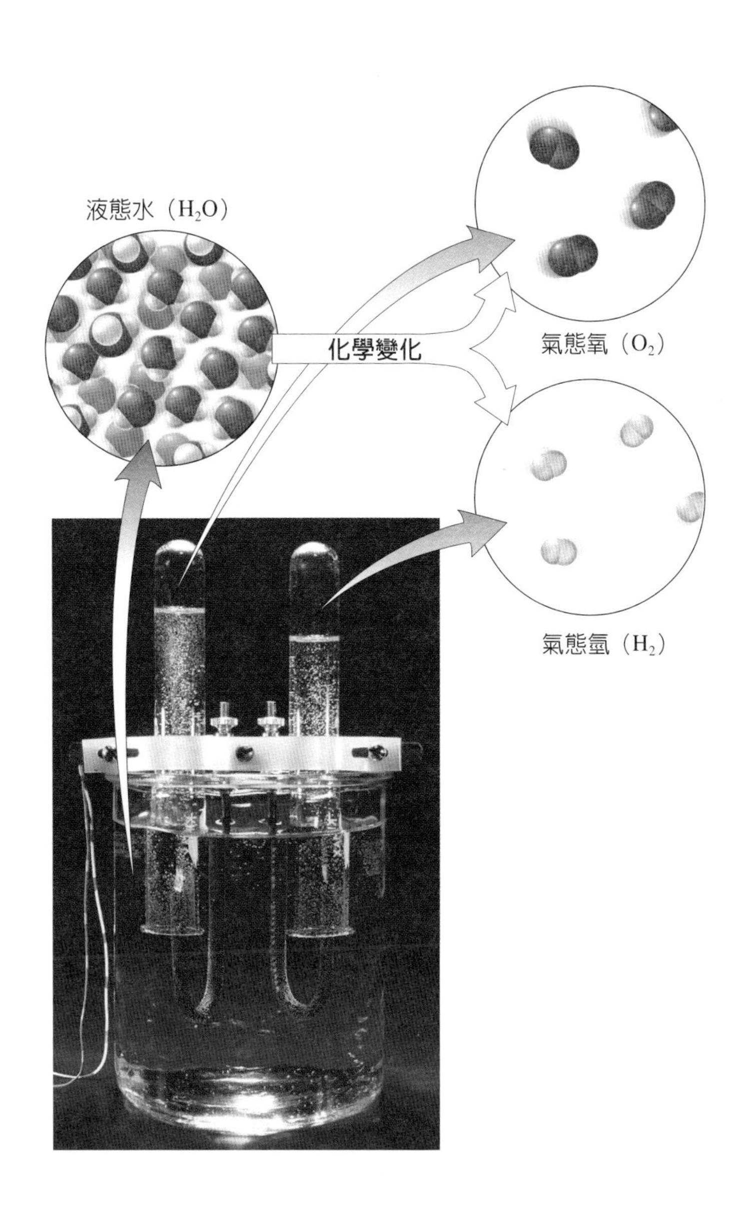

圖 2.4
水利用電流的能量，可以變成氫氣和氧氣。這是一種化學變化，因為水分子裡的原子重新排列，形成新物質。

觀念檢驗站

下面的圖中，每一個小圓球代表一個原子，圓球相連代表形成分子。下面哪一組是進行物理變化，哪一組是進行化學變化？

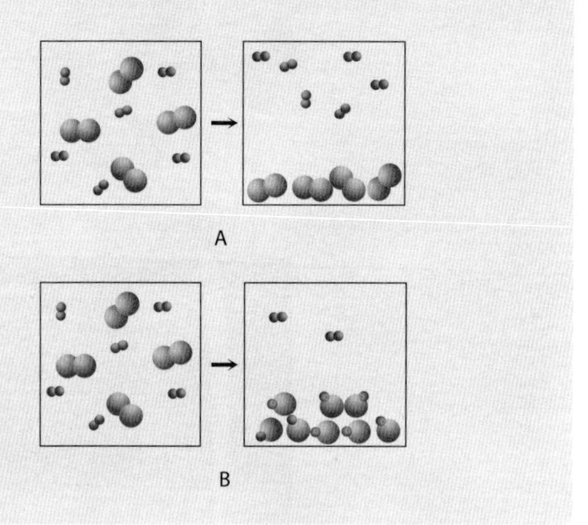

你答對了嗎？

要記得，發生化學變化時，分子裡的原子會拆開。因此，原子可以和新同伴結合成新物質。這種改變與分子間只是稍有位移，改變相對位置的變化（物理變化）是不同的。

在 A 組圖形裡，分子在變化前後的結構是一樣的，只是彼此的相對位置改變而已，因此發生的是物理變化。在 B 組裡，作用後紅球與藍球會結合成新的分子，因此 B 組發生的是化學變化。

生活實驗室：燒水

這項活動要用到瓦斯爐。找一個鍋底很乾淨的大鍋，再裝滿冷水。把大鍋放在爐上，火開到最大。瓦斯燃燒時，你發現了什麼東西附著在鍋外壁上？它是哪裡來的？如果鍋子裡裝的是冰水，附在鍋壁上的東西會增加還是減少？鍋子燒熱後，這些東西又跑到哪裡去了？你能指出什麼是物理變化，什麼是化學變化嗎？

生活實驗室觀念解析

你在圖 2.3 裡可以看到，天然瓦斯燃燒後，會產生二氧化碳和水。燃燒產生的熱，會把水蒸發成水蒸氣。而當水蒸氣和稍冷的鍋壁接觸時，會凝結成水滴，看起來鍋子好像在「流汗」一般。如果鍋子裡裝的是冰水，凝結的水氣會更多，甚至會沿鍋壁滴下來。鍋子熱了後，這些凝結的水滴又會因受熱而成爲水蒸氣。

唯一的化學變化是天然氣轉化爲二氧化碳和水蒸氣；而有兩種物理變化：水蒸氣（甲烷燃燒產生的）的凝結，以及凝結的水滴接受鍋子的熱之後，重新蒸發。（當然，鍋子裡水的蒸發，也是另一種物理變化）。

什麼是物理變化，什麼是化學變化

你如何判斷觀察到的現象，究竟是物理變化還是化學變化？有時候，這兩種變化都會使物質的外觀大爲不同。例如水和凝固後的冰，看起來差很多。而汽車和一堆廢鐵也完全不一樣。水與冰兩者的差別，只是水分子排列的方式不同，但還都是水分子，因此這是物理變化。至於汽車銹蝕的過程是鐵變成鐵銹，兩者的分子結構已

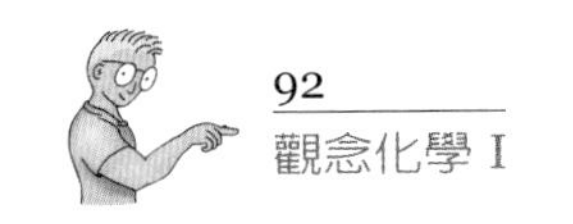

經完全不同，也各自擁有不一樣的原子成分，所以算是化學變化。我們在下面兩節裡會看到，鐵是一種「元素」，而鐵銹是含有鐵原子和氧原子的「化合物」，兩者截然不同。

在研讀本章之後，你會學到物理變化與化學變化有什麼不同。但知道兩者的差異，並不保證你能很正確的判斷出，你觀察的某一個現象是屬於物理變化或化學變化。因爲要做出正確的判斷，不但要具備許多和物質的化學性質有關的知識，還要瞭解原子和分子的行爲，這需要多年的研究學習和實驗經驗，才能建立起來。

不過有兩項原則，可以協助我們判斷某個過程是屬於物理或化學變化。首先，在物理變化時，物質其實並沒有改變，它還是原來的東西，它外觀上的不同，只是配合一組新的外在條件而已。如果把外在的條件調整回之前的狀態，這個東西也會跟著回復原狀。例如，把溫度回復到室溫，冰又會回復成水。第二，在化學變化裡，物質外觀的改變是由於形成了全新的物質，新的物質有自己特殊的物理性質，和原來的東西已經完全不同了，即使外在條件回到原來的狀態，物質也變不回去了。因此，在變化的過程中，如果你發現有許多不同的東西出現，那麼這個過程極有可能是化學變化。鐵可以製造汽車，鐵銹則不行，這表示鐵生銹很可能是化學變化。

圖 2.5 裡的東西是鉻酸鉀，它的顏色隨溫度而改變。在室溫，鉻酸鉀是黃色，在高溫時，卻變成深紅棕色。等到溫度冷卻下來，又出現黃色。因此，這個變化很可能是物理變化。因爲如果是化學變化，就算回復原來的條件，東西也早就變掉了，無法恢復。圖 2.6 是橘色的二鉻酸銨，加熱之後會變成氨、水氣及綠色的三價氧化鉻。就算試管的溫度冷卻回原來的情況，也不會出現橘色的重鉻酸銨。這個過程產生了物理性質完全不同的新物質。

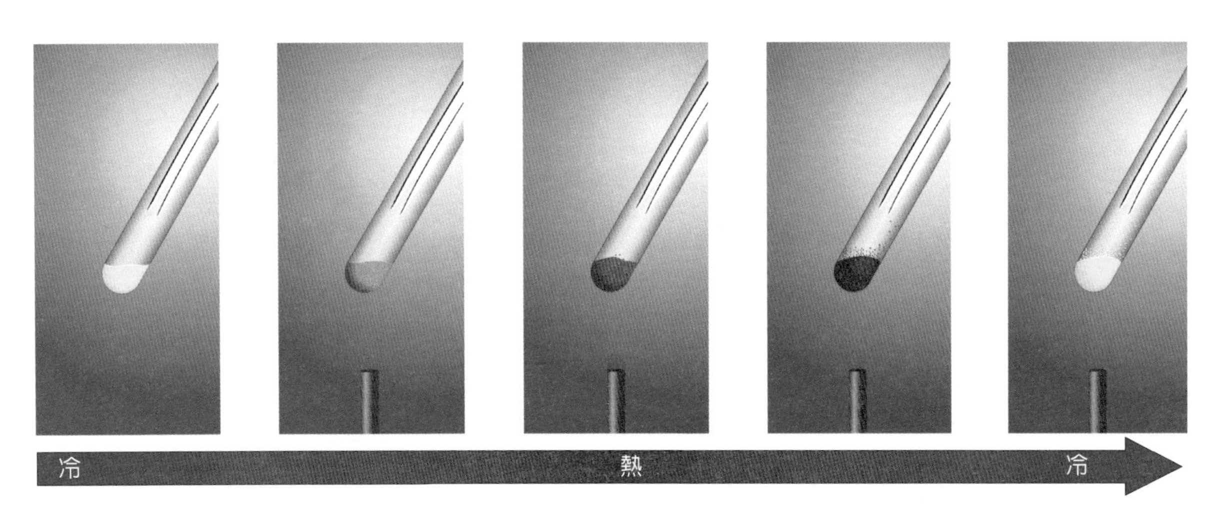

圖 2.5
溫度改變時，鉻酸鉀的顏色也跟著改變。這種顏色的改變是物理變化，只要回復原來的溫度，就能恢復本來的顏色。

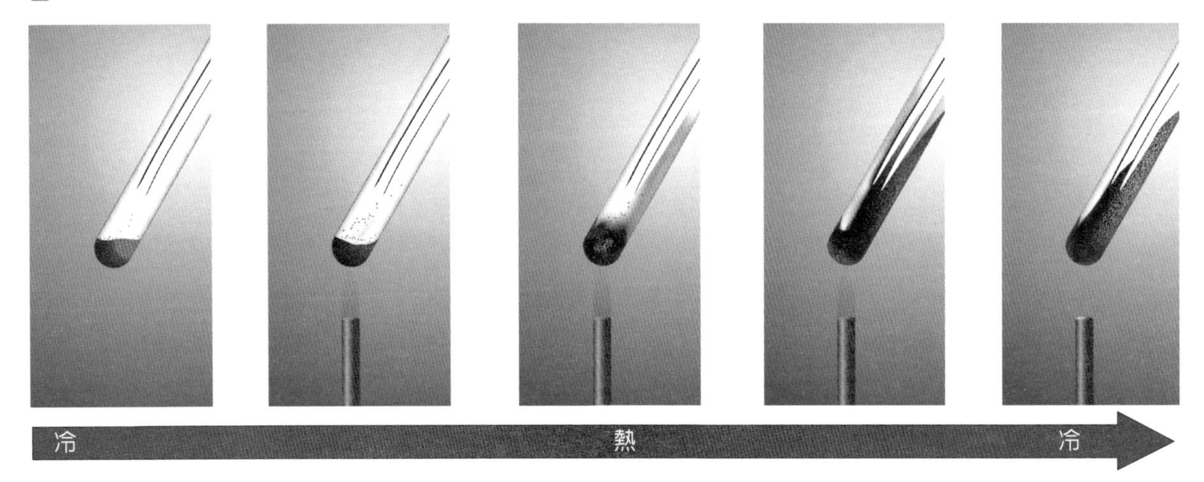

圖 2.6
加熱後，橘色的二鉻酸銨發生化學變化，產生了氨、水氣和三價的氧化鉻。就算回復原來的溫度，也得不到原來的東西了。

觀念檢驗站

Q

小女孩長高了，這是物理變化還是化學變化？

你答對了嗎？

小女孩長高牽涉到新的物質嗎？當然，這是由她吃下的食物變化而來的。她的身體和她所吃的食物，是完全不一樣的物質。例如她昨天的早餐吃了花生醬三明治，她的身體對三明治進行一連串複雜的化學變化，把花生醬三明治的原子重組成不同的物質。因此，生物的生長是化學變化。

2.2 原子是構成元素的基本材料

大家都知道，我們周圍的所有東西，從星星、鋼鐵到冰淇淋，都是由原子構成的。物質世界是如此的五花八門，多彩多姿，有人一定覺得，原子的種類必然很多，才能構成如此千變萬化的花花世界。但出乎大家意料之外的是，和物質的數量比起來，原子的數目竟是少得可憐。少數幾種原子，以很多不同的方式結合，構成了我們的大千世界，就像只利用紅、綠、藍三原色就可以形成彩色螢幕上的所有顏色，或只利用 26 個字母，就可以組成所有的英文單字一樣。幾個原子以不同的方法結合，就可以構成所有的物質。到目前爲止，我們發現的原子約有一百多種，其中百分之九十都是自然界裡就有的，剩下的原子則是人類在實驗室裡製造出來的。

只由一種原子構成的物質，叫做**元素**。圖 2.7 是幾個元素的例子。比方說，純金就是一種元素，它裡面只有金原子。另外，空氣裡有一種氣體叫做氮氣，氮氣裡面只有氮原子，所以它也是元素。同樣的，做鉛筆筆心的石墨也是一種元素，就是碳。石墨是純由碳原子組成的。所有的元素都排列在叫做**週期表**的表上。次頁的圖 2.8 就是元素的週期表。

你從週期表裡可以看到，每個元素都用一個**原子符號**來代表。原子符號來自元素的英文名字。例如，碳（carbon）的原子符號是 C，而氯（chlorine）的原子符號是 Cl。不過在很多例子裡，原子符號是來自元素的拉丁名稱。金的拉丁名是 aurum，因此原子符號是 Au；鉛的原子符號 Pb 也來自它的拉丁名稱 plumbum。用拉丁名稱來當原子符號的元素，都是最早發現的元素。

注意，原子符號只有第一個字母是大寫。以鈷（cobalt）元素爲例，它的原子符號應該寫成Co，而不是CO，CO指的是碳（C）和氧（O）這兩種元素組成的化合物，叫做一氧化碳。

元素和原子這兩個名詞，常出現在同一段敘述的上下文裡。例如你可能看到「金是由金原子構成的元素。」通常，元素是用來描

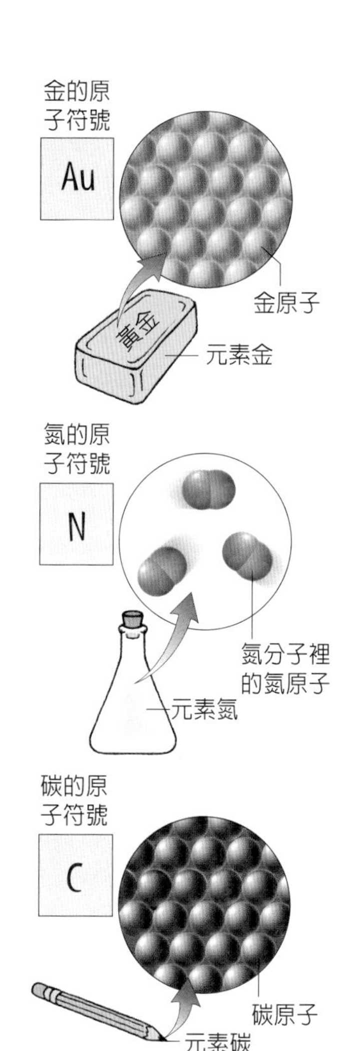

圖2.7
元素是只含有一種原子的東西。金只有金原子，燒杯裡的氮氣只有氮原子，碳或石墨裡，只有碳原子。

圖 2.8
元素週期表列出了所有已知的元素。想看更完整的資訊，請參考附錄的元素週期表。

1 H																	2 He
3 Li	4 Be											5 B	6 C	7 N	8 O	9 F	10 Ne
11 Na	12 Mg											13 Al	14 Si	15 P	16 S	17 Cl	18 Ar
19 K	20 Ca	21 Sc	22 Ti	23 V	24 Cr	25 Mn	26 Fe	27 Co	28 Ni	29 Cu	30 Zn	31 Ga	32 Ge	33 As	34 Se	35 Br	36 Kr
37 Rb	38 Sr	39 Y	40 Zr	41 Nb	42 Mo	43 Tc	44 Ru	45 Rh	46 Pd	47 Ag	48 Cd	49 In	50 Sn	51 Sb	52 Te	53 I	54 Xe
55 Cs	56 Ba	57 La	72 Hf	73 Ta	74 W	75 Re	76 Os	77 Ir	78 Pt	79 Au	80 Hg	81 Tl	82 Pb	83 Bi	84 Po	85 At	86 Rn
87 Fr	88 Ra	89 Ac	104 Rf	105 Db	106 Sg	107 Bh	108 Hs	109 Mt	110 Uun	111 Uuu	112 Uub						

58 Ce	59 Pr	60 Nd	61 Pm	62 Sm	63 Eu	64 Gd	65 Tb	66 Dy	67 Ho	68 Er	69 Tm	70 Yb	71 Lu
90 Th	91 Pa	92 U	93 Np	94 Pu	95 Am	96 Cm	97 Bk	98 Cf	99 Es	100 Fm	101 Md	102 No	103 Lr

述巨觀或微觀的樣品，而原子是樣品中次顯微尺度的粒子。它們兩者的重要區別在於，元素是由原子構成的，但原子並不是由元素構成的。

多少個原子才能結合成元素呢？這一點因元素而異，可由所謂的**元素組成式**看出來。有些元素的基本單位是一個原子，那麼它的元素組成式就是原子符號。譬如，金的元素組成式是 Au，鋰的元素組成式是 Li，代表它們都是由一個原子構成的元素。有些元素的基本單元，是兩個或兩個以上的原子結合成的分子。這種元素的元素組成式除了原子符號之外，在符號的右下角還必須標上一個小的數目字，代表構成分子的原子數目。例如圖 2.7 的氮，通常，氮分子是兩個氮原子所構成的，因此氮的元素組成式是 N_2。同理，氧的元素組成式是 O_2，硫的元素組成式則是 S_8。

觀念檢驗站

我們呼吸的氧（O_2）在電火花的衝擊下，可以轉換成臭氧（O_3）。這是物理變化或化學變化？

你答對了嗎？

在上面的過程裡，原子會重組成新的物質。我們呼吸的氧氣（O_2）是沒有氣味的，是我們賴以生存的物質。但臭氧（O_3）有一股電動馬達常有的刺鼻氣味，且具有毒性。因此，雖然 O_2 與 O_3 都是元素態的氧，但是 O_2 轉成 O_3 是化學變化。

2.3 元素可以結合成化合物

不同元素的原子，可以彼此結合成**化合物**。例如，鈉原子和氯原子可以結合成氯化鈉，也就是食鹽。而氮原子也可以和氫原子，結合成家庭常用的清潔劑──氨。

化合物是用**化學式**來代表，通常把形成化合物的原子符號寫在一起。氯化鈉的化學式是 NaCl，氨的化學式是 NH_3。原子符號旁的小數字代表參與結合的原子數目。為了方便起見，代表一個原子的數字 1，可以忽略不填。因此，NaCl 這個化學式告訴我們，氯化鈉是由一個鈉原子和一個氯原子結合成的。NH_3 則告訴我們，氨由一個氮原子和三個氫原子結合而成，如圖 2.9 所示。

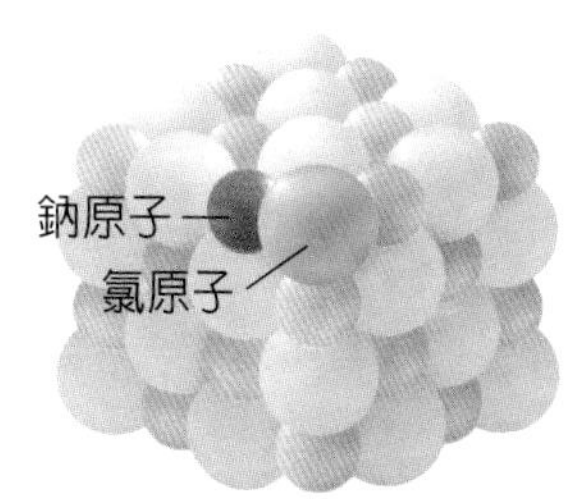

氯化鈉（NaCl）

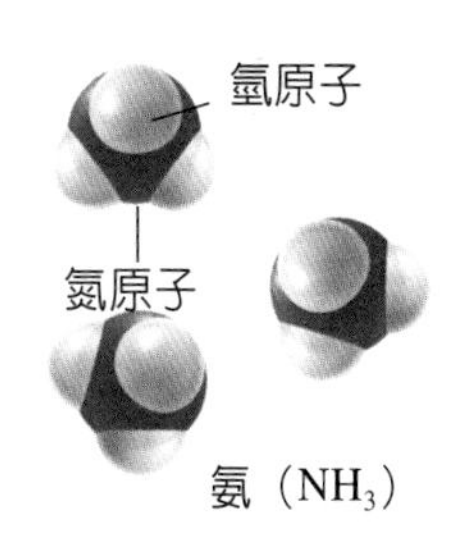

氨（NH_3）

圖 2.9
氯化鈉及氨的化學式分別是 NaCl 及 NH_3。化學式代表形成化合物的原子種類與數目。

化合物的物理與化學特性，和構成它們的元素的物理與化學性質相差很大。以圖 2.10 的氯化鈉（NaCl）爲例，它的性質和氯元素與鈉元素完全不同。鈉元素（Na）只含有鈉原子，是柔軟的銀白色金屬，用刀子就可以輕易切開；它的熔點是 97.5℃，會和水起劇烈反應。氯元素（Cl_2）以氯分子構成，在室溫下是黃綠色氣體，沸點是－34℃，毒性很強，在第一次世界大戰時曾用來當化學武器。

氯化鈉是無色、易碎的半透明結晶，熔點是800℃。氯化鈉不像鈉，並不會和水發生化學作用，它也不像氯，因此對人也沒有毒性。而且正好相反的是，氯化鈉是所有生物的必要成分。氯化鈉就是氯化鈉，既不是氯也不是鈉。在食物中灑入少量的氯化鈉，立刻增添食物的美味。

圖2.10
鈉金屬與氯氣作用，形成氯化鈉。雖然這個化合物是由氯和鈉構成的，但它們三個的物理與化學性質卻南轅北轍差很多。

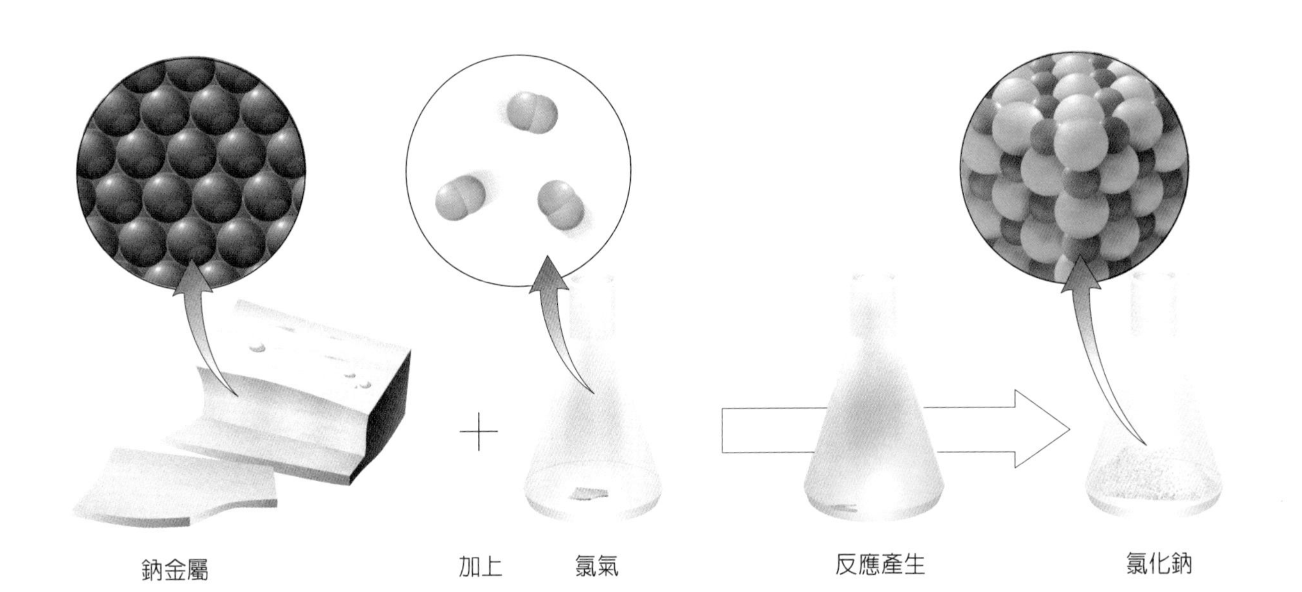

觀念檢驗站

硫化氫（H_2S）是味道強烈的氣體。臭雞蛋就是放出硫化氫，氣味才那麼難聞。根據這些資訊，你能推論出硫元素（S_8）的味道嗎？

你答對了嗎？

當然不行。事實上，和硫化氫比起來，硫的味道可說是微不足道。化合物的特性和它們的組成元素可說是毫不相干。硫化氫和硫一點都不像；就如同水（H_2O）和氧元素（O_2），也一點都不像。

生活實驗室：氧氣泡的燃燒

化合物可以分解成組成元素。例如，當我們把雙氧水（H_2O_2）倒在傷口上，血液裡的酵素會把雙氧水分解，釋出氧（O_2），證據就是傷口附近的小氣泡。這種在傷口附近產生的高濃度氧，能殺死微生物，消毒傷口。在烘焙麵包的酵母裡，也有這種酵素。

■ 請先準備：

一小包酵母、3% 的過氧化氫溶液、廣口的矮玻璃杯、小鉗子、火柴

■ 安全守則：

戴上安全眼鏡並把紙巾等易燃物移開。手指遠離火焰，因爲火焰碰到氧氣時會更劇烈的燃燒。

■ 請這樣做：

1. 先把酵母倒入玻璃杯，再倒入幾茶匙的過氧化氫溶液。觀察氧氣泡的生成。

2. 用鉗子夾一根點燃的火柴，測試氧氣的存在。當火柴靠近氧氣時，注意劇烈燃燒的情形。

請描述氧氣的物理和化學性質。

生活實驗室觀念解析

過氧化氫（H_2O_2）是相當不穩定的化合物。在水溶液裡，它會慢慢的分解，產生氧氣。在描述氧的物理性質時，你們應該注意到氧氣是看不見又沒氣味的氣體，籠罩在酵母的上方。氧氣夠輕，因此氧氣泡生成後會慢慢上升，離開玻璃杯。你有什麼辦法證明氧氣存在？氧氣的化學性質是可以助燃。

化合物是依照構成的元素來命名的

國際純化學暨應用化學聯合會（International Union of Pure and Applied Chemistry, IUPAC）已經發展出一套系統，來爲化合物命名。這套系統的設計，使我們看到化合物的名字時，就能知道它包含了哪些元素，且這些元素是如何連接的。因此熟悉這套命名系統的人，只要看到化合物的名字，就大概知道它的化學式了。

可以想見，這套系統一定非常複雜。不過幸好我們不必搞懂它的所有規則，到目前爲止，只要知道一些原則就很夠用了。雖然這些指引還不足以讓我們爲所有的化合物命名，但處理那種只由兩個元素構成的化合物，已經是綽綽有餘了。

原則一：按化合物的組成元素在週期表上由左往右的次序（左先右後），寫下元素的英文名稱，然後在後面那個元素的名字尾巴加上 ide。（中文命名剛好相反，是右先左後）。

NaCl	氯化鈉（Sodium chloride）	HCl	氯化氫（Hydrogen chloride）
Li_2O	氧化鋰（Lithium oxide）	MgO	氧化鎂（Magnesium oxide）
CaF_2	氟化鈣（Calcium fluoride）	Sr_3P_2	磷化鍶（Strontium phosphide）

原則二：當相同的元素構成很多種不同的化合物時，要標出元素的數目以避免混淆。常用的代表數字的前置詞如下：「單」是 mono-，「雙」是 di-，「三個」爲 tri-，「四個」寫成 tetra-。通常表示「單」的前置詞經常省略。

碳和氧

CO　一氧化碳（Carbon monoxide）

CO_2　二氧化碳（Carbon dioxide）

氮和氧

NO_2　過氧化氮（Nitrogen dioxide）

N_2O_4　四氧化二氮（Dinitrogen tetroxide）

硫和氧

SO_2　二氧化硫（Sulfur dioxide）

SO_3　三氧化硫（Sulfur trioxide）

原則三：有很多化合物用的是俗名，並不依照這套命名系統來命名。因爲這些化合物，早以俗名通行許久了，爲了方便起見就照章沿用了。例如，我們在書裡，稱 H_2O 爲水，稱 NH_3 爲氨，稱 CH_4 爲甲烷。在第 1 章裡提到過的，從海蝴蝶身上萃取出來的化合物，pteroenone，也是俗名。如果按照命名系統，會是：5（S）-methyl-6（R）-hydroxy-7, 9-dimethyl-7, 9-diene-4-undecanone。

觀念檢驗站

NaF的IUPAC命名是什麼？

你答對了嗎？

NaF 叫做氟化鈉（sodium fluoride），是牙膏裡預防蛀牙的成分。

2.4 大部分的物質是混合物

混合物是兩種或兩種以上物質的混合，但各成分仍保有各自的性質。我們碰到的東西，絕大部分都是混合物：元素的混合、化合物的混合、或元素和化合物的混合。舉例來說，不銹鋼是鐵、鉻、鎳、碳等元素構成的混合物；氣泡礦泉水是液體化合物水和氣體化合物二氧化碳的混合物。至於圖 2.11 的大氣層，是氮、氧和氬元素，加上少量二氧化碳、水蒸氣的混合物。

成分	百分組成
氮（N_2）	78%
氧（O_2）	21%
氬（Ar）	0.9%
水（H_2O）	0-4%（會變動）
二氧化碳（CO_2）	0.034%（會變動）

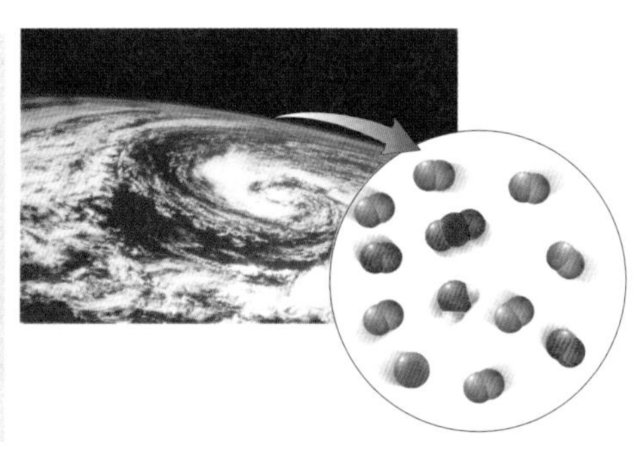

圖2.11
地球的大氣層，是由氣體元素和化合物組成的混合物。

自來水也是混合物，其中絕大部分是水，但仍有其他很多種化合物。你家自來水裡的東西，和你居住的地區有關，水裡可能含有的化合物包括：鈣、鎂、氟、鐵及鉀以及當消毒劑的氯，有些地方的自來水還有微量的鉛、汞和鎘；有的含微量的有機化合物和溶解在水裡的氧、氮及二氧化碳。當然，飲水中的毒性化合物要儘量去除，這是很重要的。但把水裡的雜質全部除掉，是不必要也是不可能的。而且你也不會想這麼做。

水裡溶解的微量固體和氣體，是它特殊口感與滋味的來源，其中有很多甚至有益健康。氟化物能保護牙齒，氯能消滅有害的細菌，而且我們身體需要的微量礦物質，如鐵、鉀、鈣和鎂，大約有百分之十是經由日常的飲水來補充（圖 2.12）。另外，水族箱裡的打氣機產生的氣泡，絕大部分逸入大氣中，但有些氧氣會溶解在水裡，是魚賴以活命的來源。魚用鰓來呼吸水裡的氧，如果沒有這些氧，魚是活不了的。魚要活命，呼吸的是水裡的氧而不是「水」。

圖 2.12
自來水裡除了水之外，還有許多其他的化合物。它們很多都有益健康。乾杯！

觀念檢驗站

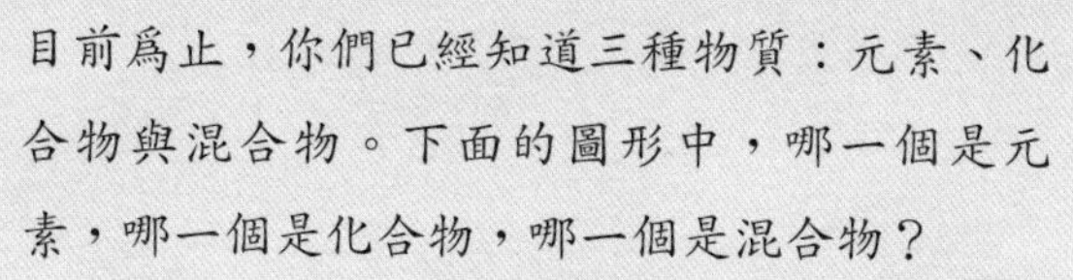

目前爲止，你們已經知道三種物質：元素、化合物與混合物。下面的圖形中，哪一個是元素，哪一個是化合物，哪一個是混合物？

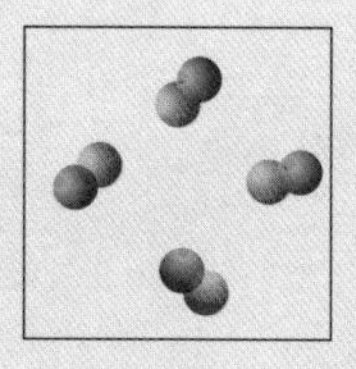

A

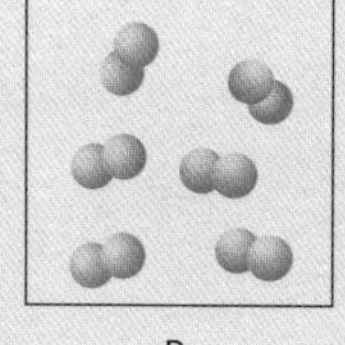

B

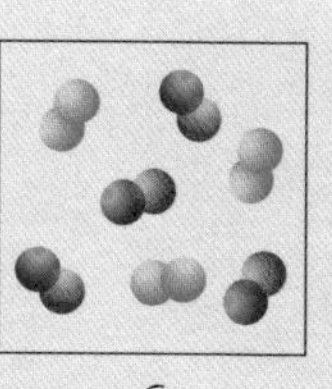

C

你答對了嗎？

A 圖裡的每一個分子，都含有兩個不同的原子，因此是化合物；B 圖裡的分子含的都是同型的原子，因此是元素；C 圖裡的分子，有元素也有化合物，因此是混合物。

注意，在混合物裡，元素分子和化合物分子仍保有各自的性質。也就是說，在形成混合物時，各成分之間並沒有交換原子。

物質結合成混合物的方式，不管是元素或化合物，和元素結合成化合物的方式有很大的不同。混合物裡的各種成分，仍然保留它們本身的化學性質。例如在圖2.13中，茶匙裡的糖分子和茶湯裡的糖分子完全一樣，唯一的差別是茶裡的糖分子受很多其他物質包圍，其中絕大部分是水。因此混合物的形成是物理變化。而正如我們在2.3節裡談到的，元素結合成化合物時，它們的化學特性也會改變。氯化鈉並不是鈉元素和氯元素的混合物，它是一種化合物，性質與組成元素完全不同。所以化合物的形成屬於化學變化。

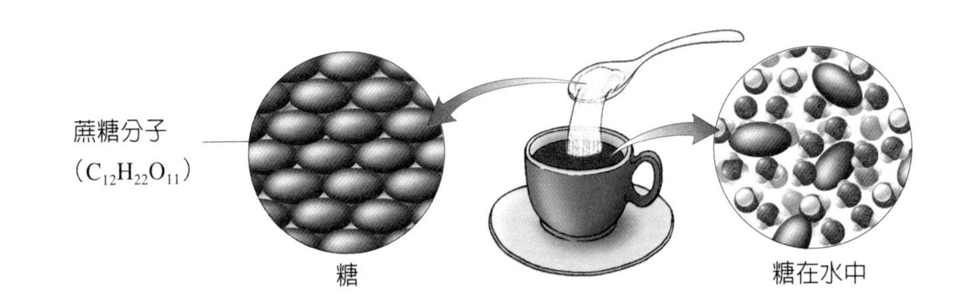

圖2.13
糖是由蔗糖分子構成的化合物。當這些分子混入熱茶中，會分散在水分子中及茶分子中，形成糖、茶和水的混合物。其間並沒有新的化合物形成，因此這是物理變化的例子。

混合物可利用物理方法來分離

混合物裡的成分各有不同的物理性質，因此可以利用這些物理性質的差異，分離混合物裡的成分。例如，一個由液體和固體組成的混合物，可以經由過濾把兩者分開。這個混合物經過濾紙時，液體可以通過，固體卻不行。咖啡就是利用過濾得到的。溶在水裡的咖啡因和有香氣的分子，與水一同流過濾紙，不溶於水的顆粒物質則留在濾紙上，不流進咖啡壺裡。這種分開液體和固體混合物的方法，叫做「過濾」，是化學家常用的技巧。

混合物也可以利用不同成分間，沸點與熔點的差異來分離。海水是由水和很多東西混合成的混合物，主要成分是氯化鈉。水的沸點是 100℃，氯化鈉要到 801℃才開始熔解。因此，我們從海水中把純水分離出來的方法，就是把海水加熱到 100℃。在這個溫度下，水分子已經準備要變成水蒸氣了，但氯化鈉分子仍溶解在剩餘的水溶液裡。水蒸氣蒸發後，我們可以把它引入一個溫度較低的容器，水蒸氣就會凝結成水滴，且其中不含那些原先溶解在海水裡的雜質。這種收集氣化物質的過程叫「蒸餾」。

海水的水分都蒸發後會剩下固體殘渣，這些殘渣也是混合物，裡面有很多有價值的化合物，包括氯化鈉、溴化鉀以及微量的黃金（爲什麼這些微量的黃金無法回收，我們將在《觀念化學V》的19.3節詳細說明）。這些成分若經過進一步分離，會有很高的商業價值。

威士忌的蒸餾也利用與海水純化相同的原理。含酒精的混合物加熱到酒精的沸點，酒精、芳香物質和水的蒸氣就先蒸發。這些蒸氣經過冷卻的銅管收集下來，就是威士忌成品。

生活實驗室：燒乾水，趕出水氣

一杯水裡，除了水還有些什麼？把自來水裡的成分分離出來看看。

■ **請先準備：**

自來水、乾淨的鍋子、火爐、小刀

■ **安全守則：**

在進行步驟 1 時必須戴安全眼鏡，因爲有時水會噴濺出來。

■ **請這樣做：**

1. 裝一鍋水，戴上安全眼鏡，把水燒乾。（在鍋子裡剩下一點水的時候就先關火，鍋子的餘熱會把水全蒸發掉。）
2. 用小刀把鍋底的殘渣刮下，這些就是你每天喝下肚的東西。
3. 若要看看水裡溶解的氣體，就用一個乾淨的鍋子裝滿水，在室溫裡靜置幾個鐘頭。注意那些附著在鍋壁上的小氣泡。

步驟 3 的小氣泡是哪裡來的？你認爲氣泡裡有什麼？

生活實驗室觀念解析

把由燒乾的鍋底刮下來的殘渣，用密閉的容器封起來，然後在容器外標上標籤寫上你所在的地區，如「洛磯山區飲用水」，會是個有趣的主意，或許還有商業價值呢。你可以把這個容器寄給位居世界各地的顧客，而且由於容器裡並沒有水，重量很輕，因此運費的成本並不高。當然，瓶子上要清楚標示：「只能添加蒸餾水」。你要不要在瓶子上特別標示「純天然」的字眼？請和同學談談這件事的科學和倫理意義。

我們將在《觀念化學II》第 7 章討論到，氣體在熱溶液裡的溶解度並不高。空氣會溶解在室溫的水裡，但在水加熱後會以氣泡的形式溢出。因此使用溫水可以加速步驟 3 的程序。

要更進一步的做實驗，可以把兩個鍋子並列，一起進行步驟 3。第一個鍋子裝著熱水龍頭流出來的熱水，第二個鍋子則裝先沸騰過，再冷卻到相同溫度的水。你會發現，沸騰可以把水裡的氣體排除，移除了溶在水裡的空氣。化學家有時候要用到這種除掉氣體的水，他們會把沸騰的水引入密閉容器。你知道爲什麼魚在這種除氣的水中活不久嗎？

2.5 化學把物質分為純物質與不純物兩類

純物質只包含一種元素或化合物。例如純金裡面，只包含金元素；純鹽裡面，也只有氯化鈉化合物。**不純物**是混合物，裡面包含兩種或兩種以上的元素或混合物。次頁的圖 2.14 是物質的分類圖。

由於原子和分子實在太小了，要備製百分之百只含一種物質的純物質樣品，是不切實際的。例如，在一兆兆個原子當中，只要有一個不同的原子，就不是理論上的百分之百了。物質的「純化」有許多方法，如蒸餾就是。不過當我們說一個東西純或不純時，要知道這是一種相對的觀念。比較兩個樣品的「純度」時，較純的樣品所含的雜質較少。例如，99.9 % 的純水已經夠純了，但若比起 99.9999 % 的純水，99.9 % 的純水雜質比例還是相當高。

有時候，我們習慣把天然產生的東西，冠上「純」這個詞。例如「柳橙純汁」。這個陳述只表示，在這個柳橙汁裡面，沒有任何人工添加物。但若根據化學家對「純物質」的定義，天然的柳橙汁根

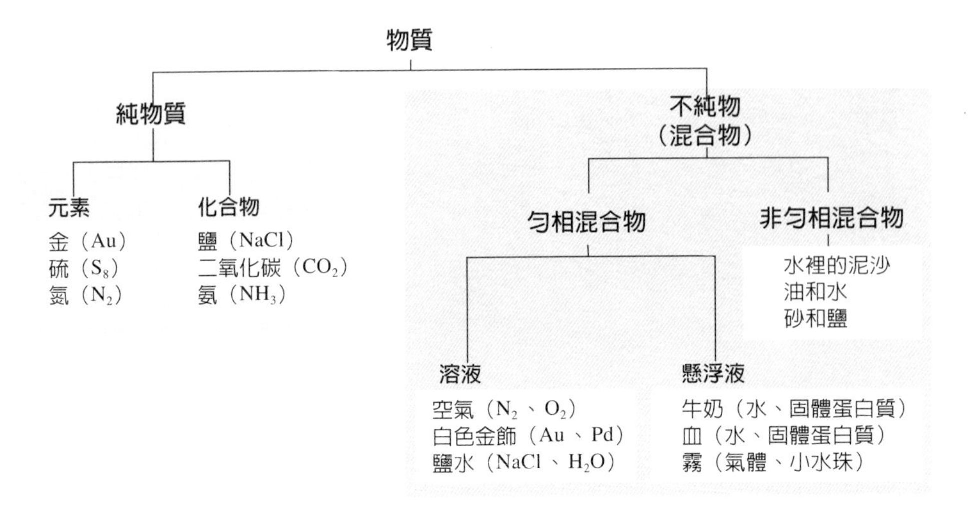

圖2.14
物質的化學分類圖

本就不純。它裡面含有許多東西，除了水之外，還有果泥、芳香分子、維他命和糖等等，根本就是不折不扣的混合物。

混合物又可分爲非勻相和勻相兩大類。在**非勻相混合物**裡，可以看出混合物是由不同的東西組合成的。例如柳橙汁裡的果肉、水裡的泥沙、或浮在醋裡的油滴，各種不同的成分都清晰可見。而至於**勻相混合物**整體的組成都很一致，混合物的各區域裡，成分比例都相同，不同的成分經過均勻的混合，外觀上的已經無法區分了。圖2.15是這兩種混合物的差別。

勻相混合物可以是溶液，或懸浮液。在**溶液**裡，所有成分的物理態都相同。我們呼吸的大氣，就是氣態的溶液，裡面除了有氮和

(a)披薩

(b)乾淨的海水

圖2.15
(a)非勻相混合物，各成分均清楚可見。(b)勻相混合物，不同成分的混合非常細緻，已經無法個別區分出來。

氧兩種氣體元素之外，還有少量的其他氣體物質。鹽水是液態溶液，水和溶解在水裡的氯化鈉，都存在單一的液相裡。白金則是固態溶液，是由金元素與鈀元素均勻混合而成的。我們在《觀念化學II》第 7 章，會更詳細的討論溶液。

懸浮液也是均勻的混合狀態。在這裡，不同的成分分處在不同的物理態下。例如固體在液體裡，或液體在氣體裡。不過在懸浮液裡，不同的成分還是混合得很徹底，因此單憑肉眼並無法區別各自的成分。牛奶就是懸浮液，蛋白質和脂肪微粒，均勻細緻的混在水裡。血液也是一種懸浮液，有各種血球細胞懸浮在水裡。另一個懸浮液的例子是雲，有很多小水滴均勻的混合在空氣裡。此外，射一束光柱通過空氣，可以看到一條光束，這是因為懸浮在空氣裡的成分，反射了光線。

可以用實驗室裡常見的離心機來區別溶液與懸浮液。離心機每分鐘可以旋轉數千轉，把懸浮液裡的成分分離出來，如次頁的圖 2.16 所示。如果是溶液，用離心機並無法分離出任何成分。

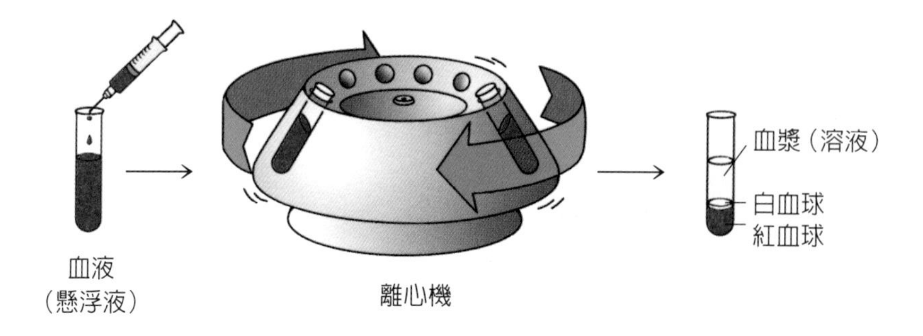

圖2.16
血液是懸浮液，離心後會分離出各種成分，包含血漿（淡黃色的溶液）及白血球、紅血球。血漿裡的成分無法再分離，因為離心機無法分離溶液。

觀念檢驗站

不純的水要如何淨化？

a. 移除不純的水分子。

b. 移除所有不是水的東西。

c. 分解水至最簡單的成分。

d. 加入氯之類的消毒劑。

你答對了嗎？

水（H_2O）是由氫元素和氧元素以 2：1 的比例結合成的。每一個水分子都完全一樣，因此沒有什麼所謂「不純」的水分子。當水裡有一些不是水的東西時，我們說這個水不純。重要的是，這些雜質只是存在於「水裡」，並不是水分子的一部分。因此，我們有機會用物理方法，移除水裡的雜質，例如用過濾或蒸餾的方法。因此，b 是可行的做法。

2.6 元素依性質，有秩序的排在週期表裡

我們在 2.2 節裡提過，所有已知的元素都可以列在週期表裡。但神奇的還不僅如此。週期表最有意思的是，元素其實是按照各自的物理和化學性質，有秩序的排在週期表裡。其中最明顯的例子就是，元素可以分成金屬、非金屬和類金屬三類。

如圖 2.17 所示，大部分的已知元素都是**金屬**。金屬元素的定義是：有光澤、不透明、是電和熱的良導體。金屬具有延性，可以敲

1 H																	2 **He**
3 Li	4 Be											5 B	6 **C**	7 N	8 O	9 F	10 Ne
11 Na	12 Mg											13 Al	14 **Si**	15 P	16 S	17 Cl	18 Ar
19 K	20 Ca	21 Sc	22 **Ti**	23 V	24 Cr	25 Mn	26 Fe	27 Co	28 Ni	29 Cu	30 **Zn**	31 Ga	32 Ge	33 As	34 Se	35 **Br**	36 Kr
37 Rb	38 Sr	39 Y	40 Zr	41 Nb	42 Mo	43 Tc	44 Ru	45 Rh	46 Pd	47 **Ag**	48 Cd	49 In	50 Sn	51 Sb	52 Te	53 I	54 Xe
55 Cs	56 Ba	57 La	72 Hf	73 Ta	74 W	75 Re	76 Os	77 Ir	78 Pt	79 Au	80 **Hg**	81 Tl	82 Pb	83 Bi	84 Po	85 At	86 Rn
87 Fr	88 Ra	89 Ac	104 Rf	105 Db	106 Sg	107 Bh	108 Hs	109 Mt	110 Uun	111 Uuu	112 Uub						
				58 Ce	59 Pr	60 Nd	61 Pm	62 Sm	63 Eu	64 Gd	65 Tb	66 Dy	67 Ho	68 Er	69 Tm	70 Yb	71 Lu
				90 Th	91 Pa	92 U	93 Np	94 Pu	95 Am	96 Cm	97 Bk	98 Cf	99 Es	100 Fm	101 Md	102 No	103 Lr

金屬　類金屬　非金屬

圖2.17
週期表用顏色區分金屬、非金屬及類金屬。這裡介紹一些元素特性：
氦（He），氦是地底發生的放射性衰變的副產物；**碳**（C），用碳合成的鑽石年產量約為 23 公噸；**矽**（Si），純度 99.9999 % 的矽棒切割後可做成積體電路的晶圓；**鈦**（Ti），鈦合金堅固又抗腐蝕，很合適做人工髖關節；**鋅**（Zn），鋅的熔點很低，常用來做硬幣；**溴**（Br），深棕色液體，在室溫下會蒸發；**銀**（Ag）是熱的良導體；**汞**（Hg），室溫時是液體，在－40°C時會凝固。

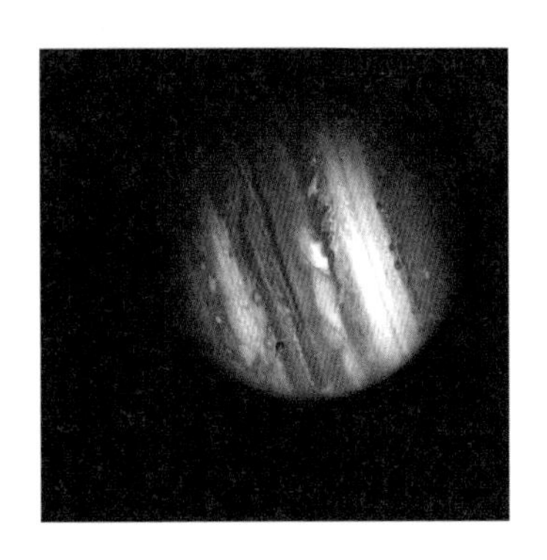

圖 2.18
行星地質模型顯示，在木星和土星的地底深處，有大量以液態金屬型式存在的氫元素。這些行星的主要組成成分就是氫，行星內部的壓力，超過三百萬個大氣壓。在這麼大的壓力下，氫元素呈現出液態金屬的性質。在地球上，由於大氣壓力很小，氫是以非金屬的氣體分子型式（H_2）呈現的。

打成不同的形狀，也可以彎曲而不折斷。它們也具有展性，可以拉成細金屬線。除了少數例外，在室溫下，幾乎所有的金屬都是固體。例外的是汞（Hg）、鎵（Ga）、銫（Cs）和鍅（Fr），這些金屬在30℃的室溫下都呈液體。另一個有趣的例外是氫（H），它只在很高的壓力下，才呈液態金屬的性質（圖 2.18）。在正常情況下兩個氫原子會結合成一個氫分子（H_2），性質就像非金屬氣體。

週期表的右邊大都是**非金屬**元素——唯一的例外是氫，它位在週期表左邊。非金屬有可能是透明的，且對電和熱的傳導性很差。固態的非金屬也沒有延展性，是很脆的物質，受敲擊後會碎裂開來。在30℃時，有些非金屬呈固態，如碳（C）；有些呈液態，如溴（Br）；有些呈氣態，如氦（He）。

在週期表中有六個元素單獨歸成一類，稱爲**類金屬**，即：硼（B）、矽（Si）、鍺（Ge）、砷（As）、銻（Sb）和碲（Te）。在週期表裡，它們是位於金屬和非金屬之間。類金屬兼具了金屬與非金屬的部分性質，這些元素有些微的導電性，因此可以製造出電腦中積體電路裡的半導體。你看在週期表裡，鍺（原子序 32）比較接近金屬，離非金屬較遠。由於這種位置上的關係，我們可以推論，鍺的金屬性質比矽（原子序 14）好，對電的傳導性稍優於矽。因此用鍺做的積體電路，運算速度會較快。但因爲矽在地球上的含量豐富、取得容易且價格低廉，矽晶片目前仍是工業界的標準產品。

週期表中，橫列代表週期，直行為族

週期表上，元素按照一定的順序排成直行橫列的型式。每一列稱爲一個**週期**，而每一行稱爲一**族**。如圖2.19所示，週期表上共有7個週期，分成18族。

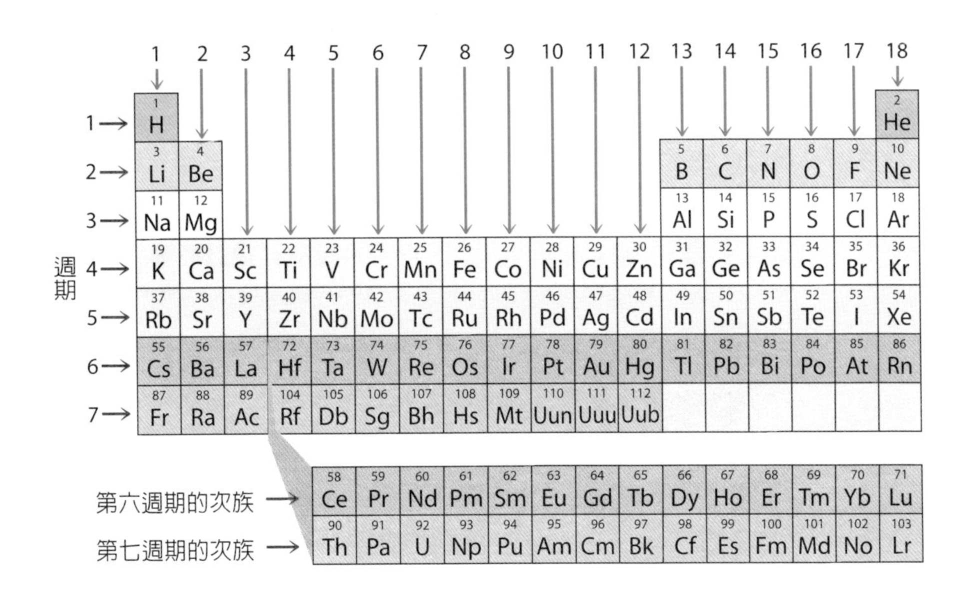

圖 2.19
週期表有 7 個週期（橫列）和 18 個族（直行）。要注意每一個週期的元素數目並不一定相同，而且第 6 和第 7 週期還有多出一些另成系列的元素，只好放在大表的下方。

在同一個週期裡由左到右，元素的性質會逐漸改變。這種逐漸改變的性質，就稱爲**週期性**。次頁的圖 2.20 表示的，就是一種週期性。在同一個週期裡的元素，由左到右，原子愈來愈小。這種週期性的現象，在每個週期都重複出現。這也是週期表命名的由來。每一列的元素，展現出一個完整的週期性。下一列的元素，又開始下一個週期性循環。我們在《觀念化學 II》的5.8節裡，會再仔細說明在週期表中由左到右的各個元素特質變化的情形。

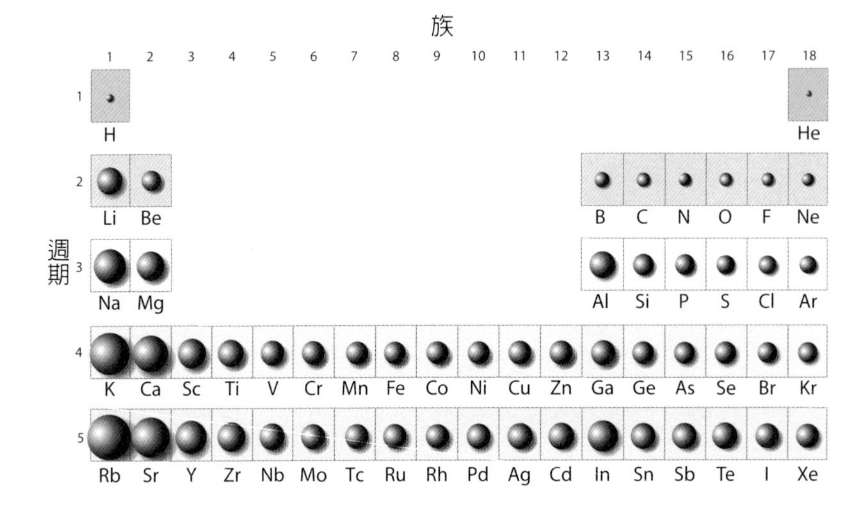

圖2.20
同一個週期的元素，由左至右，原子愈來愈小。

觀念檢驗站

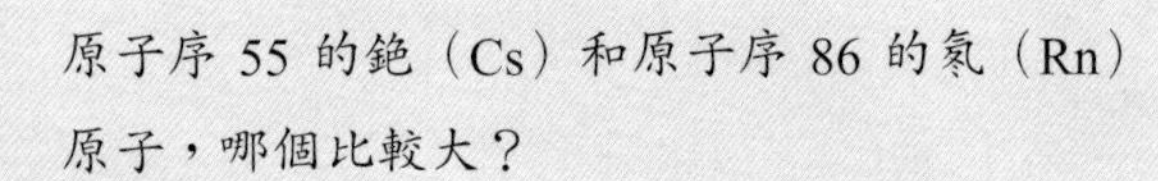

原子序 55 的銫（Cs）和原子序 86 的氡（Rn）原子，哪個比較大？

你答對了嗎？

你如果想從圖 2.20 裡尋找答案一定會很失望，因爲圖中並沒有標出第六列元素（第六週期）。但是從週期性裡，我們可以看出，同一週期的元素由左至右，原子愈來愈小。由這個週期性，銫在第六週期的左側，氡在第六週期的右側。因此，銫原子比較大一些。週期表是用來認識元素的地圖。

在週期表裡排列在同一行的元素，從上到下性質都相當類似，因此我們常把它們歸於同一「族」。如圖 2.21 所示，傳統上某幾族元素有特定的名稱，可說明同一族元素的性質。人類很早就發現把灰混在水裡，得到的一種「滑滑」的溶液，有清洗油污的功效。到了中世紀，稱這種混合物爲「鹼性」(allkaline) 的。這個英文字源自阿拉伯文的 al-qali，原意是灰。鹼性混合物有很多用途，特別是在做肥皂的方面。我們現在已經知道，鹼性的灰裡面含很多第一族元素的化合物，大部分是碳酸鉀，或稱苛性鉀。由於這段歷史淵源，第一族的金屬元素就稱爲**鹼金屬**。

第二族元素和水混合，也會形成鹼性溶液。不僅如此，中世紀的鍊金術士發現，有些礦物（我們現在已經知道它們是第二族元素）放在火裡，並不會熔化或改變。鍊金術士稱這些抗火的特性爲「土性」。我們傳承了這部分的歷史，稱第二族元素爲**鹼土金屬**。

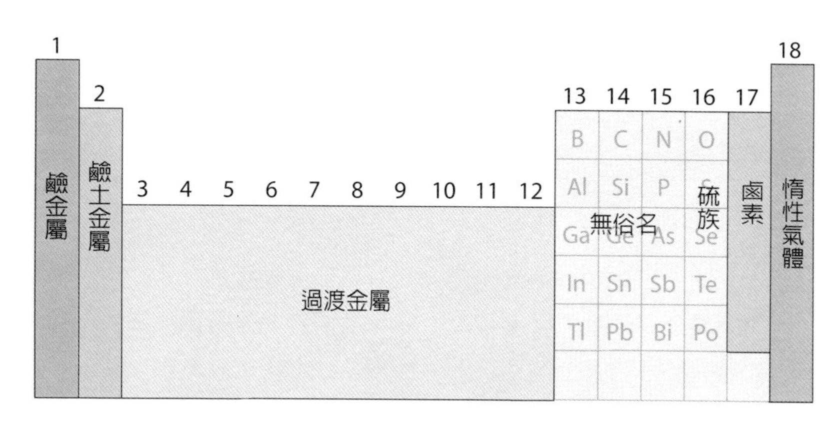

圖2.21
各族的俗名

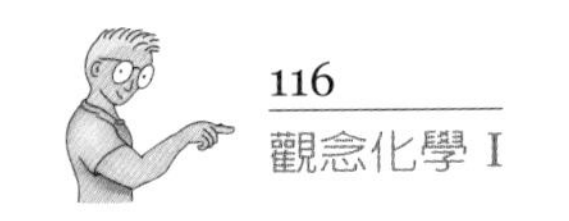

再來就是週期表右邊的元素，第十六族中文稱爲硫族元素，英文名爲 chalcogen，是希臘文「來自礦物」的意思。因爲這一族的前兩個元素，氧和硫，都是從礦物中發現的。而第十七族的元素稱爲**鹵素**，意思是會形成鹽類，顧名思義這一族的元素有形成不同鹽類的傾向。有趣的是，少量的碘或溴加在燈泡裡，會讓鎢燈絲發出更明亮的光線，且不會很快的燒掉，這種燈一般都稱爲鹵素燈。第十八族的元素都是不會和別的元素作用的氣體，因此稱爲「鈍氣」。不過我們現在都稱它們爲**惰性氣體**。

第三族到第十二族的元素都是金屬，且不會和水形成鹼性溶液。這些金屬一般都比鹼金屬硬，和水的作用力也差，大部分作於結構之用。集體而言，它們都屬於**過渡金屬**，意思是它們是在週期表的中間位置。過渡金屬包括一些非常有名而且很重要的元素，如：鐵（Fe）、銅（Cu）、鎳（Ni）、鉻（Cr）、銀（Ag），以及金（Au）。當然也有一些現代科技卻非常重要，但不那麼有名的元素。需要做人工髖關節移植的人，需要一些堅固且抗腐蝕的金屬，過渡金屬中的鈦（Ti）、鉬（Mo）、錳（Mn）就是這類元素。

觀念檢驗站

Q

銅、銀和金這三種稀有金屬，在自然中以元素狀態存在。這三種金屬都大量使用在珠寶、首飾上，主要是因爲它們的色澤亮麗又抗腐蝕。週期表上如何反映這些金屬的共同性質？

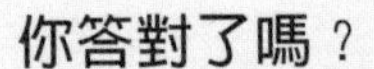

銅（原子序 29）、銀（原子序 47）和金（原子序 79）在週期表上是同一族的元素。因此它們具有類似的物理和化學性質。

第六週期中有 14 個金屬元素（原子序從 58 到 71），性質和其他的過渡金屬很不相同。第七週期也有一群這種元素（原子序由 90 到 103），稱爲**內過渡金屬**。圖 2.22 顯示的，就是把內過渡金屬也排進週期表裡時的情況，這會使週期表變得很長，很笨拙。這種表也很難放進一般尺寸的紙張裡。因此，週期表通常像次頁的圖 2.23 那樣，把這兩列內過渡金屬元素抽出來，列在主週期表的下方，使整個週期表比較簡潔明瞭。

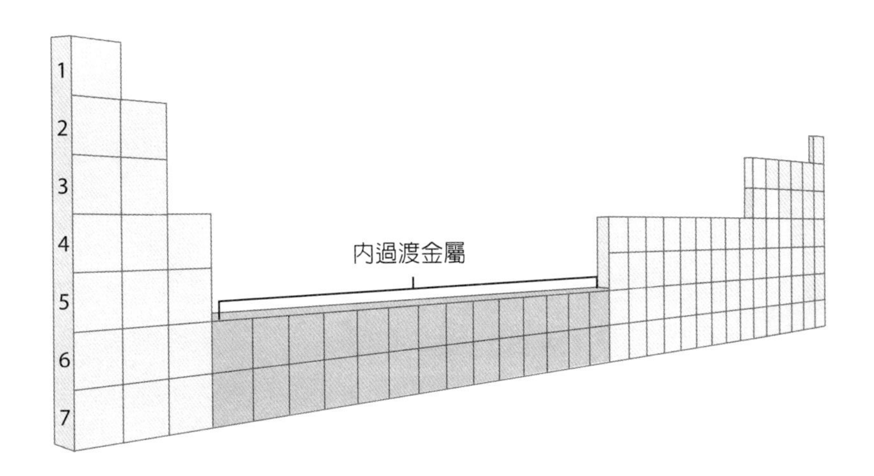

圖 2.22
在週期表的第三族和第四族元素間，插入內過渡金屬，這種表很難放入一般的紙張內。

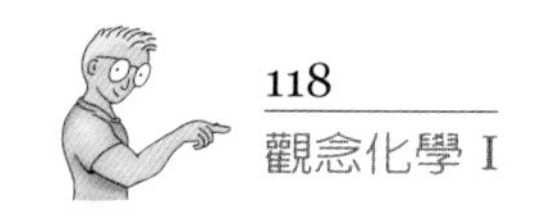

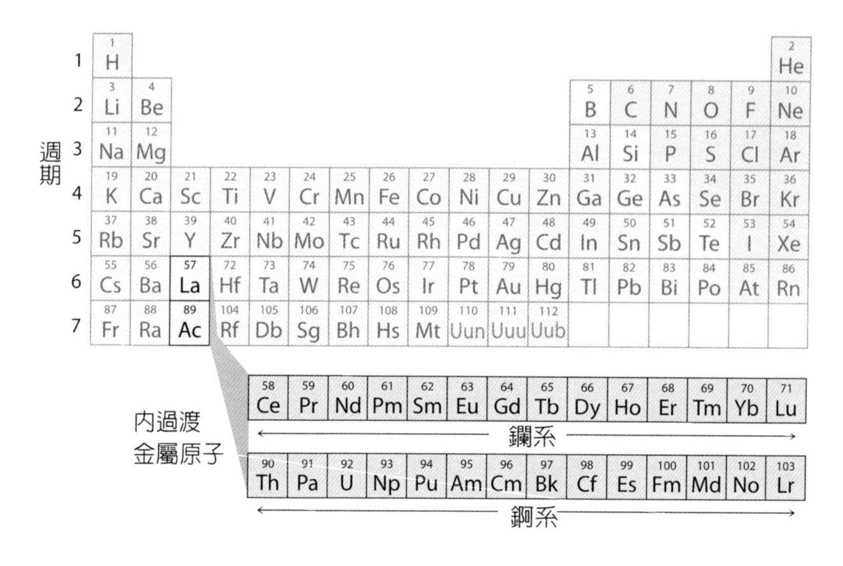

圖2.23
內過渡金屬的一般表示法。第六週期到了鑭（La，原子序 57）之後，從鈰（Ce，原子序 58）就跳到底下，到了鎦（Lu，原子序 71）。再回到鉿（Hf，原子序 72）又回到主表裡。第七週期也有這樣的跳動情況。

第六週期的內過渡金屬稱爲**鑭系元素**，因爲它們的位置在鑭（La）之後。由於它們的物理、化學性質非常近似，通常都混在一起，也出現在相同的地點。由於這種相似性，鑭系元素很不容易純化。近來，鑭系元素的商用價值稍有增加，筆記型電腦裡的發光二極體就是用這類元素製造的。

第七週期的內過渡金屬是排在錒（Ac）之後，稱爲**錒系元素**。它們也有相似的性質，也很難純化。核能工業裡有兩種大家都知道的重要元素，鈾（U）和鈽（Pu）都是錒系元素，當然它們也面臨難以純化的問題。排在鈾之後的錒系元素，都是人工合成的，並不是自然元素。

想一想，再前進

本章探討了許多化學基本知識。包括如何以物質的物理或化學性質來描述它，如何寫出物質的元素組成式或化學式。我們也知道元素和化合物的差別，在於形成方式的不同，也曉得如何利用不同成分間的物理性質差異，來分離、純化混合物。另外，我們描述了元素、化合物和混合物的不同意義，同時也說明了「純物質」在化學上是什麼意思。最後，我們介紹了元素週期表，告訴大家元素如何依照物理與化學性質，有秩序的排成表。在這個過程中，大家學到了化學中一些最重要的關鍵名詞，瞭解了這些基本觀念以及學會描述這些觀念的化學語言。自此，各位就有足夠的裝備，可以繼續探索這個次顯微的領域了。

關鍵名詞

物理性質 physical property：物質的物理屬性，像是顏色、密度或硬度。（2.1）

物理變化 physical change：物質的物理性質發生變化，但它的化學性質卻不變。（2.1）

化學性質 chemical property：特指物質具有改變其化學身分的能力。（2.1）

化學變化 chemical change：在這種變化中，物質的原子經過重排，以產生具有不同化學性質的新物質。（2.1）

化學反應 chemical reaction：也就是化學變化。（2.1）

元素 element：僅含一種原子的基本物質。（2.2）

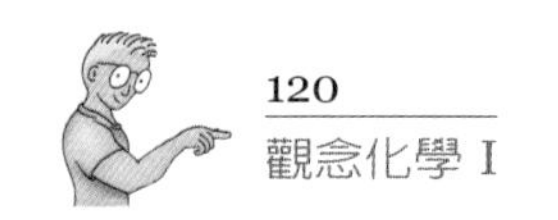

週期表 periodic table：所有的元素根據物理和化學性質所分類整理而成的一個表。（2.2）

原子符號 atomic symbol：各種元素或原子的簡稱。（2.2）

元素組成式 elemental formula：利用原子符號（有時包括一些數字下標）來顯示原子在元素中如何結合。（2.2）

化合物 compound：由不同元素的原子所結合成的物質。（2.3）

化學式 chemical formula：化合物的組成的表示法，用原子符號及下標數字（用來顯示組成原子間的比例）來表示。（2.3）

混合物 mixture：由兩種以上的物質相混而成的東西，其中各種物質仍保有自己的屬性。（2.4）

純物質 pure material：僅含有一種元素或化合物的物質。（2.5）

不純物 impure material：不純物是混合物，含有一種以上的元素或化合物。（2.5）

非勻相混合物 heterogeneous mixture：由各種可視爲個別物質的成分所構成的混合物。（2.5）

勻相混合物 homogeneous mixture：各種成分充分均勻混合，使整體的組成完全相同的混合物。（2.5）

溶液 solution：勻相混合物，所有的組成都處於相同物理態。（2.5）

懸浮液 suspension：一種均質的混合物，其中的各種組成處於不同的物理態。（2.5）

金屬 metal：有光澤、不透明且能導電、傳熱的元素。（2.6）

非金屬 nonmetal：位在週期表右上方的元素，它們既非金屬，也不是類金屬。（2.6）

類金屬 metalloid：有一點金屬特性，也帶有非金屬特性的元素。（2.6）

週期 period：指週期表的橫列。（2.6）

族 group：週期表中的垂直列，也就是一個元素家族。（2.6）

週期性 periodic trend：週期表上同一週期的元素，出現屬性逐漸改變的情形。（2.6）

鹼金屬 alkali metal：指第一族的元素。（2.6）

鹼土金屬 alkaline-earth metal：指第二族的元素。（2.6）

鹵素 halogen：第十七族的元素。（2.6）

惰性氣體 noble gas：第十八族的元素。（2.6）

過渡金屬 transition metal：任何由第三族到第十二族的元素。（2.6）

內過渡金屬 inner transition metal：指過渡金屬裡兩個次族的元素。（2.6）

鑭系元素 lanthanide：第六週期的內過渡金屬。（2.6）

錒系元素 actinide：第七週期的內過渡金屬元素。（2.6）

延伸閱讀

1. 《CRC 化學與物理手冊》（*The CRC Handbook of Chemistry and Physics*. Boca Raton, FL: CRCPress, 1996.）：
   這本參考書籍，有一個章節談到每個元素的歷史和一般性質。
2. http://www.chemsoc.org
   由英國皇家化學學會負責的網站，是提供最新消息的線上化學雜誌。
3. http://www.chemsoc.org/viselements/pages/periodic_table.html
   英國皇家化學學會的「看見元素」（Visual Element）計畫。幾乎所有的元素都製成動畫、卡通。

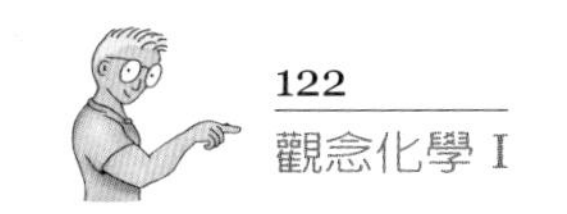

4. http://www.gsi.de
   德國達木士塔（Darmstadt）重金屬研究機構的網站。這個研究中心製造出許多很重的短命元素。

6. http://Newton.dep.anl.gov
   是美國阿崗國家實驗室的教育部門網站。以「請教科學家」的方式列出從 1991 年以來，學生提出的化學問題和答案，其中有超過 1500 個題目。

7. http://www.webelements.com/
   網站上有很多元素週期表，這一個最受歡迎。

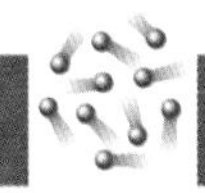

第2章　觀念考驗

關鍵名詞與定義配對

錒系元素	內過渡金屬
鹼金屬	鑭系元素
鹼土金屬	金屬
原子符號	類金屬
化學變化	混合物
化學式	惰性氣體
化學性質	非金屬
化學反應	週期
化合物	週期表
元素	週期性
元素組成式	物理變化
族	物理性質
鹵素	純物質
非勻相混合物	溶液
勻相混合物	懸浮液
不純物	過渡金屬

1. ______：物質的物理屬性，如顏色、密度或硬度。
2. ______：物質的物理性質改變，但化學性質不變的過程。

3. ______ ：物質變成另一種不同物質的特殊能力。
4. ______ ：在這種變化裡，物質的原子重新排列，形成化學性質完全不同的新物質。
5. ______ ：化學變化的同義字。
6. ______ ：只含有一種原子的基本物質。
7. ______ ：元素依照物理與化學性質，排列成的一個有秩序的表。
8. ______ ：代表元素或原子的英文縮寫。
9. ______ ：利用原子符號和下標數字的記號，表示幾個原子如何結合成元素。
10. ______ ：由不同元素的原子結合成的物質。
11. ______ ：表示化合物成分的記號。利用原子符號和下標的數字，表示原子是以什麼比例結合成化合物的。
12. ______ ：兩種或兩種以上物質的組合，每組物質仍保有自己的屬性。
13. ______ ：含有單一元素或化合物的物質。
14. ______ ：混合一種以上元素或化合物的物質。
15. ______ ：各個不同成分仍清楚可見的混合物。
16. ______ ：不同成分充分且徹底混合的混合物。
17. ______ ：所有的成分都是同一種物理態的勻相混合物。
18. ______ ：所有的成分呈不同物理態的勻相混合物。
19. ______ ：有光澤、不透明、能傳熱、導電的元素。
20. ______ ：週期表上最右端的元素，它既不是金屬，也不是類金屬。
21. ______ ：週期表上，既表現一些金屬性質，又具有一些非金屬性質的元素。
22. ______ ：週期表上橫列的元素。
23. ______ ：週期表上直行的元素。
24. ______ ：一個週期裡，逐漸改變的性質。
25. ______ ：第一族元素。
26. ______ ：第二族元素。

27. ______：任何「來自鹽」的元素。
28. ______：任何不起反應的元素。
29. ______：任何第三族到第十二族的元素。
30. ______：過渡金屬中，兩個次族的元素。
31. ______：第六週期中的內過渡金屬元素。
32. ______：第七週期的內過渡金屬元素。

分節進擊

2.1 物質有特定的物理和化學性質

1. 什麼是物理性質？
2. 什麼是化學性質？
3. 在物理變化裡，什麼東西沒有改變？
4. 爲什麼有時候，要描述某個變化是物理變化或化學變化，會有些困難？
5. 有什麼線索可以協助我們，判斷某個過程究竟是物理變化還是化學變化？

2.2 原子是構成元素的基本材料

6. 在純元素裡，你會找到幾種原子？
7. 原子和元素有何區別？
8. 硫分子的元素組成式是 S_8，裡面有幾個原子？

2.3 元素可以結合成化合物

9. 元素和化合物有何區別？
10. H_3PO_4 分子裡有幾種原子？每一種原子又有幾個？

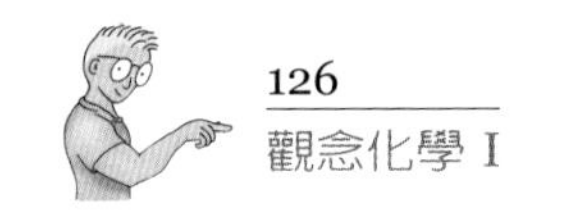

11. 化合物的物理與化學性質，會和它的組成元素相近嗎？
12. 在IUPAC系統裡，KF如何命名？
13. 二氧化鈦化合物的化學式是什麼？
14. 爲什麼有些化合物以俗名來取代系統化命名？

2.4 大部分的物質是混合物

15. 混合物的定義是什麼？
16. 混合物裡的成分要如何分離？
17. 蒸餾如何分離混合物裡的成分？
18. 氧的沸點是90K（－183℃），氮的沸點是77K（－196℃），在80K（－193℃）時，誰是液體、誰是氣體？

2.5 化學把物質分為純物質與不純物兩類

19. 爲什麼要求樣品百分之百純淨是不切實際的？
20. 適當的標示出下列物質屬於哪一類：(a) 勻相混合物，(b) 非勻相混合物，(c) 元素，(d) 化合物。

    牛奶 _____ 鋼 _____ 海水 _____ 血液 _____ 鈉 _____ 地球 _____
21. 溶液與懸浮液有何不同？
22. 如何區別溶液和懸浮液？

2.6 元素依性質，有秩序的排在週期表裡

23. 週期表不只是列出所有元素而已，爲什麼？
24. 元素大部分是金屬或非金屬？
25. 爲什麼氫通常歸爲非金屬元素？
26. 非金屬元素的物理性質和金屬元素有何不同？

27. 類金屬元素在週期表上的什麼位置？
28. 週期表上有幾個週期？幾個族？
29. 週期表上每個週期的元素，性質依序會如何？
30. 爲什麼第一族的元素稱爲鹼金屬？
31. 爲什麼第十七族元素稱爲鹵素（halogen）？
32. 哪一族的元素在室溫下全是氣體？
33. 爲什麼內過渡金屬不列在主週期表裡？
34. 爲什麼純化內過渡金屬那麼困難？

高手升級

1. 每晚上床前量一次身高，早上起床後再量一次身高。如果你發現自己在早上的時候比前一天晚上，高了一些，但和 24 小時前量的值卻是一樣的。那麼你的身體在這一段期間內，發生的是物理變化還是化學變化？如果你沒有做過這件事，應該立刻試試看。
2. 判定下列的變化，屬於物理變化還是化學變化？說明你的理由。
   a. 葡萄汁變成酒
   b. 木頭燒成灰
   c. 水開始沸騰
   d. 斷腿的自我癒合
   e. 草木滋長
   f. 小嬰兒長了 10 磅
   g. 岩石碎成粉
3. 下圖的變化是物理變化還是化學變化？

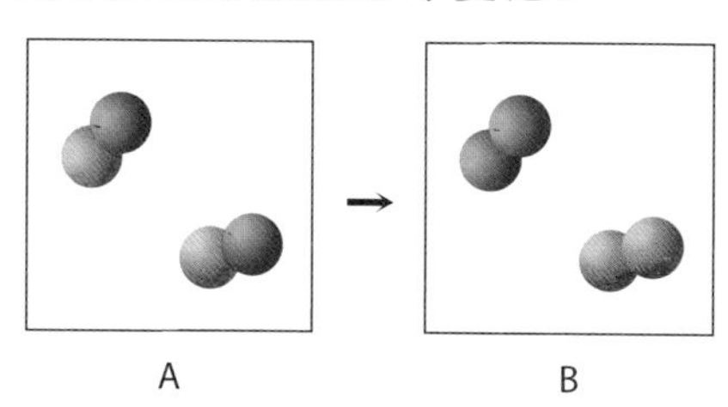

4. 下圖裡的每一個圓球代表一個原子，圓球的結合代表分子。哪一個圖形代表液態？爲什麼你不敢確定 B 圖代表較低的溫度？

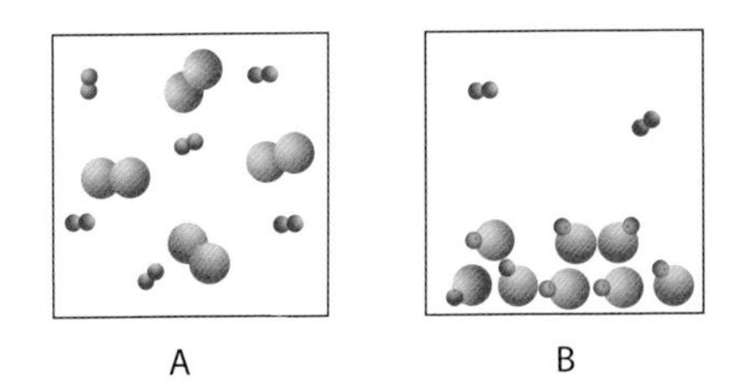

5. 根據下圖的資料，與，哪一個的沸點比較低？

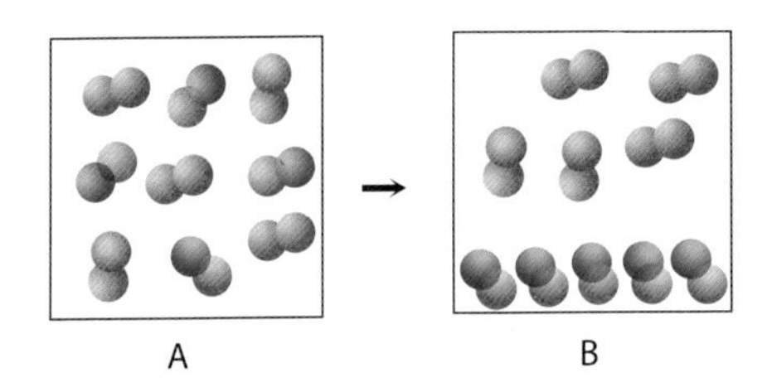

6. 蠟燭燃燒時，發生了什麼樣的物理變化與化學變化？
7. 人類最早發現的元素是哪些，你有何證據？
8. 氧原子可以用來構成水分子。水裡面有那麼多的氧原子，是否表示氧（O_2）和水（H_2O）有類似的性質？。
9. 有一個水樣品，純度爲 99.9999%，只有 0.0001% 的雜質。按照第 1 章的說法，一杯水裡約有一兆兆（1×10^{24}）個水分子。如果其中有 0.0001% 的雜質，那麼雜質分子約有多少個？
   a. 1,000（一千個，1×10^3）
   b. 1,000,000（一百萬個，1×10^6）
   c. 1,000,000,000（十億，1×10^9）

d. 1,000,000,000,000,000,000（1×10^{18}）

如果你喝的水有這種純度，但其中的雜質卻是某種毒性物質如殺蟲劑，你感覺如何？（關於數值的科學記號表示法，參考附錄A。）

10. 仔細閱讀這個題目。兩百萬兆是一百萬兆的兩倍。千百萬兆是百萬兆的一千倍。而一兆兆就是一百萬個一百萬兆，是百萬兆的百萬倍。好，搞定了嗎？因此，在純度為99.9999%的水裡，水分子比雜質分子多多少？
11. 有人號稱絕對不喝自來水（注：在美國，自來水是可以生飲的）。因爲每杯自來水裡，都有數千個雜質分子。你要怎麼對他說明，這種純度的水其實是很棒的？每杯只含數千個雜質的水，可說是純得不得了。
12. 說明雞湯麵和花園裡的泥土，有什麼共同的性質，但不要使用「非勻相混合物」這個名詞。
13. 分辨下列物質，何者是元素、化合物或混合物，並解釋之。鹽、不銹鋼、自來水、糖、天然香草精、奶油、楓糖、鋁、冰、牛奶、咳嗽藥水。
14. 如果你吃下鈉金屬或吸到氯氣，大概很難活命。但這兩種元素互相作用後，灑在食物裡可以添加風味。這到底是怎麼回事？
15. 下面的圖形裡，各是元素、化合物和混合物的哪一種？三個圖形裡，共出現幾種分子？

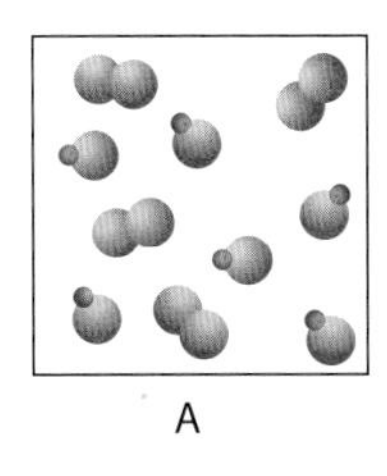
A

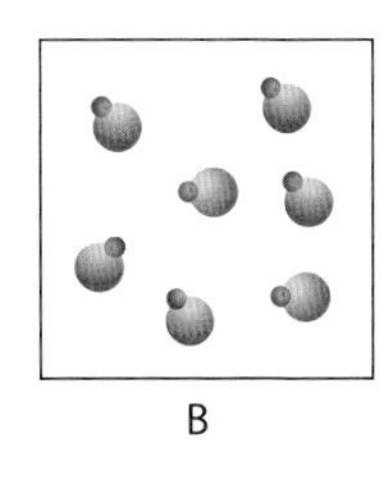
B

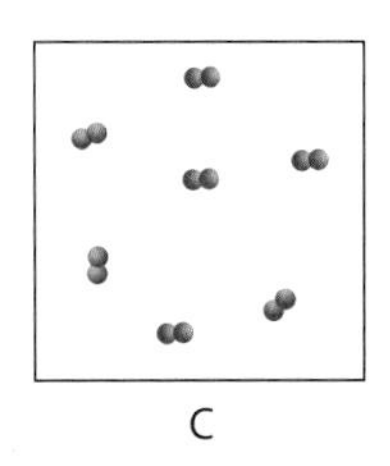
C

16. 化合物的俗名通常比按照命名系統得到的學名簡單得多。例如，水、氨和甲烷的學名分別爲：一氧化二氫（H_2O）；三氫化氮（NH_3）以及四氫化碳（CH_4）。對這

些化合物，你喜歡用哪種名字？哪種名字的描述比較清楚？

17. 化合物與混合物有何區別？
18. 如何分離沙和鹽的混合物？鐵和沙呢？
19. 利用組成成分的不同物理性質，我們可以把混合物的不同成分分離；也可以利用不同成分的化學性質來分離它們。但後者比較不方便也很少用。爲什麼？
20. 爲什麼不能以物理方法，把化合物中不同的元素進行分離。
21. 用鍺（Ge，原子序 32）做出來的電腦晶片，運算的速度比矽（Si，原子序 14）晶片還快。那麼，若用鎵（Ga，原子序 31）來做晶片，跟鍺晶片比較，效果如何？
22. 屋內的空氣是勻相或非勻相混合物？你看到什麼證據？
23. 氦是週期表上的第二個元素，是非金屬氣體。它爲什麼不排在氫的旁邊，卻排到週期表的最右邊去？
24. 列出十個你曾經碰到過的元素。
25. 鍶（Sr，原子序 38）對我們的健康有很大的損害，因爲它會累積在骨髓細胞裡，取代這些細胞本來需要的鈣（Ca，原子序 20）。依你對元素週期表的瞭解，這件事要怎麼解釋？
26. 利用週期表以及本章的「關鍵名詞」，儘可能的描述硒（Se，原子序 34）元素。
27. 很多穀類脆片都添加鐵質，以微小的鐵顆粒加到脆片裡。要怎麼把這些鐵粒子從脆片中分離出來？
28. 綜合果汁在半冰凍的時候，總比完全是液體的時候甜。爲什麼？

發現原子與次原子

因為有歷來傑出的化學家，

我們才能「看見」肉眼無法見到的原子與電子；

更因為化學這門科學，我們對物質的瞭解，

才能到達原子的層次。

我們舉目所見的任何東西，都是原子組成的。

瞭解原子以及比原子更小的次原子，

才能更瞭解這個美麗世界！

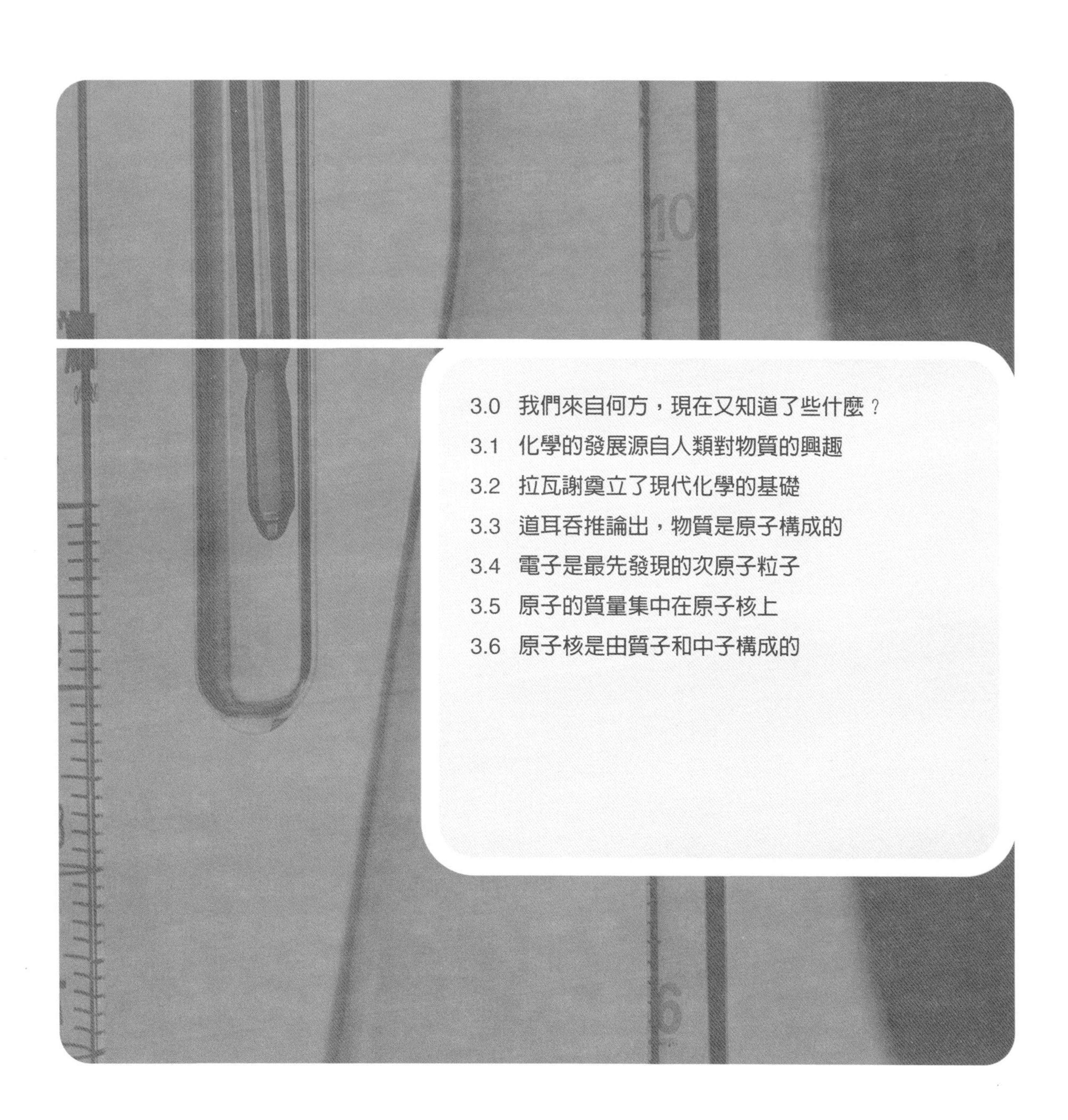

3.0 我們來自何方，現在又知道了些什麼？
3.1 化學的發展源自人類對物質的興趣
3.2 拉瓦謝奠立了現代化學的基礎
3.3 道耳吞推論出，物質是原子構成的
3.4 電子是最先發現的次原子粒子
3.5 原子的質量集中在原子核上
3.6 原子核是由質子和中子構成的

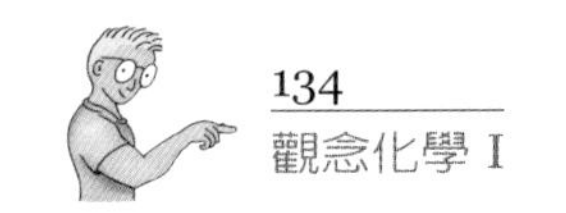

3.0 我們來自何方，現在又知道了些什麼？

絕大部分原子，來源都與宇宙的創生有關。氫（H）是最輕的原子，也可能是最初的原子。在我們所知的宇宙裡，氫原子至少占原子總量的百分之九十。較重的原子是恆星產生的，當有很多氫原子聚集時，氫原子間的重力會把它們拉在一起。原子團內部的巨大壓力，會使氫原子融合成較重的原子。因此，地球上自然存在的原子，包括我們身體裡的原子在內，除了氫原子之外，都是恆星的產物。這些原子有一小部分是來自我們的恆星：太陽。但絕大部分是來自久遠以前的恆星，那些遠在太陽系形成之前，就已經發光、發熱不知道多久的恆星。我們自己和眼前見到的所有東西，都是由恆星的塵埃構成的。

因此，絕大部分的原子都是很古老的。它們可能已經存在無窮久的時間，以生物或非生物等不同型式，在宇宙裡循環。從這個角度來看，構成你身體的原子，並不是你的，你只是暫時借用、保管而已，以後還會有無數個原子的「保管人」的。

原子實在太小了，因此，在你呼出的每一口氣裡，就有百億兆個原子。一口氣裡的原子數目，甚至超過地球大氣層裡生物呼吸的次數。不用幾年光景，你吐出的氣會均勻的混合在大氣裡，也就是地球上，任一個地方的任一個人，當他吸一口氣的時候，就會吸到你由體內吐出的原子，反之亦然，你所吸的每一口氣裡面的原子，也一樣是別人體內吐出的一部分。不誇張的說，我們彼此都在呼吸著對方，彼此互相依存。

在本章裡，我們追尋原子的發現過程。這可能是人類最重要的發現。我們也要看一看，研究人員是怎麼發現，原子不是物質最小的單位，原子是由更小的次原子顆粒構成的。在這些過程當中，你將明白科學的進展不僅要靠敏銳的觀察與解釋，還需要有開放的心胸。這種開放的心胸，通常是新一代的科學家較占優勢的地方。

3.1 化學的發展源自人類對物質的興趣

長久以來，人類就懂得利用身邊的物質來改善生活。在我們學會如何控制火之後，就能製造出許多新東西。舉例來說，我們把濕黏土塑型後放到火裡燒，做出了陶瓷器皿。在西元前 5000 年左右，陶瓷窯場的溫度，已經高到可以把銅礦的金屬銅熔出來了。自此，人類進入了銅器時代。到了西元前 1200 年左右，煤爐可達的溫度更高，已經可以把鐵礦煉成鐵了，我們也進入了鐵器時代。煉鐵技術使人類可以大量製造金屬工具和武器，產生了許多古代的文明，如中國、埃及和希臘的文化。

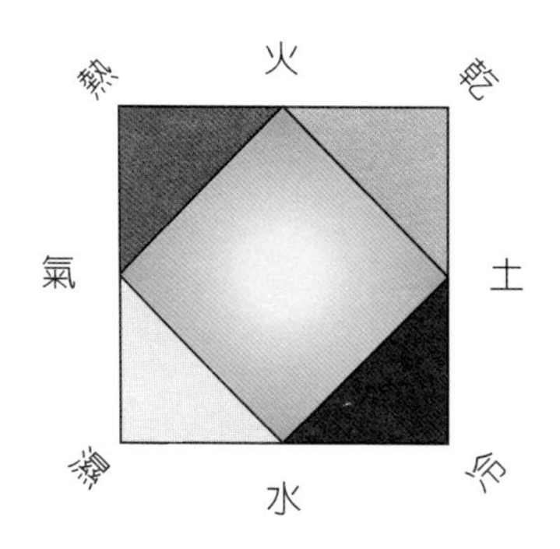

圖 3.1
亞里斯多德認為，所有的物質都是由四種基本特性以不同比例組合而成的。這四種特性是：熱、冷、乾、濕。這四種特性的結合，產生了四個基本元素：熱和乾構成火，濕和冷構成水，熱和濕構成氣，而冷和乾構成土。堅硬如石的東西，主要是乾性的，而一些軟物質如黏土，大部分都是濕性的。

在西元前四世紀，非常有影響力的希臘哲學家亞里斯多德（Aristotle, 384-322 B.C.），用熱、冷、乾、濕這四種特質，描述物質的組成和行爲，如圖 3.1 所示。雖然我們現在已經知道，亞里斯多德的模型是錯的。但試想在他那個蠻荒未開的時代，能有這種想法已經非常了不起了。而且當時的人發現，亞里斯多德的想法應用起來是有意義的。例如在做陶器的時候，濕黏土受火加熱，黏土的濕性就受乾性取代，變成硬的陶器。同樣的，暖空氣使冰溶化，把冰的乾性轉化成水的濕性。

亞里斯多德對物質特性的看法，非常符合當時人類的經驗，因此受廣泛的接受。以至於另外一些和他不一樣，又不那麼顯而易懂的想法就很難讓人認同了。其中有一種想法，是今日原子模型的先驅，認爲物質是由一種很小的，不可分割的基本單元構成的，那種單元就叫原子。由希臘哲學的意思來看，原子就是不可分割，或指「微小看不見的」。很多希臘哲學家都提過這個模型，但眞正提出「原子」的說法的，是德謨克利圖斯（Democritus, 460-370 B.C）。根據他的說法，物質的肌理、質量和顏色，都是由組成原子的特性來決定的，如右頁圖 3.2 所示。由於亞里斯多德的盛名如日中天，這個原子模型消聲匿跡了近兩千年。

根據亞里斯多德的說法，理論上，物質是可以轉化的，只要改變物質裡面基本特性的比例就行了。

也就是說，經過適當的處理，像鉛那樣的金屬也可以變成黃金。這種觀念成爲日後鍊金術的基礎。**鍊金術**的研究內容，主要是想把其他的金屬變成黃金，或做出長生不死的仙丹來。但是從亞里斯多德時代一直到 1600 年代的末期，從沒有一個鍊金師能把別種金屬變成黃金的。

儘管鍊金不成，但鍊金術士確實學到了很多和化學品有關的知識，也發展出很多有用的實驗技巧。

3.2 拉瓦謝奠立了現代化學的基礎

1400 年代，印刷術傳入歐洲，引起資訊爆炸，其中當然也包括科學資訊在內。反對亞里斯多德模型的證據開始逐漸累積。在 1661

圖 3.2
在德謨克利圖斯的原子模型裡，他想像鐵原子的形狀應該像彈簧一樣，有使鐵堅硬、又可鍛造的特質，而火原子很輕，尖尖的，顏色是黃色。

年，英國著名的實驗科學家波以耳（Robert Boyle, 1627-1691），提出一項偏離亞里斯多德學說的想法。他認為，如果一件物質是由不同的東西組合而成的，就不算是元素而應該是化合物。他出版了一本教科書，書名是《懷疑派的化學家》（*The Sceptical Chymist*），提出了自己的想法，對下一代化學家的觀念，有很大的影響。

波以耳之後過了大約一百年，出現了一位偉大的化學家，就是法國的拉瓦謝（Antoine Lavoisier, 1743-1794）。他使我們對元素和化合物的瞭解大幅的提升，接近了今日的水準。他接受波以耳的看法，認為元素應該只有單一種成分。然後，他把這個觀念往前推一步，指出由兩種以上物質組成的東西叫化合物，如次頁圖 3.3 所示。你們可以回想一下第 2 章的內容，會發現這種說法和我們今日的瞭解完全一樣。舉例來說，氫是元素，因為它裡面只有氫原子；但水就是化合物，因為水分子是由氫原子和氧原子結合而成的。

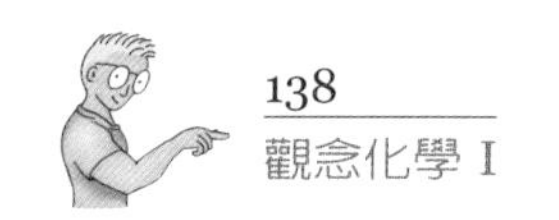

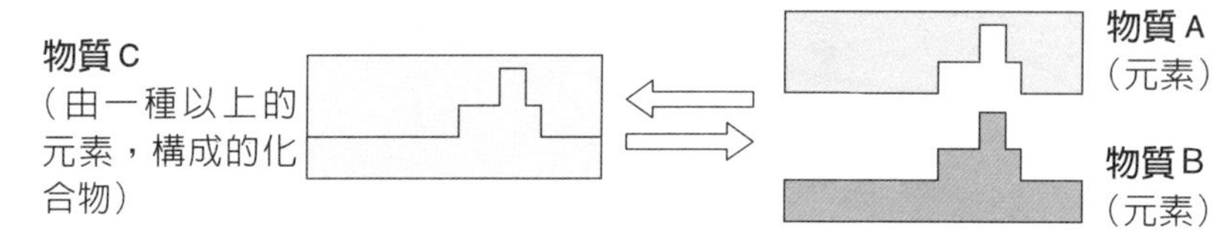

圖 3.3
拉瓦謝的元素和化合物示意圖。物質 A 與 B 不能再細分成更小單位的成分，因此它們是元素。這兩種元素發生作用，形成更複雜的物質 C，由於 C 是由一種以上的元素構成的，因此 C 是化合物。

這張圖畫的是拉瓦謝夫婦。拉瓦謝夫人瑪麗安是他實驗的主要助手。拉瓦謝不但是一流的科學家，還相當關心社會疾苦。他設立私立學校，鼓吹消防栓的作用，並設計街燈系統，使夜間的行人在城市裡能安全通行。為了籌措科學研究經費，他還在徵稅公司兼差。在法國大革命期間，由於這項兼職，他在 1794 年給送上斷頭台。但不久，法國政府卻為他塑立雕像來表揚並紀念他。

拉瓦謝的定義，顯示的重要意義是：只有靠實驗，才能知道某樣東西是元素還是化合物，這和以往希臘哲學家的做法不同。希臘哲學家的想法都是由邏輯出發推理而成的。由於拉瓦謝重視實驗的研究結果，因此他是現代化學發展的關鍵人物，很多人都尊稱他爲「現代化學之父」。

化學反應的過程裡，質量是不變的

在次頁圖 3.4 的這個重要實驗裡，拉瓦謝把錫密封在玻璃瓶裡，然後仔細度量它們的質量。當他把玻璃瓶加熱後，錫發生了化學變化，成爲白色粉末狀的物質。拉瓦謝再仔細度量它們的質量，發現並沒有改變。拉瓦謝由自己實驗得到的結果，再對照別人的實驗結果，提出一項假說，就是：在化學反應的過程中，質量是守恆的。守恆的意思是「不會改變」。也就是在化學反應前，參與反應的物質有多少公克，在反應後還是維持多少公克。這項假說現在已經成爲一項**科學定律**。也就是說，經過一再的反覆測試，這項科學假說都

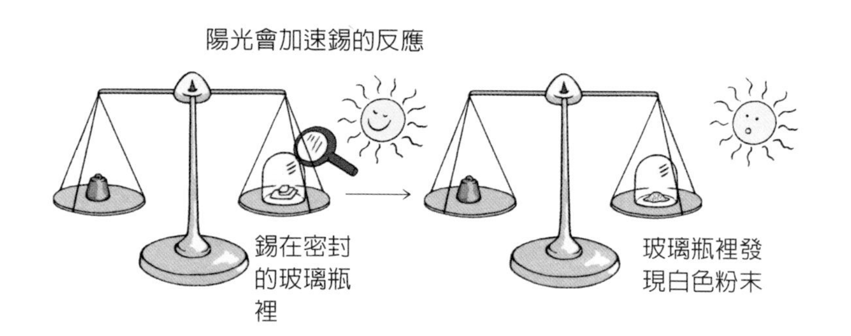

圖 3.4
拉瓦謝把錫密封在玻璃瓶裡，度量整體的質量。在錫發生反應變成白色粉末後，又度量整體質量。他發現在反應前、後，質量並沒有改變。

是成立的（科學定律有時候也稱爲科學原理）。**質量守恆定律**的正式寫法如下：

> **物質在發生化學反應，形成新物質的過程中，**
> **總質量沒有任何改變。**

到今天爲止，質量守恆定律仍是化學上最重要的定律之一。爲什麼以前的研究人員沒有及早發現它呢？因爲它在日常生活中，並不是那麼容易看得出來。木頭燒完後只剩下灰燼，而灰燼的質量遠小於木頭。另外例如水泥乾了後會變硬，質量顯然比反應之前還多。從前的研究人員並不瞭解，在這些化學變化的過程中，氣體其實扮演了重要的角色。木頭燃燒時，氣態的二氧化碳和水蒸氣都跑掉了，灰燼只是化學反應的產物之一，當然質量會減少。乾水泥的質量會增加，是因爲在反應過程中吸收了空氣裡的二氧化碳。

拉瓦謝是非常注重細節的人，當他發現氣體在化學反應的過程中，可能扮演重要的角色後，他就在化學反應發生前，把相關的設備都密封起來。果然有驚人的發現。

觀念檢驗站

如果拉瓦謝是古希臘哲學的追隨者，可不可能發現質量守恆定律？

你答對了嗎？

如果像古希臘的哲學家，只利用邏輯與推理，會很難推演出化學作用的質量守恆定律。因爲大部分的化學反應在作用前、後的質量是不同的。在反應過程中，有很多不可見的氣體參與作用。質量守恆定律一定要經由精確的度量與實驗，才可能發現，只靠常識進行邏輯推理，不太可能注意到它。

圖 3.4 的實驗完成後，拉瓦謝注意到，當打開有白色粉末的玻璃瓶密封時，空氣會馬上跑入瓶中。他猜想，錫在形成粉末時，可能吸收了玻璃瓶裡的空氣或一部分空氣。爲了知道玻璃瓶裡的空氣有多少比例受吸收，他又重做實驗，但實驗裝置的安排如次頁的圖 3.5 所示。錫完成作用後，瓶裡的水上升了約整個體積的五分之一。拉瓦謝知道，這個現象的唯一解釋是，瓶裡一部分的空氣和錫作用掉了（原先是瓶裡的空氣把水擋在外面）。由於作用後，水取代了原先大約百分之二十的空氣，因此拉瓦謝推論，空氣至少是由兩種氣體混合而成的。其中一種氣體約占總體積的五分之一，和錫發生作用，另一種氣體占了體積的百分之八十，並沒有和金屬發生作用，保持氣體狀態。

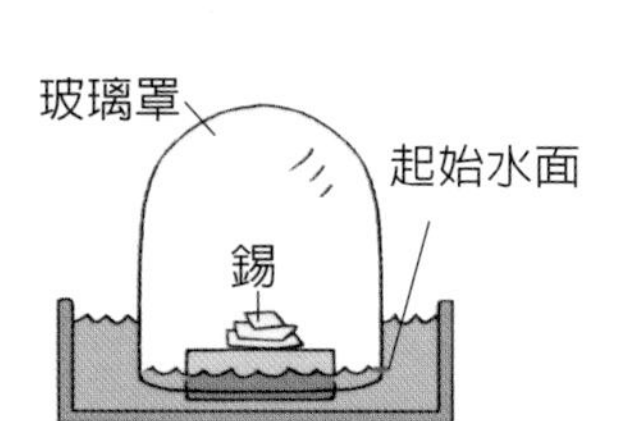

1. 拉瓦謝把一小塊錫放木頭上，木頭浮在水面上，再用玻璃罩子把木頭罩住。

2. 接著利用放大鏡引陽光去加熱錫，使錫產生化學作用。

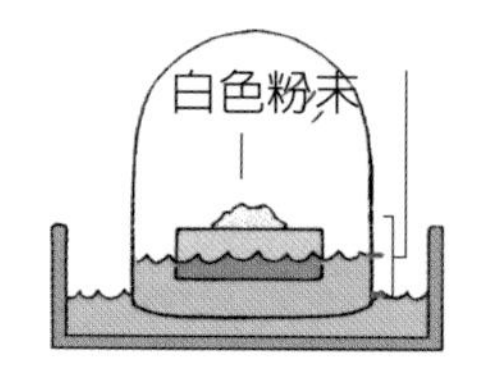

3. 等作用完成後，玻璃罩裡的空氣有20%會反應消耗掉。

圖 3.5
拉瓦謝在水面上放一塊浮木，上面再放上錫，外面用玻璃罩子罩住，並讓陽光照射這個錫塊。當錫反應成粉末時，水面會上升，顯示罩子裡原有的部分空氣，也參與了反應。

拉瓦謝完成這個實驗後不久，就發現了英國化學家普利斯特理（Joseph Priestley, 1773-1804）曾經分離出一種性質獨特的氣體，它能讓蠟燭和木炭更猛烈的燃燒。拉瓦謝發現這種氣體無法分解成更單純的物質，因此瞭解它是一種元素。由於這種氣體是由酸性溶液的氣泡產生的，因此拉瓦謝命名它爲「氧」（oxygen），意思是「由酸產生的」。他也發現，空氣裡和錫作用的氣體，就是氧。第143頁的圖 3.6是普利斯特理製造並分離氧氣的實驗裝置。

普利斯特理是自學而成的科學家，也是第一個瞭解碳酸飲料特性的人。他研究光合作用，發現植物在照射陽光時，會吸收二氧化碳。他的很多政治觀點都相當激進，受很多人的猜疑。特別是他公開對法國大革命表示支持，終於引發暴民把他的住家和圖書館燒掉。後來在好友富蘭克林的規勸下，普利斯特理到了美國去避風頭，晚年就在美國過自我放逐的生活。

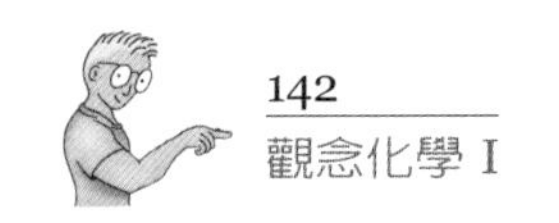

生活實驗室：趕出空氣

你可以進行類似拉瓦謝做的氣體實驗，看看氣體如何在化學反應中作用。

■ 請先準備：

乾淨的鋼絲絨墊子、窄口直壁的玻璃瓶（類似味全花瓜的瓶子）、一個廣口玻璃瓶（或淺鍋子）、水、以及醋或鹽水。

■ 請這樣做：

1. 把鋼絲絨墊塞進窄瓶裡。如果放不進去，可以把鋼絲絨稍修剪。爲了讓鋼絲絨快些生銹，可以淋一瓶蓋的醋或鹽水進去，把鋼絲絨弄濕。把水倒入廣口瓶（淺鍋）裡，深約 5 公分左右。再把窄瓶倒過來扣進水裡。爲了怕窄瓶的瓶口和鍋底貼死，可以在瓶口用一、兩個硬幣墊高些。
2. 注意窄瓶裡的水面高度。
3. 等窄瓶裡的鋼絲絨銹跡斑斑（幾小時應該就夠了）。窄瓶裡的水面會有什麼變化？爲什麼？

生活實驗室觀念解析

鐵生銹時會把倒立瓶子裡的氧消耗掉，使水進入玻璃瓶裡。瓶裡水面上升的高度，與氧消耗的量有關。你可以用直尺來量水面上升的高度。把尺貼在瓶壁上，刻度爲零的位置對準最初的水面。等到水面停止上升時，看看水上升的高度，和瓶子原先空氣的總高度，可以大略估計出氧占空氣總量的比。這也是大氣裡氧氣占的大致比例。你得到的值與準確值 21% 相差多少？

你還可以每十分鐘的水高度來畫圖。爲什麼圖形會逐漸的趨於穩定？鋼絲絨的體積對你的數據有什麼影響？

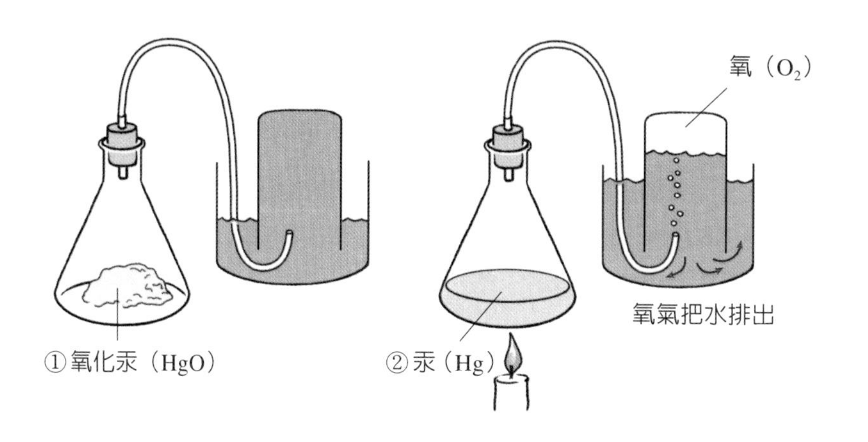

圖3.6
普利斯特理把有毒的金屬化合物（氧化汞）加熱，產生氧氣。加熱後，氧化汞分解成液態的汞，並釋放出氧。普利斯特理利用此圖的裝置來收集氧氣。當氣體進入收集瓶時，會把瓶裡的水擠出來。

生活實驗室：收集氣泡

要收集化學反應產生的氣體，通常是用水的取代法。在這個活動裡，你可以收集到醋和小蘇打作用產生的二氧化碳。

■ 請先準備：

大深鍋或水槽、水、小保特瓶、有蓋的底片盒、小刀、小蘇打、醋、火柴、助手

■ 安全守則：

使用小刀以及進行化學反應時，都要戴上安全眼鏡。

■ 請這樣做：

1. 在底片盒的蓋子上，開一個不比鉛筆粗的洞。倒入一茶匙小蘇打到底片盒裡，不要蓋蓋子。
2. 深鍋裡裝四分之三的水，小保特瓶也裝滿水。用手堵住保特瓶的瓶口，倒過來放入深鍋裡，瓶口浸入水面。要助手把瓶子扶正，不要讓瓶口觸碰到鍋底。

3. 倒一瓶蓋的醋進入底片盒。開始產生氣泡後，迅速蓋上蓋子。用拇指把蓋上的小孔遮住，讓氣體儘量留在底片盒裡。然後把底片盒移入鍋裡浸入水中，保持直立放在保特瓶口的正下方。放開拇指，讓盒子裡的二氧化碳氣體上升進入保特瓶，收集氣體。
4. 爲了收集更多的二氧化碳，請助手握住保特瓶不要動。你拿出底片盒，把裡面的水倒掉。重新放入小蘇打和醋，再產生可收集的二氧化碳，直到整個保特瓶裡的水都讓氣體取代爲止。
5. 檢驗小蘇打和醋作用產生的氣體性質。用手堵住保特瓶口，小心的把它翻回直立的位置，放開瓶口。即使瓶裡還有水也不要緊。水面上的氣體應該是二氧化碳，它比空氣重，因此會滯留在瓶子裡。點根火柴，讓火焰伸入瓶裡。由於瓶裡只有二氧化碳沒有氧，而二氧化碳不像氧有助燃性，因此火焰會立刻熄滅。（注：二氧化碳可以用來滅火。）

生活實驗室觀念解析

不要僅只嘗試書上列出的實驗，應該隨時拿家裡的東西來玩一玩。或許你可以設計出更成功的二氧化碳收集法。舉例來說，你可以用橡皮管或吸管，連接二氧化碳的產生源與倒立的保特瓶。你也可以把吸管弄成J字形，方法是先伸一根迴紋針進吸管裡，然後把迴紋針扭成所要的形狀，再把吸管的一端插入倒立的瓶子裡。

在這個實驗裡，注意底片盒裡小蘇打和醋作用後，二氧化碳生成時伴隨而來的壓力。

你可以把二氧化碳氣體，倒在生日蛋糕上燃燒的蠟燭上。當二氧化碳氣體流出瓶口時，會流在蠟燭上隨後把火焰熄滅（不要把瓶子傾斜得太厲害，以免瓶裡萬一有水，會澆到蠟燭上）。有時你會由熄滅蠟燭冒出的白煙，看出二氧化碳的動態。這些都是二氧化碳比空氣重的證據。

普魯斯特的定比定律

1766年，英國化學家卡文迪西（Henry Cavendish, 1731-1810）分離出一種氣體，可以在空氣裡點火並產生水和熱量。拉瓦謝是第一個瞭解這個氣體是一種元素的人。他用希臘文把這種氣體取名爲「氫」（hydrogen），意思是「水的生成者」。拉瓦謝也是第一個知道，氫必須和空氣裡的氧作用才能生成水。因此，水也是一種化合物（並不是亞里斯多德稱的元素），水是由氫和氧這兩種元素化合而成的。

在 1790 年代，法國化學家普魯斯特（Joseph Proust, 1754-1826）注意到，在形成水的過程中，氫和氧的消耗量呈現一個特殊的比。例如，他發現 8 公克的氧恰好會和 1 公克的氫作用，生成 9 公克的水。同樣的，32 公克的氧會和 4 公克的氫作用，形成 36 公克的水。不管在任何情況下，氧和氫的消耗量就是固定的 8：1。舉例來說，如果氧有 10 公克，氫只有 1 公克，則氧只會作用掉 8 公克，剩下 2 公克，但仍生成 9 公克的水，情況如圖 3.7 所示。

其他的化學作用，也有類似的情況，尤其是在形成金屬化合物時。因此，普魯斯特提出了**定比定律**：

在形成化合物的時候，發生作用的元素質量比是固定的。

				未反應的化學物	
	氧	+ 氫	⟶ 水	+ 氧	+ 氫
(a)	8 g	1 g	9 g		
(b)	10 g	1 g	9 g	2 g	
(c)	8 g	2 g	9 g		1 g

圖3.7
(a) 在形成水的過程中，氧和氫的消耗量，質量比永遠是 8：1。(b) 如果氧過多，消耗量仍然是 8：1，多出來的氧會剩下來。(c) 如果多出來的是氫，情況也一樣。

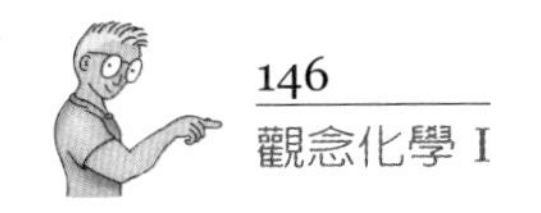

定比定律的另一個例子，是氮和氫作用形成氨，氮與氫消耗的質量比是 14 ：3。也就是 14 公克的氮和 3 公克的氫作用，會形成 17 公克的氨。因此，如果有 14 公克的氮和 14 公克的氫，並不能形成 28 公克的氨，而仍是形成 17 公克的氨。總而言之，14 公克的氨「似乎知道」，儘管氫有 14 公克，它還是只能和 3 公克的氫作用來生成氨，不必理會另外多出的 11 公克氫。但元素怎麼會知道要以什麼比例進行作用？這在當時仍是個謎，但無論如何，定比定律後來成爲發現原子的重要線索。

觀念檢驗站

16 公克的氧和 2 公克的氫，會形成多少公克的水？

你答對了嗎？

氧和氫反應後形成水，消耗的質量比是 8：1。但意思並不是說，你一定要正好有 8 公克的氧和 1 公克的氫，才會發生化學反應。而是指在發生化學反應的過程中，消耗掉的氧和氫，質量比正好是 8：1。在這裡，氧有 16 公克，氫有 2 公克，質量正好是 8：1，因此氫與氧都可以完全作用掉，共產生 18 公克的水。16：2和 8：1 是相等的。

化學計算題：算算看有多少化學物質作用掉

當你知道某個化學反應的質量比時，用簡單的單位換算（參閱第60頁的「化學計算題」），就可以算出用掉多少化學品。

例如，我們知道水的生成，需要的氫氧比是，

8 公克的氧：1公克的氫

有了這個關係，我們可以有下面兩個換算因數：

$$\frac{8\text{公克氧}}{1\text{公克氫}} \quad 與 \quad \frac{1\text{公克氫}}{8\text{公克氧}}$$

如果你知道參與反應的某個元素的量時，要知道另一個元素會消耗多少，只要套用適當的換算因數就行了。

例題：

64 公克的氧完全作用成水，需要多少的氫？

解答：

$$64\cancel{\text{公克氧}} \times \frac{1\text{公克氫}}{8\cancel{\text{公克氧}}} = 8\text{公克氫}$$

氧的克數　　換算因子　　氫的克數

知道了每一種元素完全作用所需的質量後，質量守恆律就告訴了我們，生成物的總質量了。64 公克氧和 8 公克氫，會生成 64 公克＋8 公克＝72 公克的水

■ **請你試試：**

1. 氮和氫生成氨的作用，質量比是 14：3。7.0 公克的氮要完全作用，需要多少的氫？
2. 7.0公克的氮和6.0公克的氫，作用後會形成多少氨？

■ **來對答案：**

1. 14 公克的氮和 3 公克的氫完全作用，可以得到兩組換算因數。
   14 公克的氮／3 公克的氫 與 3公克的氫／14公克的氮
   利用第二個換算因數，把 7.0 公克的氮轉換成氫：
   7.0公克氮 ×（3.0公克氫／14公克氮）＝1.5公克氫
   （參考附錄 B，就知道爲什麼用 3.0 公克比用 3 公克好）。
2. 由上一題的答案，我們知道 7.0 公克的氮會和 1.5 公克的氫作用，只有 1.5 公克的氫作用掉。
   因此還是只生成 8.5 公克的氨。剩下的氫是 6.0 公克－1.5 公克＝4.5 公克。

3.3 道耳吞推論出，物質是原子構成的

道耳吞（John Dalton, 1766-1844）也是自學而成的英國科學家。他研究了拉瓦謝、普魯斯特等人的實驗觀察後，重新提出兩千年前希臘哲學家德謨克利圖斯的原子說。1803 年，道耳吞提出一系列的

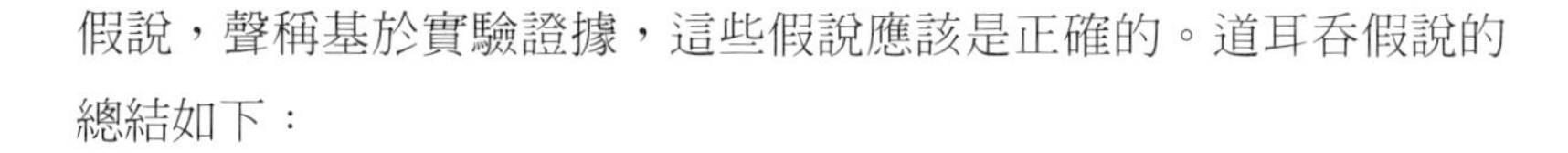

假說，聲稱基於實驗證據，這些假說應該是正確的。道耳吞假說的總結如下：

1. 每一個元素都包含許多不可分割的小單元，稱爲原子。
2. 原子在化學反應裡不能創造也不能毀壞。
3. 元素裡的原子都是相同的。
4. 在形成化合物的過程中，是以整個原子進行作用的。
5. 不同元素的原子，質量不同。

雖然道耳吞的假說裡有些是錯的，例如原子並不是不可分割的，同一元素的原子也不盡然相同（我們在本章稍後會說明），但他的假說仍回答了很多有關元素和化合物的問題。假說 2 描述在化學反應裡，原子不會被創造也不會毀滅，這就等於拉瓦謝的質量守恆原理。假說 4 則討論化合物裡原子結合的情形，不同元素的原子會結合成新物質，就像氫和氧會結合成水一樣。

道耳吞認爲氧和氫結合時，應該是用一個氧原子和一個氫原子進行結合，且質量比固定是 8：1，可見氧原子的質量是氫原子的 8 倍。因此水分子的基本單元是 HO，而不是我們現在所知的 H_2O。

道耳吞生長在很貧苦的家庭裡，正式教育在他 11 歲時就停止了。但他不斷進修，從 12 歲起甚至可以當老師教別人。他主要的研究興趣是氣象，因此做過很多和氣體有關的實驗。在他發表物質的原子特性假說中，大家都公認他是個第一流的科學家。他在 1810 年，獲選進入皇家學會這個當時最主要的科學組織。

道耳吞為原子假說進行辯護

1808 年，法國科學家給呂薩克（Joseph Cay-Lussac, 1778-1850）提出報告說，氣體發生化學反應時，反應氣體的體積也符合定比定律。也就是說，所有參與反應的氣體，體積都是某個最小體積的整數倍。給呂薩克的實驗結果指出，2 公升的氫和 1 公升的氧正好可以完全作用完，且共生成 2 公升的水蒸氣。

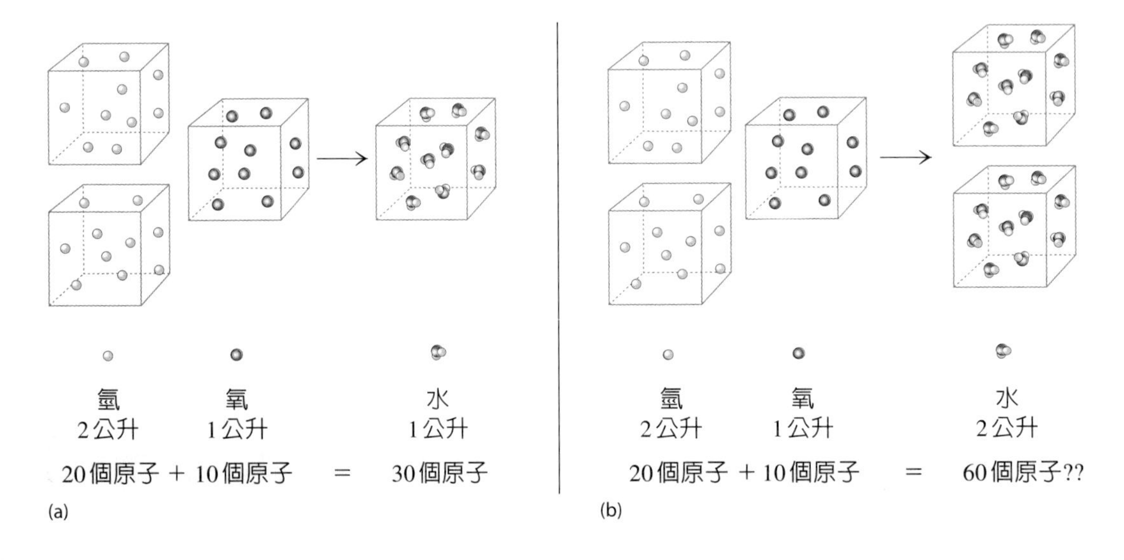

圖3.8
(a) 道耳吞指出，如果水的分子式是 H_2O，則 2 公升的氫（這裡用 20 個原子代表）和 1 公升的氧（10 個原子），應當結合成 1 公升的水（10 個水分子，共含 30 個原子）。
(b) 給呂薩克的實驗指出，水分子有 2 公升，那麼第 2 公升的水分子從何而來？這個問題使道耳吞不信任給呂薩克的實驗結果。

但是道耳吞對給呂薩克的實驗，持高度的懷疑。在道耳吞的腦海裡，一直認定水化學式是 HO。如果水中的氫是氧的兩倍，那麼水分子的化學式就應該是 H_2O 了。此外，道耳吞也不明白，爲什麼生成的水蒸氣是 2 公升而不是 1 公升？假設氫氣和氧氣各自包含不同的原子，另外假設相同體積的氣體，含有一樣多的原子，如圖 3.8 所示，則 2 公升的氫和 1 公升的氧，應該會如圖3.8a所示，形成 1 公升的水蒸氣。

給呂薩克的結果則爲圖3.8b的情況，指出結果會生成 2 公升的水蒸氣。因此，形成額外水蒸氣的原子，是哪裡來的呢？是否每個氫原子和氧原子都一分爲二，以使原子數目加倍，造出另 1 公升的水？但原子分成兩半的說法，和當時大家普遍接受的道耳吞原子學說並不相符。

1811 年，義大利物理學家兼律師亞佛加厥（Amadeo Avogadro, 1776-1856），提出一項正確的解釋。亞佛加厥認爲氧元素和氫元素的基本單元，並不是單一個原子，而是一個雙原子分子。也就是每個分子是由兩個原子結合成的。因此，氫的組成是 H_2，而氧的組成是 O_2。雙原子結構的氫和氧，會釋出結合成水所需要的第二份體積，如圖 3.9 所示。

道耳吞知道亞佛加厥這個有創意的說法，但卻無法接受。因爲這個說法沒有說明相同元素的兩個原子，爲什麼會結合。道耳吞根據自己的研究，得到了一個錯誤的結論，他以爲相同的原子有互斥的傾向。由於耳呑在科學界的地位，亞佛加厥的假說就遭放棄了，並沉寂了五十年之久。

給呂薩克除了探索氣體的化學性質，研究它們的化學反應外，他還是最早乘氣球上天空的人之一。在一次研究大氣層與地磁究竟延伸到什麼程度的氣球飛行上，給呂薩克升空至 7,000 公尺的高度。這個紀錄曾維持 350 年都沒人超越。

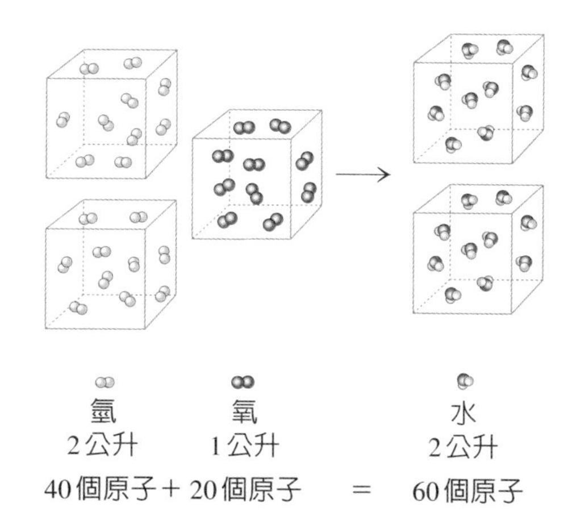

圖 3.9
由於氫氣分子和氧氣分子都是雙原子結構，2 公升的氫和 1 公升的氧，可以形成 2 公升的水。因此，氫分子是 H_2 而不是 H，氧分子是 O_2 而不是 O，如此並沒有違反道耳吞的原子學說。

亞佛加厥在二十歲時得到法律學位。在執行律師業務之餘，他也對科學有興趣，最後科學變成他畢生的職業。身為義大利的物理和數學教授，他在地理與文化上，與阿爾卑斯山北麓的法國以及英國化學發展相阻隔，這使他很難為自己的原子論觀點辯護。因此，他把珍貴的精力用在熟悉的事務上。

觀念檢驗站：

假設有 10 個雙原子的氫（H_2）和 10 個雙原子的氯（Cl_2）作用，形成氯化氫（HCl），會生成多少個氯化氫分子？如果 10 代表 1 單位的體積，會形成多少單位體積的氯化氫？

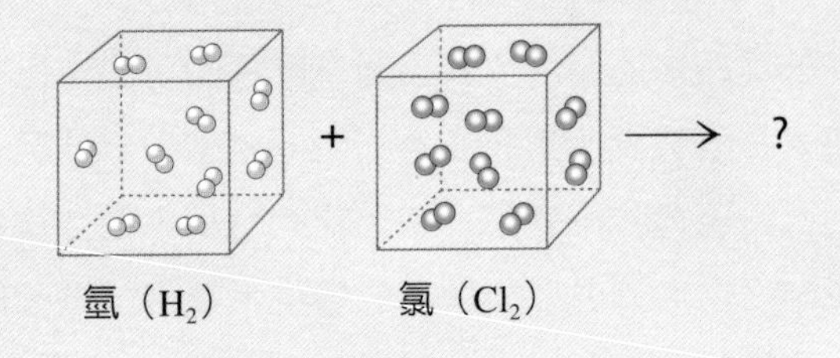

你答對了嗎？

在這個化學作用裡，會形成 20 個分子的氯化氫。1 單位體積的氯和 1 單位體積的氫作用，生成 2 單位體積的氯化氫。

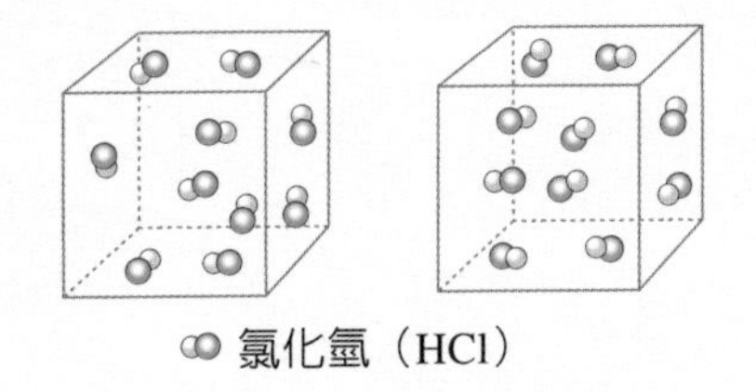

1860 年召開了一個國際的化學研討會，主要目的在討論如何度量、互相比較不同元素的原子量（我們在《觀念化學 III》的 9.2 節會解

釋，瞭解了原子的相對質量，可以讓化學家更明白化學反應，進而可以操控它）。當時，大家對這個問題的共識很少。因為每一個化學家都根據不同的理論，採用不同的實驗程序，得到不同的結果。這種情況，對化學的進展有很大的妨礙。

在 1860 年的這個研討會裡，義大利的坎尼札羅（Stanislao Cannizzaro, 1826-1910）寫了一本小冊子在大會上發送。在小冊子裡，坎尼札羅解釋了亞佛加厥的假說，以及如何根據這個假說，經由簡單的計算獲得正確的原子量與分子式。他和學生已用這些方法很多年了。觀念很簡單：氣體在同溫、同壓的情況下，相同的體積有相同的原子或分子數。因此這些原子的相對質量，只要比較同溫、同壓、同體積兩種氣體的重量，就可以得到了。

如圖 3.10 所示，假設 1 公升的氧比 1 公升的氫重 16 倍，而它們有相同的分子數，每個分子裡的原子數也相同，則一個氧分子就比一個氫分子重 16 倍。我們如果分析了很多元素在相同體積下的重量，就可以得到一份精確的相對原子量，從這些數據又可以得到其他重要的週期表資料。

坎尼札羅主要研究的，是活的生物體中碳化合物的化學性質。他極力推廣一種想法，後來也普遍為人所接受，就是生物體內的化學作用原理，和非生物體中的是不一樣的。

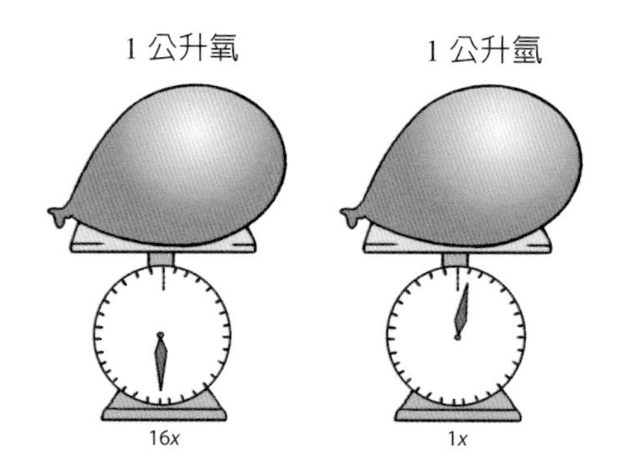

圖 3.10
1 公升的氧是 1 公升氫的 16 倍重，假設 1 公升的氧和 1 公升的氫含的粒子數目一樣多，則一個氧粒子的質量就是一個氫粒子質量的 16 倍。

儘管受到道耳吞的強烈批判，給呂薩克和亞佛加厥的想法卻是原子論發展最主要的貢獻。可惜他們都是在死後才得享盛名。給呂薩克在那個國際研討會召開的前10年（1850 年）就已去世，而亞佛加厥死於會議召開的前 4 年（1856 年）。

門德列夫利用原子的相對質量建立週期表

在 1860 年代，很多科學家分別發現，把元素依照它們的相對質量排列，會浮現出一些很有趣的模式。很多元素的物理和化學性質，會和相鄰的元素有些差別。但在某個規律的間隔後，相鄰兩元素的物理、化學性質會截然不同，排在後面這個元素的特性，反而會很像前面一個質量輕很多的元素。換句話說，元素的特性有循環出現的傾向，就像我們在第 2.6 節所介紹的週期性。

門德列夫是熱心又有效率的好老師，學生很崇拜他，常把課堂塞得滿滿的，聽他講授化學。他在週期表上的努力，大部分是利用課餘的時間。門德列夫不但在大學裡教書，在搭火車旅行的途中，也會和農夫分享農業上的知識。

1869 年，俄國的化學教授門德列夫（Dmitri Mendeleev, 1834-1907）把自己所知的元素特性，整理成一個表。他的這個表非常特別且獨一無二，看起來有點像月曆。橫列的元素是依原子量的大小排成列的，且固定間距會有重複的性質出現。然後再把性質接近的元素，直排成同一行。在排成表的過程中，他發現偶爾必須把一個元素向左或向右挪動，而剩下的空格，在當時還不知道有什麼元素可以放進去。門得列夫並不把這些空格當成週期表的致命傷，反而預測了這些未知元素應有的特性，而且他的預測還導致了某些新元素的發現。

門德列夫能夠預測許多新元素的特性，這讓很多科學家相信，道耳吞的原子假說是正確的，終於使得這個有關物質的原子假說，變成在科學上廣為接受的原理。門德列夫的週期表逐漸演變成現代化學界的週期表：同一列的元素橫排在一起，同一族的元素則直排

觀念檢驗

下面這些陳述，綜合了 3.2 和 3.3 節的科學發現。請把它們發現的時間先後，依序排列出來。

a. 元素是由原子構成的。

b. 化學反應是以固定的整數比例進行的。

c. 原子的相對質量可以度量。

d. 氫氣和氧氣是雙原子分子。

e. 週期表可以用來預測元素的特性。

f. 在化學反應裡，質量是守恆的。

你答對了嗎？

拉瓦謝發現，在化學反應發生的過程裡，質量是守恆的，這導致了普魯斯特的發現：化學反應是以固定的整數比進行的。道耳吞根據這個發現，做出元素是由原子構成的假設。

給呂薩克根據道耳吞的假設做實驗，證實亞佛加厥提出的氫氣和氫氣都是雙原子的分子假說，這使坎尼札羅能展現，如何用亞佛加厥的假說計算出原子的相對質量。

知道原子的相對質量後，門德列夫設計出了元素的週期表，並用它來預測未知元素的特性。因此，正確的時間順序應該是f、b、a、d、c、e。

成一行。週期表讓我們對原子的特性有更基本的瞭解。這也是近代科學最重要的成就之一。

今天，很多科學實驗都證實了物質的原子特性。但和道耳吞的假說不同的是，原子並不是不可分割的。很多實驗證據顯示，原子可以再細分爲電子、質子和中子。因此，本章接下來的篇幅，就要遵循歷史的軌跡，仔細探討這些次原子的粒子。

3.4 電子是最先發現的次原子粒子

富蘭克林發明的避雷針，是一根裝在屋頂的尖銳金屬棒，有一條導線連到地下。裝了避雷針的屋子，可以避免遭閃電擊中。傳說，富蘭克林在大雷雨中放風箏，發現了閃電的本質。其實他深知閃電的危險，是不會做這種笨事的。

1752 年，富蘭克林（Benjamin Franklin, 1706-1790）在閃電中做實驗，知道了閃電其實就是通過大氣的電能。這個發現促使其他的科學家，研究電除了穿透大氣外，是不是也能穿過別的氣體。爲了尋找答案，科學家在玻璃管裡充入各種氣體，然後在玻璃管兩端施加電壓。（施加電壓的意思，就是在玻璃管兩端各接一條導線，再把導線的另一端，接在電池上。）

不管充入什麼氣體，充氣的玻璃管通電後，都會發出燦爛的光線。也就是說，電流能通過不同的氣體。但令早期研究人員驚訝的是，當玻璃管裡的氣體逐漸減少，抽成接近眞空的時候，電流仍可以通過玻璃管。這顯示了光線和氣體無關，光線本身是可以完整存在的實體。

實驗指出，這種由玻璃管一端射出的射線帶負電荷，而射出射線的是電極的「陰極」，如圖 3.11a 所示，這種射線稱爲陰極射線，發出射線的裝置，稱爲**陰極射線管**。磁場與帶電的金屬片，都會使射線偏轉。使用帶電荷的金屬片時，射線會朝向帶正電荷的金屬片，偏離帶負電荷的金屬片。由同性電荷相斥，異性電荷相吸的道理判斷，陰極射線應該是帶負電的；此外，射線的速率也比光速低很多。由於這些特性，陰極射線顯然是粒子束而不是光束。

1897 年，約瑟夫．湯姆森（J. J. Thomson, 1856-1940）從圖 3.11b 裝置中射線偏移的程度推論出，粒子偏移的角度與它的質量和電荷有關。

約瑟夫．湯姆森發現，粒子的質量愈大，運動狀態愈不容易改變，因此偏移的角度愈小。粒子的電荷愈多，和磁場的交互作用愈

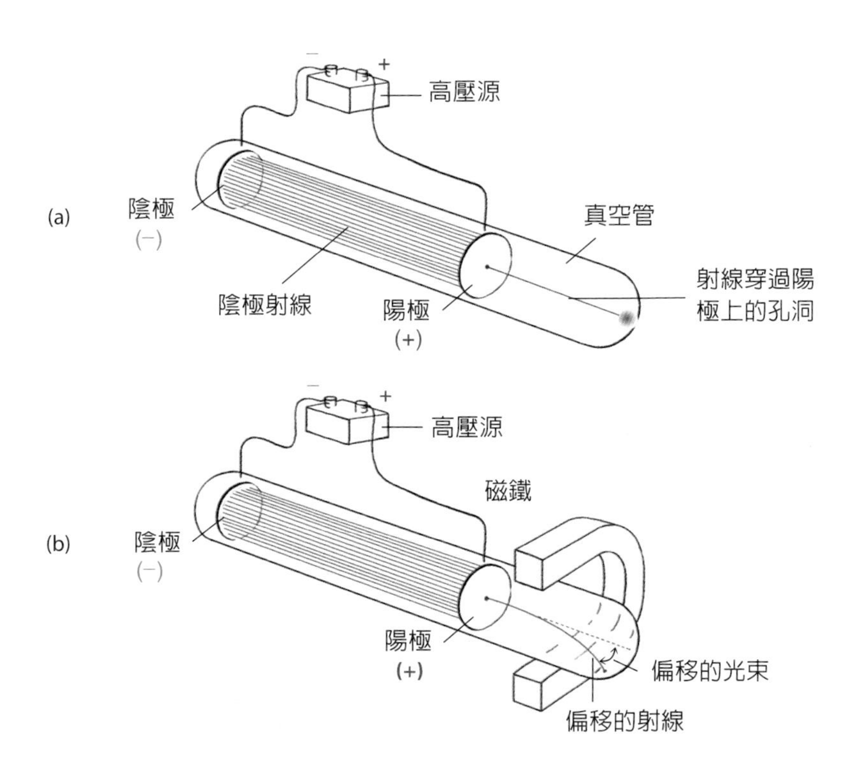

圖 3.11
（a）簡單的陰極射線管。在管子末端的陽極板（帶正電）上鑽一個小洞，可以讓陰極射線穿透出來，在管壁上形成一個小點。（b）陰極射線可受磁場偏轉。

強，偏移的角度愈大。因此，他的結論是，偏移角度等於粒子電荷對質量的比例。

$$偏移角度 = \frac{電荷}{質量}$$

約瑟夫．湯姆森只知道偏移的角度，無法算出每個粒子的質量或電荷。想計算出粒子的質量，要先知道粒子的電荷，但要知道粒子的電荷，他又得先知道粒子的質量才行。

約瑟夫．湯姆森是英國劍橋大學卡文迪西實驗室的前幾位主任之一。幾乎所有次原子粒子和它們的特性，都是這個實驗室發現的。約瑟夫．湯姆森的學生有 7 個得到諾貝爾獎，他自己也在 1906 年，由於對陰極射線管的研究得諾貝爾獎。

觀念檢驗

哪一個方程式無法計算出 X 的值？

$$4 = \frac{X}{2}，3 = \frac{X}{Y}$$

你答對了嗎？

第一個方程式，我們很容易計算出 X＝8（因為 8 ÷ 2＝4）。而第二個方程式，X 和 Y 的值有關。若 Y=5，X 就是 15（15 ÷ 5＝3），若 Y＝3，X 就是 9（9 ÷ 3＝3）。同樣的，Y 的值也隨 X 而變。因此，約瑟夫．湯姆森無法同時決定電子的電荷和質量。

1909 年，美國物理學家密立根（Robert Millikan, 1868-1953），發明了一組創新的實驗裝置，如圖 3.12 所示，計算出一粒電子所帶的電荷數目。密立根把微小的油滴，噴入特別設計的空腔內。空腔裡有固定強度的電場，油滴可懸浮在空腔裡（就像一個帶靜電的氣球靠近頭髮時，頭髮會豎起來一樣）。當空腔的電場強度增加時，有些油滴還會受到空腔上方正電荷板的吸引而上升，可見油滴上有負電荷。密立根調整電場強度，油滴會懸浮靜止不動，由此知道油滴向下的重力和向上的靜電力相互抵消，而調整不同的電場強度，會使不同質量的油滴懸浮不動。

經過反覆測量，密立根發現油滴攜帶的電荷量都是 1.60×10^{-19} 庫倫的整數倍。因此，密立根認爲這就最基本的電荷數量。利用這個值，加上約瑟夫．湯姆森發現的「電荷對質量」的比值，密立根計算出，陰極射線粒子的質量遠小於任何已知的原子量，也就是比氫原子還小。這一點引起很多人的注意，因爲這證明了原子並不是構成物質的最小粒子。

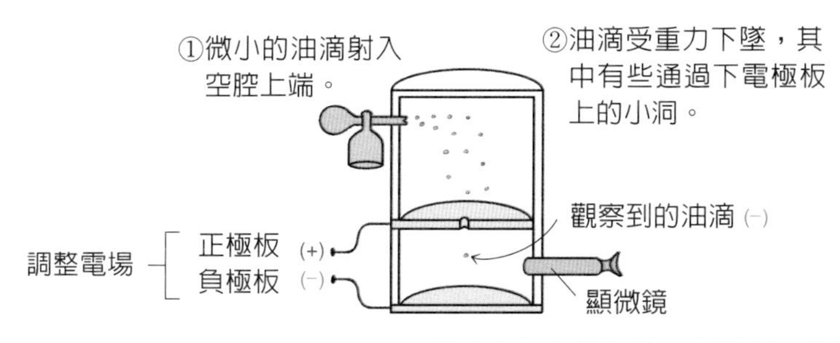

圖 3.12
密立根確定電子電荷量的油滴實驗。

觀念檢驗

下面這些文字有什麼共通點？

45、30、60、75、105、35、80、55、90、20、65。

你答對了嗎？

它們都是5的倍數。密立根也以同樣的方法，計算出油滴帶的電荷都是某個數值的倍數。這個數值就是 1.60×10^{-19} 庫倫。

1800 年代，歐洲科學界普遍認為美國科學家只是發明家而已，雖然聰明但不善於深奧的思考與發明。這種態度在剛跨入二十世紀時，由於密立根的出現開始轉變。密立根在實驗設計和結論上，都非常卓越。除了做研究之外，他還花很多時間預備教材，讓學生不必太過依賴各家的演講。密立根在 1923 年得到諾貝爾獎，且在 1921 至 1945 年之間，擔任美國加州理工學院的校長。

我們現在知道，陰極射線的粒子就是電子。**電子**（electron）的英文名稱是取自希臘文的琥珀（electrik）。古代的希臘人用琥珀來研究靜電效應。電子是原子的基本單元，每一個電子都一模一樣，質量很小，只有 9.1×10^{-31} 公斤，且帶有一個負電荷。物質的很多特性，都是由電子決定的，除了化學反應之外還有很多物理特性，例如顏色、外觀、質感和滋味等等，也受到了電子的影響。

陰極射線基本上是一束電子，它有很多用途。最為人稱道的就是傳統的電視機（不是新型的液晶或電漿電視）。它是陰極射線管配上一個塗有螢光物質的螢光幕。由電視台射出的信號，引導電荷板上的電壓，控制射線撞擊螢光幕的方向，產生影像。

生活實驗室：彎曲電子

打開映像管電視機或電腦螢光幕，你們看見的就是陰極射線的外圍裝置。如果你拿磁鐵在電視機上晃，會發現影像立刻扭曲變形。重要提示：只能用小磁鐵來做實驗，而且不要試太久，否則畫面的扭曲可能無法回復。

生活實驗室觀念解析

如果你能找到黑白電視機，或黑白的電腦螢幕，這個效應可以看得更清楚。在彩色螢幕上，除了影像扭曲外，還會有色彩的改變。今日，絕大部分的電視機和電腦的螢幕顯示器，都裝有自動消磁器，可以緩和附近的喇叭或地磁對影像的扭曲。

根據你的觀察，磁鐵兩極引起的扭曲，程度是否相同？

3.5 原子的質量集中在原子核上

發現了帶負電荷的電子之後，有人就推論，原子裡一定有某種帶正電的物質，使原子的電性達到中和。因此，約瑟夫．湯姆森就提出圖 3.13 這個稱為「葡萄乾布丁模型」的原子模型。但更進一步的實驗會很快就指出，這個模型是錯的。

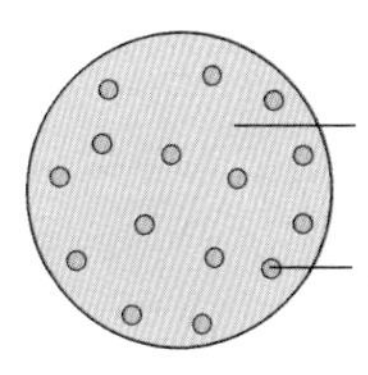

圖 3.13
約瑟夫．湯姆森的葡萄乾布丁原子模型。約瑟夫．湯姆森認為，原子裡帶正電荷的物質就像布丁一樣，帶負電的電子均勻的分布在裡面，就像布丁裡的葡萄乾。

1910 年左右，約瑟夫．湯姆森以前的學生，紐西蘭的物理學家拉塞福（Ernest Rutherford, 1871-1937）提出另一種更精確的原子模型。拉塞福做了一項非常有名的金箔實驗，發現原子內部絕大部分是空的，大部分的質量，都集中在稱為**原子核**的微小中心裡。

拉塞福的金箔實驗如次頁圖 3.14 所示，他用帶正電荷的 α 粒子

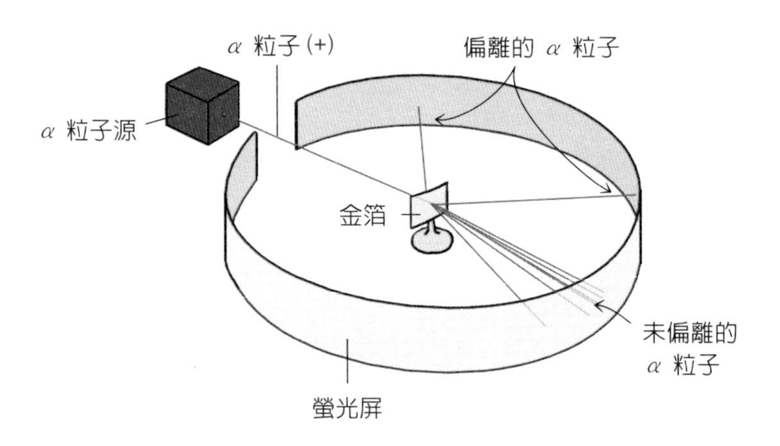

圖 3.14
拉塞福的金箔實驗。利用一束帶正電荷的 α 粒子射擊金箔。大部分的 α 粒子會直接穿過金箔，但有些 α 粒子會發生偏移。結果顯示金箔原子中，大部分是空的，質量和正電荷集中在稱為原子核的小核心上。

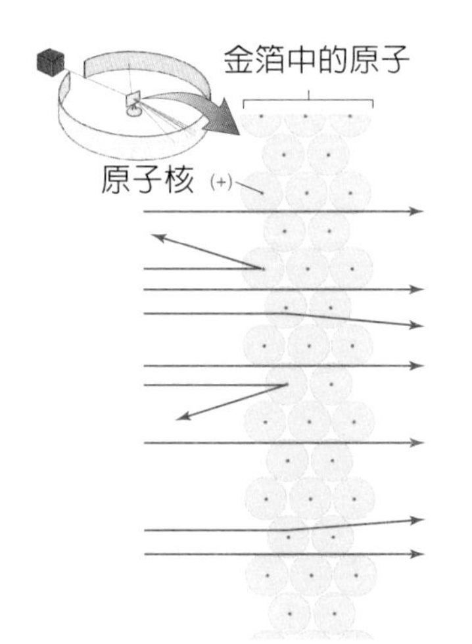

圖 3.15
拉塞福對金箔實驗的解釋。大部分 α 粒子通過金原子的空隙，不發生任何偏移，但少數的 α 粒子會受原子核的作用而偏移。

撞擊薄金箔。由於 α 粒子的質量是電子的數千倍（接近一萬倍），因此在穿過這種葡萄乾布丁時，應該完全不受影響。實驗結果對絕大部分的 α 粒子來說，的確如此，幾乎所有的 α 粒子都筆直穿透金箔，撞擊到後面的螢光幕上，產生光點。

但有些 α 粒子在穿過金箔時，會偏離原本的直線路徑。少數的 α 粒子，偏離的角度相當大，還有極少數的 α 粒子甚至反彈回去。這些 α 粒子一定是撞上某種質量很大的東西，否則不會這樣。但它撞上的是什麼東西呢？拉塞福推論，那些完全沒有偏移的 α 粒子，一定是通過金箔間的空隙，如圖 3.15 所示。而偏轉的 α 粒子一定是遭到了密度極大的正電荷核心的排斥。因此他推論，每一個原子都有這樣的一個核心，他稱這個核心為「原子核」。

拉塞福猜想，原子核裡一定帶有正電荷，才能和電子的負電荷達到平衡。他也猜電子應該是在原子核外，但仍位於原子的範圍裡面。今天我們已經知道，電子是以極高的速率，繞原子核不停的旋轉，情況如圖 3.16 所示。由圖 3.16 也可以知道，原子的直徑大約是原子核直徑的 100,000 倍，因此原子裡絕大部分是空的，沒有任何質量，原子的質量幾乎都集中在原子核裡。如果原子核像書上的小逗點那麼大，則原子的半徑會達 3.3 公尺。另外，由於原子核的質量如此緊密，如果原子核像逗點一般大，它會約有 2,500 公斤重，差不多跟大卡車一樣重。

我們以及所有的物質，絕大部分是空的，因爲構成物質的原子本身，絕大部分都是空的。但如果是這樣的話，原子怎麼不會穿過彼此呢？如果地板的原子大部分是空的，它如何支撐我們的重量？雖然在原子裡，次原子粒子占的體積很小，但是次原子粒子的電場

拉塞福在 24 歲的時候，申請英國劍橋大學給紐西蘭學生的獎學金，得到了第二順位的資格。後來排名第一的人決定留在家鄉結婚，放棄資格，才由拉塞福替補。拉塞福除了發現原子核之外，也發現很多特殊的原子核現象，並為它們命名，這些在本章稍後會提到。他發現像鈾這種元素會衰變成不同的元素，因而得到 1908 年的諾貝爾獎。當時一個元素會轉變成另一種元素的想法，頗令人震驚和懷疑，因為這讓大家想起了鍊金術。

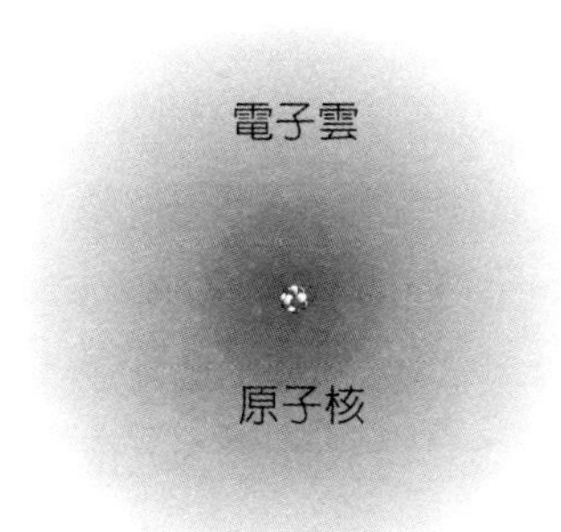

圖 3.16
電子繞原子核高速旋轉，形成電子雲。若此圖以實際的比例來畫，原子核會小到看不見。原子裡頭，大部分都是空的。

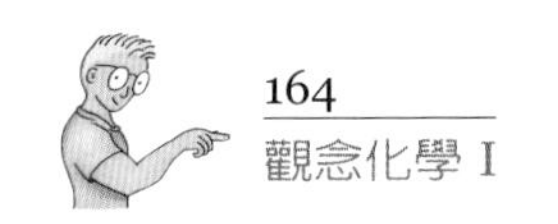

作用範圍卻很大，甚至比原子本身的體積要大上很多倍。原子的最外層是電子，電子會排斥其他原子的外層電子。因此兩個原子只能靠近到某個程度，再接近就會互相排斥（這是指它們沒有形成《觀念化學 II》第 6 章所談的化學鍵時）。

當你用手推牆，手上原子的電子和牆上原子的電子會互相排斥，使你的手不至於穿牆而過。這種電荷斥力，也使我們不會陷入地板裡，甚至電荷斥力也讓我們有碰觸感。有趣的是，當你碰觸某人時，你的原子和他的原子並沒有眞的碰在一起，而只是相當接近，使你感覺到電荷斥力而已。你們兩人之間仍有感覺不到的小間隙存在（參見圖 3.17）。

3.6 原子核是由質子和中子構成的

原子核裡正電荷的數量，應該和原子裡的總電子數目相等。因此有人推測，原子核應該是由帶正電荷的次原子粒子組成的。後來的實驗也證實了這一項推測。今天，我們稱這種帶正電荷的粒子爲**質子**。質子的質量大約是電子的 2,000 倍。質子帶的電量和電子完全一樣，只不過質子帶的是正電荷，電子帶的是負電荷。每一個電子的電量是 -1.60×10^{-19} 庫倫，因此質子的電量是 $+1.60 \times 10^{-19}$ 庫倫。對任何原子而言，原子核裡的質子數目都等於核外圍繞的電子數目，因此正、負電荷互相抵消。也就是說，原子是電中性的。以中性的氧原子爲例，它就有八個電子和八個質子。

圖 3.17
在這張照片裡，這兩人的原子並未相碰，我們只是心裡覺得彼此有接觸到。

科學家一致同意用**原子序**來分辨元素。所謂原子序是原子所含的質子數。現代的元素週期表，也是依照元素的原子序來排列的。

氫原子裡只有一個質子，因此原子序是 1；氦的每個原子有兩個質子，因此原子序是 2，依此類推。

觀念檢驗站

鐵（Fe）的原子序是 26，鐵原子共有幾個質子？

你答對了嗎？

原子的原子序就是這個原子所含的質子數。因此，鐵原子含有 26 個質子。也可以說，含有 26 個質子的原子，一定是鐵原子。

如果我們比較不同原子的電荷和質量，就會發現原子核裡一定不會只有質子。以氦爲例，它的電荷量是氫的兩倍，但質量卻有四倍，多出來這麼多質量，顯示原子核裡一定有別的次原子粒子。1932 年，英國物理學家查兌克（James Chadwick, 1891-1974）果然測到這種稱爲中子的次原子粒子。

中子的質量和質子類似，但不帶電。任何不帶電的物質，我們都說它們是「電中性的」，而這也是中子名稱的來由。我們在後面的章節裡，會介紹中子對原子核的重要性，有了中子，才能使原子核保持穩定。

質子和中子都稱爲**核子**，以表示它們是原子核裡面的次原子粒子。

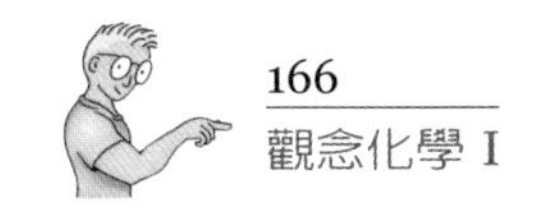

表3.1 整理出了三種次原子粒子的基本特性。

表3.1 三種次原子粒子的基本特性

	粒子	電荷	相對質量	實際質量*（公斤）
	電子	−1	1	9.11×10^{-31}**
核子	質子	+1	1836	1.673×10^{-27}
核子	中子	0	1841	1.675×10^{-27}

* 非實際測量得到，而是由實驗數據計算得出

** 9.11×10^{-31}kg=0.000000000000000000000000000000911kg（參見附錄 A）

對元素而言，原子核裡的中子數目並不是固定的。舉例來說，絕大部分的氫原子（原子序爲 1）都沒有中子。但也有很少比例的氫原子，有一個中子，另有更少比例的氫原子，帶著兩個中子。同樣的，大部分的鐵原子（原子序爲 26）有 30 個中子，但也有少部分的鐵原子只有 29 個中子。帶有不同中子數，但原子序相同的原子稱爲**同位素**。

我們以原子的**質量數**來區分同位素。原子的質量數是質子數和中子數的總和（換句話說，就是核子的數目）。如圖 3.18 所示，只有一個質子的氫，就是氫 - 1（H-1），1 是它的質量數。有一個質子和 1 個中子的氫同位素「氘」，稱爲氫 - 2（H-2）；有一個質子和兩個中子的氫同位素「氚」，稱爲氫 - 3（H-3）。同樣的，有 26 個質子，30 個中子的鐵，是鐵 - 56（Fe-56），而有 26 個質子，29 個中子的鐵，就是鐵 - 55（Fe-55）。

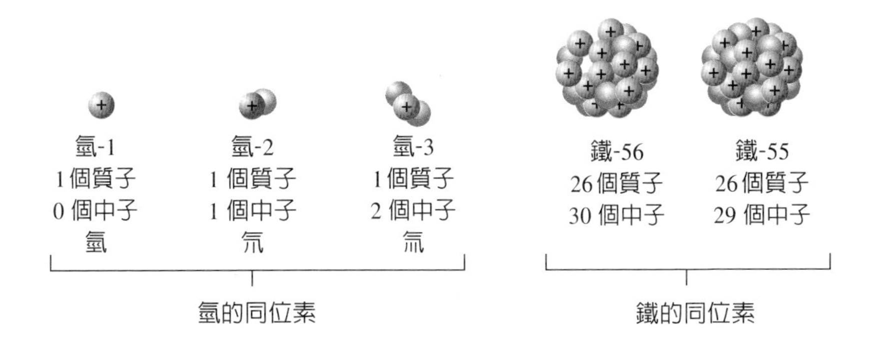

圖3.18
元素的同位素，質子數相同，中子數不同，因此質量數也不同。三個氫的同位素各有不同的名稱。氫-1就為氫，氫-2稱為「重氫」或「氘」，氫-3稱為「氚」。這三個同位素裡，氫最普遍。絕大部分元素的同位素，只用質量數來區分，並沒有特別的名字。

另一個區分同位素的方法，就是在原子符號的左上方，用小字標出質量數，另外在左下方以小字標出原子序。如鐵-56 可以寫成：

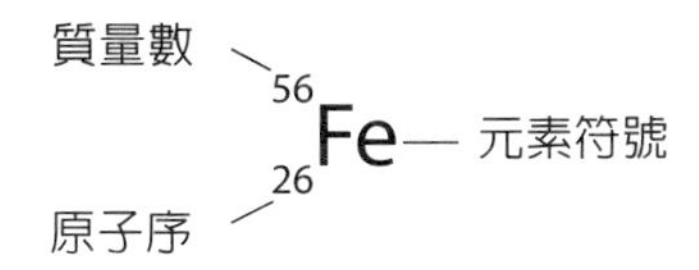

至於同位素裡的中子數目，則可以由質量數減原子序得到。

質量數
－　原子序
中子數

以鈾 238 爲例，鈾的原子序是 92，表示原子核裡有 92 個質子。而它的總核子數，也就是質量數爲 238，因此，扣除了 92 個質子後，剩餘的 146 個核子一定是中子。

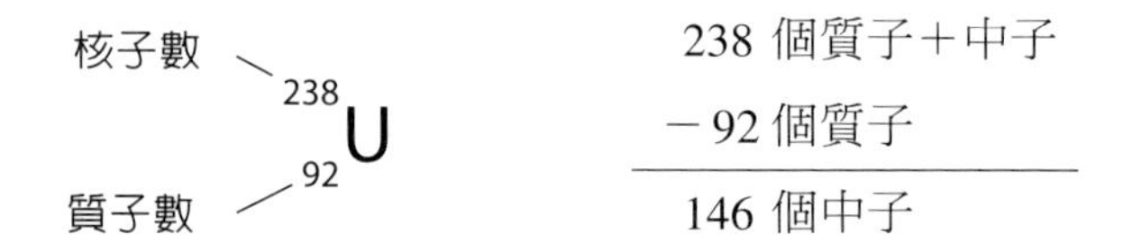

原子之間的交互作用，主要是電的交互作用。因此，原子的特性，大部分是以所帶的電荷來決定，特別是它的電子。元素的同位素只有質量不同，電荷是一樣的。因此，相同元素的同位素，特性幾乎是一樣的，這些同位素事實上是無法區分的。舉例來說，大部分糖分子裡的碳原子，有 6 個中子，而有些糖分子裡的碳原子卻有 7 個中子。這兩種糖分子以完全相同的作用方式由人體吸收。身體吸收的糖分裡，約有 1% 的碳原子是同位素碳-13，另外 99% 的糖分子，含的碳是碳-12。

原子的總質量就是**原子量**，應該包括原子裡所有成分的總質量（電子、質子和中子）。但因為電子的質量與質子或中子相比，根本微不足道，因此電子的質量可以忽略不計。我們會在《觀念化學 III》的 9.2 節詳細介紹 amu（atomic mass unit），這種特別發展出來的原子量單位。1 amu = 1.66×10^{-24} 公克，這個值略小於一個質子的質量。如圖 3.19 所示，週期表上列的原子量，單位就是 amu。我們在下一個「化學計算題」裡會介紹，週期表上列出的原子量，其實是同一個元素的各同位素平均的原子量。

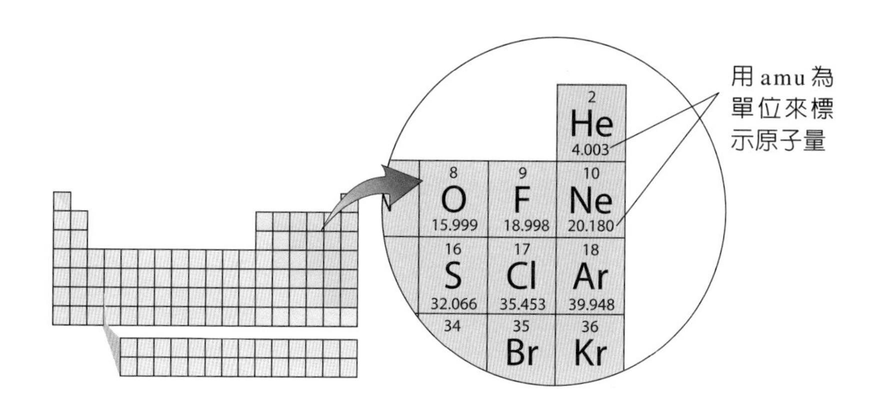

圖3.19
氦（He）的原子量是 4.003 amu，而氖（Ne）的原子量是 20.180 amu。

觀念檢驗站

原子的質量數與原子量有何區別？

你答對了嗎？

質量數與原子量常引起混淆。質量數是整數，是計算原子的同位素總共有幾個核子（中子與質子的總量），因爲只是數數看有多少個，所以沒有單位。原子量談的是原子的總質量，單位是 amu。必要時原子量還可以用公克來表示，可以用 1 amu＝1.661×10^{-24}公克來換算。

化學計算題：單位換算

大部分的元素都有同位素，每一個同位素的原子量都不同。因此，週期表上列出來的原子量，是同一個元素的各同位素，按照自己的豐度（abundance），所計算出來的平均值。

舉例來說，99% 的碳元素是碳-12，只有 1% 是碳-13。由於這1% 的碳-13，使碳元素的原子量由 12.000 amu 提升至 12.011 amu。

要計算出週期表上元素的平均原子量，你必須把各同位素的原子量，乘上它天然的豐度，再把所有乘積相加。

例題：

碳-12 的原子量是 12.000 amu，它的天然豐度是 98.89 %。碳-13 的原子量是 13.0034 amu，天然豐度是 1.11 %。利用這些數據，檢查週期表上標示的「碳元素的原子量 12.011 amu」是否正確。

解答：

	^{12}C的貢獻	^{13}C的貢獻	
豐度	0.9889	0.0111	**步驟1**
質量（amu）	× 12.0000	× 13.0034	
	11.867	0.144	

碳的原子量＝11.867＋0.144＝12.011　　**步驟2**

■ 請你試試：

氯-35的質量是 34.97 amu，而氯-37 的質量是 36.95 amu。假設天然氯中，氯-35的豐度是 75.53 %，氯-37是 24.47 %，試計算氯的平均原子量。

■ 來對答案：

	^{35}**氯的貢獻**	^{37}**氯的貢獻**
豐度	0.7533	0.2447
質量（amu）	× 34.97	× 36.95
	26.41	9.04

氯的原子量＝26.41＋9.04＝35.45

想一想，再前進

你們或許可以想像在 1860 年國際化學研討會上，與會人員熱烈討論週期表上相對原子量的盛況。經由原子量，我們可以輕易算出不同元素間原子的質量比，例如氖原子是氦原子的 5.041 倍重（20.18/4.003）。現代的元素週期表是集許多化學家的努力而成的，本章只提到其中的一部分。表 3.2 綜合了我們提到的原子發展史。

科學家先發現了原子，再根據實驗證據做出推論，而這些實驗證據永遠有人批判。因此，研究人員總有機會修正之前的偏差，得到更正確、更新的自然模型。

關鍵名詞

鍊金術 alchemy：中古世紀盛行的一種技術，意圖把其他金屬轉變成黃金。（3.1）

科學定律 scientific law：任何經過多次測試都未曾發生抵觸的科學假說。或稱科學原理（scientific principle）。（3.2）

質量守恆定律 law of mass conservation：指在化學反應中，物質不會被創造也不會被消滅。（3.2）

定比定律 law of definite proportions：指化合物的組成元素間具有一定的質量比。（3.2）

陰極射線管 cathode ray tube：能發射出電子束的儀器。（3.4）

電子 electron：存在原子核外的一種極微小，且帶負電的次原子粒子。（3.4）

表 3.2　原子研究發展史

科學家	年份	貢獻
德謨克利圖斯（460-370 B.C.）		提出物質的原子模型
亞里斯多德（384-322 B.C.）		認為物質是連續的
波以耳（1627-1691）	1661	指出元素不能分割成更小單位
富蘭克林（1706-1790）	1752	研究電的特性
卡文迪西（1731-1810）	1766	發現氫
拉瓦謝（1743-1794）	1774	發展出質量守恆律
普利斯特理（1733-1804）	1774	發現氧（但沒有認出來）
普魯斯特（1754-1826）	1797	提出定比定律
道耳吞（1766-1844）	1803	提出五項物質原子模型的假說
給呂薩克（1778-1850）	1808	指出氣體以固定體積比作用
亞佛加厥（1776-1856）	1811	提出氣體是雙原子分子，解釋給呂薩克的實驗觀察
坎尼札羅（1826-1910）	1860	重新提出亞佛加厥的說法，並提出度量原子相對質量的方法
門德列夫（1834-1907）	1869	發展出原始的週期表，列出元素的特性
約瑟夫．湯姆森（1856-1940）	1897	測量出電子束的電荷與質量比
密立根（1868-1953）	1909	算出電子的質量，它小於所有已知的原子
拉塞福（1871-1937）	1910	發現原子核
查兌克（1891-1974）	1932	發現中子

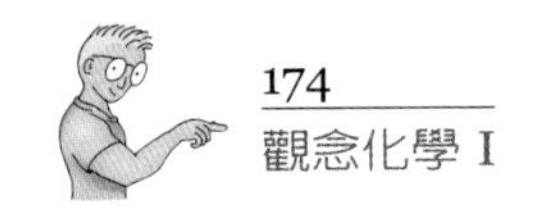

原子核 atomic nucleus：每個原子中密度極大的中心，帶正電。（3.5）

質子 proton：原子核中帶正電的次原子粒子。（3.6）

原子序 atomic number：原子核中質子數目的記量。（3.6）

中子 neurton：原子核中一種不帶電的次原子粒子。（3.6）

核子 nucleon：原子核中的任何次原子粒子，是質子或中子的別稱。（3.6）

同位素 isotope：同一元素的另一種原子，其原子核的質子數相同，但中子數不同。（3.6）

質量數 mass number：原子核裡的核子（質子和中子）數量。主要用以辨識同位素。（3.6）

原子量 atomic mass：指元素的原子質量，週期表上列出的原子量，是根據每個元素的同位素存量的多寡，所求得的平均值。（3.6）

延伸閱讀

1. 《拉瓦謝：化學家、生物學家、經濟學家》〔Jean-Pierre Poirer（translated by Rebecca Balinski）, *Lavoisier: Chemist, Biologist, Economist.* Philadelphia: University of Pennsylvania Press, 1997〕：
   這是關於現代化學之父拉瓦謝的一生和當時時代背景的書，資料詳盡可信，甚至扣人心弦的描述了導致拉瓦謝遭處決的暴動。本書中的拉瓦謝不只是化學家，同時也是會計師、行政官員、教育家和徵稅人。

2. 謝爾茲柏格（Hugh Salzburg）《從穴居人到化學家：環境與成就》（*From Caveman to Chemist: Circumstances and Achievements.* Washington, DC: American Chemical Society, 1991.）：
簡單易讀的通俗化學史。

3. http://www.aip.org/history/electron/jjthomson.htm
深度介紹約瑟夫・湯姆森發現電子的故事

4. http:www.woodrow.org/teachers/ci/1992/
內有一系列關於化學史的深入介紹。

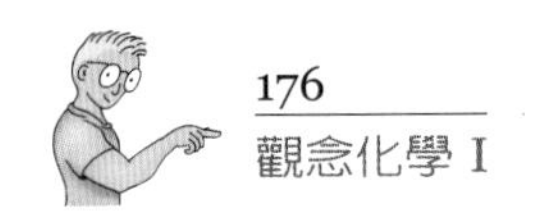

第3章　觀念考驗

關鍵名詞與定義配對

鍊金術	定比定律
原子量	質量守恆定律
原子核	質量數
原子序	中子
陰極射線管	核子
電子	質子
同位素	科學定律

1. ______：中世紀一種想把其他金屬變成黃金的努力。
2. ______：一種一再測試，都不違反的科學假說。
3. ______：指出在化學反應前後，參與反應的化合物，質量沒有改變的定律。
4. ______：指出元素組合成化合物時，元素的質量一定以固定比例進行的定律。
5. ______：能發射出電子束的裝置。
6. ______：位於原子核外，帶負電荷的次原子粒子，質量非常小。
7. ______：位於原子中且質量很大的帶正電荷中心。
8. ______：原子核裡，帶正電荷的次原子粒子。
9. ______：原子核裡的質子數目。
10. ______：原子核裡，電中性的次原子粒子。
11. ______：原子核裡的任何次原子粒子。

12. ______：同一種元素的一組原子，它們的原子序相同，但原子核裡的中子數目不同。
13. ______：原子核裡，核子（質子和中子）的數目，主要用來分辨同位素。
14. ______：週期表上列出的元素原子量，是元素各同位素依相對豐度得到的平均質量。

分節進擊

3.1 化學的發展源自人類對物質的興趣

1. 亞里斯多德提出的錯誤物質模型，爲什麼稱得上是科學成就？
2. 依據亞里斯多德的模型，黏土如何變成陶？
3. 鍊金術對化學有何益處？

3.2 拉瓦謝奠立了現代化學的基礎

4. 拉瓦謝如何定義元素和化合物？
5. 爲什麼早期研究人員沒有發現質量守恆定律？
6. 誰爲氧元素命名？
7. 氫（hydrogen）的英文名稱有什麼意義？
8. 氧 10 公克和 1 公克的氫作用，會生成幾公克的水？

3.3 道耳吞推論出，物質是原子構成的

9. 道耳吞如何定義元素？
10. 道耳吞如何解釋，元素以整數比結合成化合物？
11. 道耳吞的 5 項假說裡，哪一項是根據拉瓦謝的質量守恆律而來的？

12. 根據道耳吞的說法，不同元素的原子有何不同？
13. 道耳吞認爲水的化學式是什麼？
14. 在形成水的反應裡，氫氣與氧氣的體積比如何？
15. 對於兩單位體積的氫和一單位體積的氧形成兩單位體積的水，這件事亞佛加厥如何看待？
16. 科學界何時才接受亞佛加厥的假說？
17. 門德列夫以什麼觀點來發展早期的元素週期表？

3.4 電子是最先發現的次原子粒子

18. 什麼是陰極射線？
19. 陰極射線爲什麼會受附近電荷或磁場的影響而偏移？
20. 約瑟夫．湯姆森發現電子的什麼性質？
21. 爲何約瑟夫．湯姆森無法算出電子的質量？
22. 密立根發現了電子的什麼性質？

3.5 原子的質量集中在原子核上

23. 拉塞福發現了原子的什麼事？
24. 在拉塞福金箔實驗裡的 α 粒子，大部分都怎樣了？
25. 出乎拉塞福意料之外，在金箔實驗裡少數的 α 粒子有什麼行爲？
26. 什麼力量防止原子互相擠成一團？

3.6 原子核是由質子和中子構成的

27. 質子的質量比電子大多少？
28. 比較質子和電子的電荷。
29. 原子序的定義是什麼？

30. 在週期表裡，原子序扮演了什麼角色？
31. 元素的同位素，對元素原子量的計算，有什麼影響？
32. 寫出兩種核子。
33. 區分原子序和質量數。
34. 區分質量數與原子量。

高手升級

1. 一隻貓緩步走過後院，一個小時後，一隻狗聞聞嗅嗅的，追著貓咪的軌跡前進。從分子的觀點來看，解釋一下發生了什麼事。
2. 如果身體的所有分子，永遠都是身體的一部分，這個身體會有氣味嗎？
3. 在老人身上的原子和嬰兒身上的原子，哪一個比較老？
4. 新生兒身上的原子是哪裡來的？
5. 從哪一個角度，你能有信心的說，你也是身邊每個人的一部分？
6. 原子這麼小，想一想你最後的一口氣裡，至少吸到一個你第一口氣呼出的原子的機率有多少？
7. 描述拉瓦謝如何使用科學方法（仔細觀察、提出問題、科學假說、進行預測、測試和完成理論），來發展他的質量守恆原理。
8. 拉瓦謝把一小塊錫放在漂浮於水面的木頭上，再用玻璃罩把木塊罩住。當錫分解後，玻璃罩子裡的水會上升。拉瓦謝如何解釋這個實驗結果？
9. 根據普魯斯特的理論來解釋，當 10 公克的氧和 1 公克的氫作用時，為什麼只會產生 9 公克的水？
10. A 和 B 結合成 C，而 C 和 B 又結合成 A 和 D。在下面的空格裡，填入適當的字母，描述適當的原子或分子結構。

11. 普魯斯特注意到氧和氫作用的比例是 8 ： 1。而給呂薩克注意到它們作用的比例是 1 ： 2。到底誰才對？解釋你的答案。
12. 在第 10 題裡，有兩個物質是元素，兩個物質是化合物。誰是元素，誰又是化合物？
13. 鐵在生銹後重量會增加，為什麼？
14. 下圖描述的，是氧氣和氫氣結合成水的情形：O_2 加 H_2 產生 H_2O。在空的立方體上，應該標上什麼符號？形成多少公克的水？沒有作用的是什麼？又剩餘多少公克？

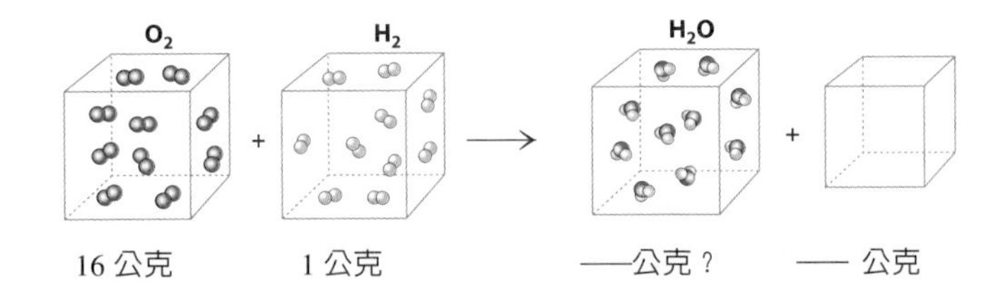

15. 亞佛加厥如何看待道耳吞觀察到的，「固定體積的氧氣，會比相同體積的水蒸氣重」？
16. 如果所有原子的質量都相同，8 公克的氧還是和 1 公克的氫完全作用，那麼水的分子式是什麼？
17. 下圖描述氯（Cl_2）和氫（H_2）作用，生成氯化氫（HCl）的過程。空格中的是什麼？填入空位中應有的公克數。

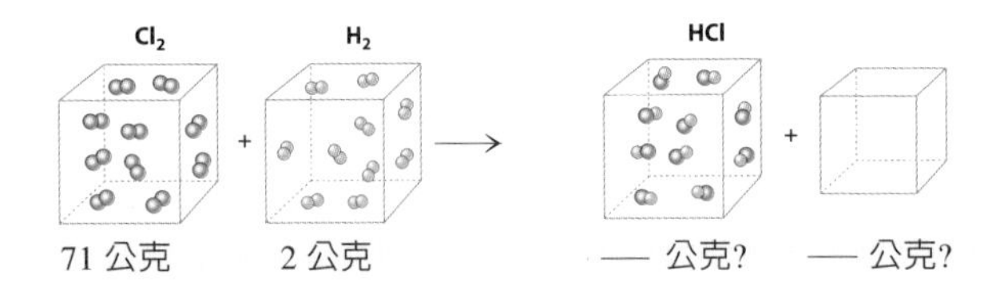

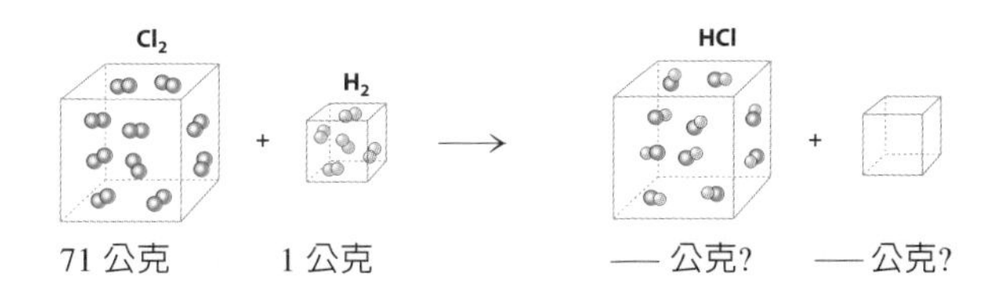

18. A氣體 是雙原子分子（每一個分子有兩個原子）元素， B 氣體是另一種元素，每一個分子有三個原子。在相同的體積下，B 氣體的質量是 A 氣體的三倍。B 氣體和 A 氣體的原子，質量比是多少？

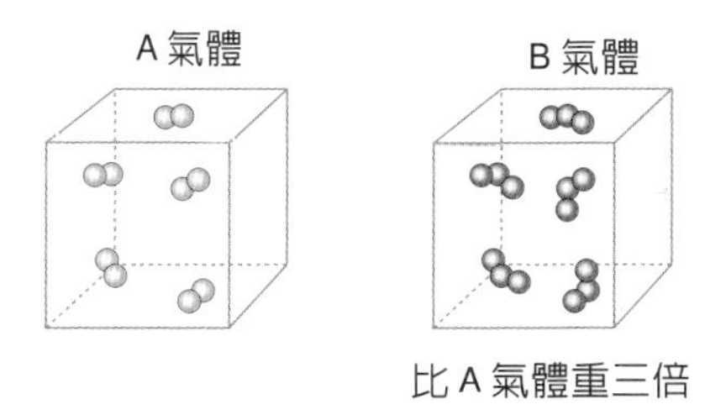

19. 二十世紀初，著名的物理學家蒲郎克（Max Planck, 1858-1947）曾說：「新的科學事實並不是因為說服了那些反對它的人，使他們領悟而得以成功，而是因為反對的人終於都死光了，且新一代沒有成見的人也長大了。」這句話在現代化學的發展史上也適用。舉一個例子來看看。
20. 上一題中，蒲郎克的陳述，在政治或宗教上適用嗎？
21. 本章出現的觀察者，如不考慮德謨克利圖斯和亞里斯多德，其餘的人，在有重大發現時，誰的年紀最輕？（參考表 3.2）
22. 原子的相對質量對化學家為什麼那麼重要？為什麼我們寧願參考相對質量而不用原子的絕對質量？
23. 如果陰極射線粒子的電荷比電子的電荷大，它在磁場裡會偏得多些或少些？

24. 為什麼拉塞福假設原子核帶正電？
25. 為什麼霓虹燈管接近磁場時，光會偏轉？
26. 拉塞福的原子模型怎麼解釋射向金箔的 α 粒子，直接彈回入射來的方向？
27. 下面哪一個情形，最能代表原子核與原子的相對大小？

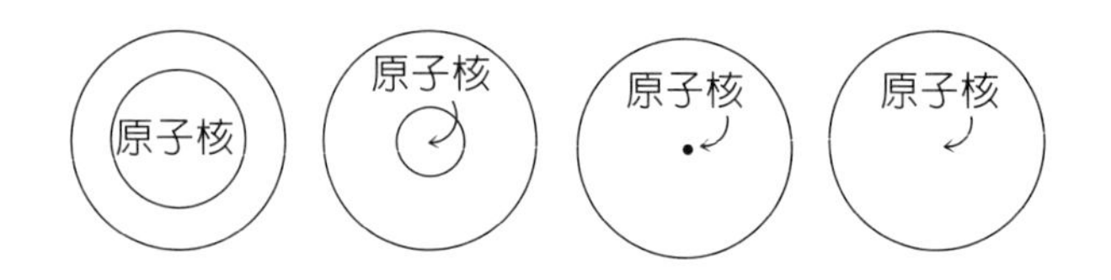

28. 如果從氧-16 的原子核裡移走兩個質子和兩個中子，這個原子核會變成什麼元素的原子核？
29. 你吞服一個鍺（Ge，原子序為 32）膠囊，不會有什麼不好的反應。但如果每一個鍺原子都增加一個質子，你就一定不肯吞這個膠囊，為什麼（參考元素週期表）？
30. 如果一個原子有 43 顆電子，56 顆中子及 43 顆質子，它大略的原子量是多少？這是什麼原子？
31. 電性平衡的鐵原子核有 26 顆質子，那麼鐵原子應有幾顆電子？
32. 中子存在的證據，是在發現電子和質子後很多年才出現的。中子為什麼會這麼晚才發現？
33. 一公克的碳-12 或一公克的碳-13，哪一個含有的原子比較多？為什麼？
34. 為什麼週期表上列出的原子量不是整數？

思前算後

1. 氧 8 公克和 8 公克的氫作用，會產生多少公克的水？
2. 氫 25 公克和 225 公克的氧作用，會生成多少公克的水？還有什麼元素會剩下來？

3. 鋰-7 的質量是 7.0160 amu，而鋰-6 的質量是 6.0151 amu。鋰原子的天然豐度是：鋰-7 占 92.58%，鋰-6 占 7.42%。計算鋰的原子量（原子序爲 3）。
4. 溴元素（Br，原子序爲 35）有兩種同位素，各占約 50%。它在週期表上的原子量是 79.904 amu。下面哪一組同位素是最可能的分布？（a）^{80}Br、^{81}Br（b）^{79}Br、^{80}Br（c）^{79}Br、^{81}Br。

原子核

小小的原子核裡，蘊藏了想像不到的力量。

我們照射 X 光、判斷古生物的年代、使用的電力，

都與原子核有關。

如果能對原子核更瞭解，

也許有一天我們利用取之不盡的氫原子，

就可以有充足的能量漫遊太空，到達宇宙深處。

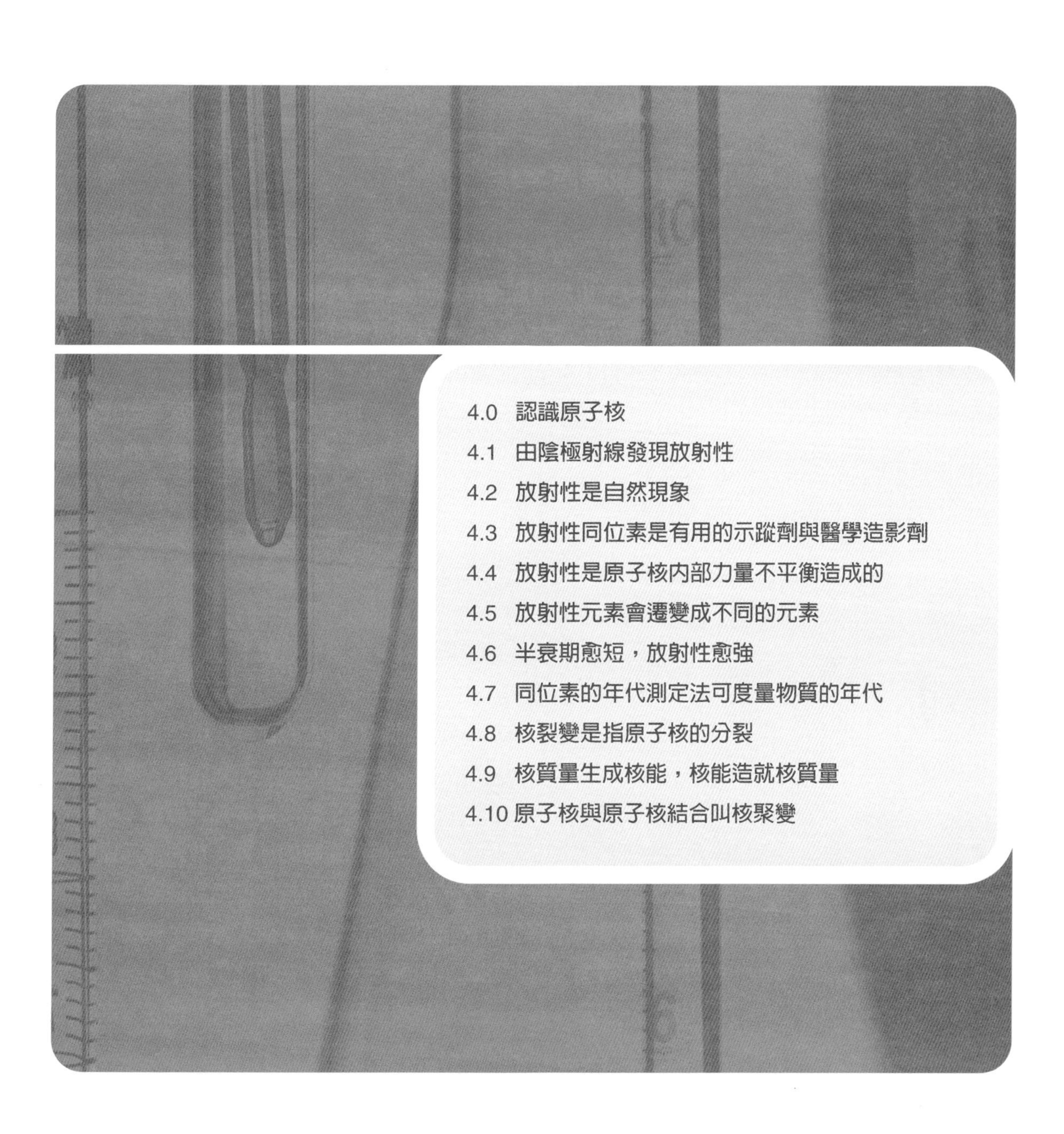
4.0 認識原子核
4.1 由陰極射線發現放射性
4.2 放射性是自然現象
4.3 放射性同位素是有用的示蹤劑與醫學造影劑
4.4 放射性是原子核內部力量不平衡造成的
4.5 放射性元素會遷變成不同的元素
4.6 半衰期愈短，放射性愈強
4.7 同位素的年代測定法可度量物質的年代
4.8 核裂變是指原子核的分裂
4.9 核質量生成核能，核能造就核質量
4.10 原子核與原子核結合叫核聚變

4.0 認識原子核

核電廠產生電力的方式和一般火力發電廠很像，都是先把水加熱成蒸氣，用來推動渦輪發電機。這兩種電廠基本的差異，只在於加熱時使用的燃料不同。火力發電廠燒的是煤或油，但是核電廠是用原子核分裂產生的熱量，把水變成水蒸氣的。

燃燒化石燃料是化學反應。2.1 節中介紹了，化學反應改變原子間結合的方式，結果會產生新的物質。對化石燃料來說，燃燒後產生的，絕大部分是二氧化碳和水蒸氣。我們在以後的章節會提到，在化學反應裡，原子之間分享或交換電子的能力，決定了原子是否能形成新物質。原子核並沒有牽涉其中，因此原子的化學只與外圍電子有關，與原子核無關。但相反的，原子核的分裂，涉及所謂的「核反應」，和原子核有密切關係。在這層意義上，原子核的相關研究，並不是化學的焦點。

但是核反應當然對我們的社會有很大的衝擊，也產生很多爭議性的議題，範圍遍及健康、能源與社會安全。在此同時，原子的原子核最受人誤解。人們對任何沾到原子核的事都感到恐懼，就像我們百年前的老祖宗害怕電一樣。但是當時的社會，普遍認爲電的好處大於它的危險性。今天，我們對核能科技的好處和危險性，也面臨相同的抉擇。爲了能做出最好的決定，每個人對原子核和它的作用，應該要有充分的認識與瞭解。因此，在研究了原子之後，我們大致說一下原子核，並介紹與放射性有關的觀念。然後在《觀念化學 V》第 19 章研究能源時，再來談談原子核。

4.1 由陰極射線發現放射性

1896 年，德國物理學家侖琴（Wilhelm Roentgen, 1845-1923）發現，在高壓的陰極射線管中，陰極射線射到玻璃管壁上時，會發出一種「新射線」。我們在第 3 章已討論過，基本上陰極射線是電子束，因此會受電場或磁場的偏移。但這種新射線與陰極射線不同，它完全不受電場和磁場的影響。不僅如此，它還能穿透那些不透光的物質。

侖琴是在意外的情況下，發現這種射線可以讓有黑紙包著的感光底片感光，而一般的光線是無法穿透包底片的黑紙的。感光底片上有一層對光線很敏感的化學物質，光線照在這些化學物質上，就會引起化學變化，使底片感光。光線也是一種輻射，我們會在《觀念化學 II》的第 5 章細談。侖琴的射線，是另外一種輻射，這種射線能穿透防止底片感光的黑紙，如圖 4.1 所示。當時的人不知道它是什麼，也搞不清楚這究竟怎麼回事。因此侖琴就稱它爲 X 射線。

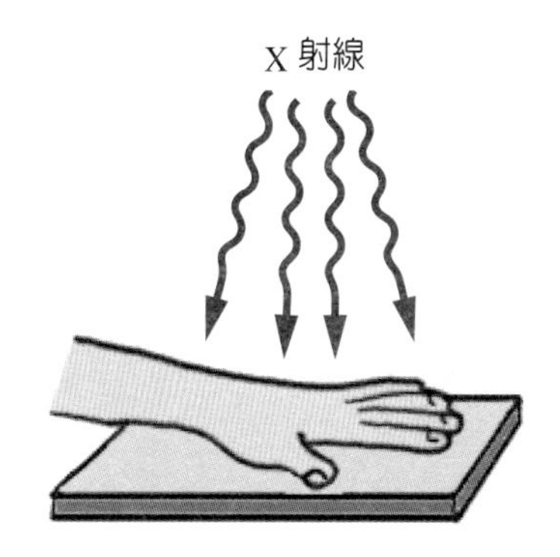

圖 4.1
X 射線能穿透某些固體，但物質的密度愈大，X 射線就愈不易穿透。例如，骨頭比軟組織更能阻擋 X 射線，因此在手下的底片，骨頭部分的感光比較少，骨頭的影像會在底片上清晰呈現。

侖琴發表了 X 射線的發現聲明後沒幾個月，法國物理學家貝克勒耳（Antoine Henri Becquerel, 1852-1908）就做了一項實驗，想知道這種射線是不是由磷光物質發出來的。當時已經知道磷光物質受光之後，會在黑暗裡發出光來。實驗後，證實有一種含鈾的磷光物質的確會發出類似 X 射線的東西。當把這種磷光物質和用黑紙包得很緊密的底片，一起放在陽光底下，黑紙裡的底片也會感光，就像受 X 射線照過一樣。

但後來有一陣子一直陰雨綿綿，沒有陽光。貝克勒耳沒有辦法做實驗，只好把磷光物質和包好的底片一起放在抽屜裡。幾天之後，他一時興起把底片沖洗出來。他非常驚訝的發現了圖 4.2 的現象。沒有陽光的照射也沒有其他任何能量的注入，底片竟然也受某種射線照射而感光。這種射線一定是來自鈾。後續的實驗證實這種由鈾發出來的射線，既不是 X 光，也和磷光沒有任何關聯。

圖 4.2
貝克勒耳發現，把一塊鈾放在用黑紙包住的底片上，即使沒有任何光線，也能使底片感光。他由此推論，鈾一定會發射出某種輻射。

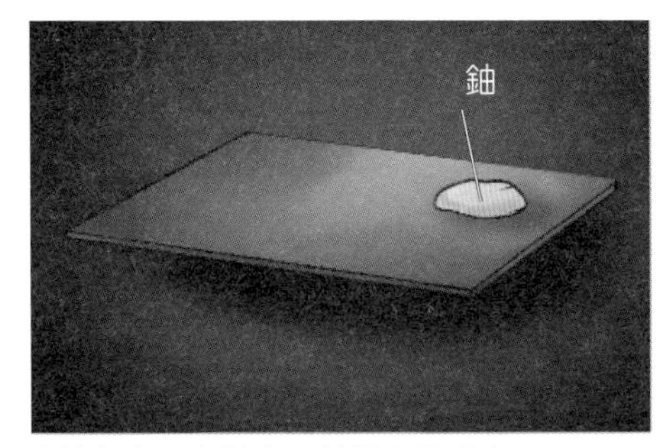

底片包在隔光紙中，並置入黑暗中。

底片沖洗後

幾年後，貝克勒耳的學生，居禮夫人（Marie Sklodowska Curie, 1867-1934，見圖 4.3b），對這種奇怪的放射形式深感興趣。居禮夫人指出，當時已知的好幾種元素也會發出這種輻射，並建議應該設法找出尚未發現的元素，好好研究它們可能發出的輻射。她和她的先生居禮（Pierre Curie, 1859-1906）用了很多化學技巧，處理了 80 噸的瀝青鈾礦，把其中放射性很強的部分分離出來，丟棄剩下的礦渣。居禮夫婦用**放射性**一詞，描述元素發出輻射的傾向。最後，他們終於成功的分離、純化出兩種有放射性的新元素。居禮夫人命名其中

圖 4.3
由於對放射性的研究，（a）貝克勒耳和（b）居禮夫婦共同得到1903年的諾貝爾物理獎。

的一個爲「釙」（polonium），紀念她的祖國波蘭（Poland）；另一個就叫「鐳」（radium），是放射性的意思。

放射性主要為 α、β 與 γ 射線

大約在居禮夫婦分離出新的放射性元素時，拉塞福也發現放射性至少包含兩大類，他稱爲 α 射線和 β 射線。他發現 α 射線是帶正電荷的粒子，他稱爲 α 粒子。也就是我們在第 3.5 節裡提到過，他用來發現原子核的粒子。一個 **α 粒子**包含兩個質子和兩個中子（也就是氦原子的原子核，原子序爲 2）。他也發現 β 射線就是陰極射線，**β 粒子**就是脫離原子核的束縛，跑出來的電子罷了。

在拉塞福認出 α 和 β 射線後不久，放射性第三種主要的型式── γ 射線，也由別的研究人員分辨出來。不像 α 射線和 β 射線，**γ 射線**不帶電也沒有質量。事實上，它是高能的不可見光。

如次頁圖 4.4 所示，放射性物質可以放出三種主要的放射線，如果在射線經過的道路上設置強大的磁場，三種射線就會自動分開。

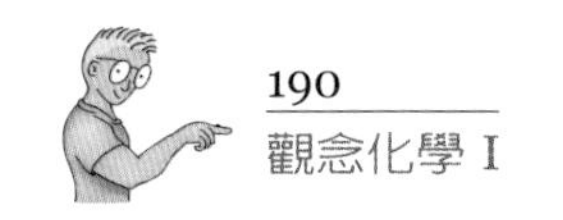

圖4.4
我們用希臘字母的前三個：α、β 和 γ 來命名三種不同型式的主要放射線。在磁場裡，α 射線向一側偏轉，β 射線向另一側偏轉，γ 射線筆直前進。注意，α 射線偏轉的程度不如 β 射線。這是因為 α 粒子的質量比 β 粒子大很多，因此慣性也較大。（這三種射線的放射源，是一塊放射性的鐳，放置在鑽了個洞的鉛塊裡。）

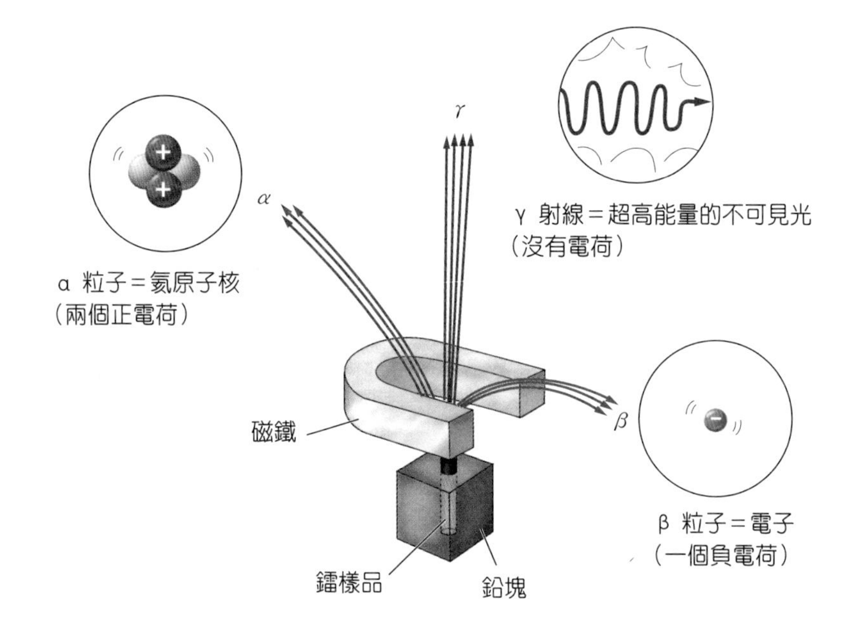

α 粒子的顆粒很大，又帶著兩個正電荷，因此不太容易穿透固體物質。但是 α 粒子有很高的動能，會對物質的表面（尤其是生物組織的表面）造成顯著的損害。當 α 粒子在空氣中前進時，走不到幾公分的距離，就會吸附兩顆電子，減速下來，變成無害的氦原子。地球上的氦原子，包括氦氣球裡所充的氦氣，原本都是從某些放射性元素放射出來的高能 α 粒子。

β 粒子通常都比 α 粒子走得快，也比較不容易受阻擋。因此，它可以穿透一些很輕的物質，如紙或衣料之類的東西。它們可以深深的穿入皮膚，可能會傷害或殺死細胞。但對較重的物質，β 粒子的穿透力並不強，如鋁之類的東西就可以完全擋住它。β 粒子遭擋住後，就成了普通的電子而變成物質的一部分。

就像可見光一樣，γ 射線沒有質量，而是帶能量的電磁波，但它帶的能量比可見光強得多。由於它沒有質量、不帶電、能量又強，幾乎能穿透所有的東西。只有像鉛這類非常密實的物質，才能擋得住 γ 射線，並把它們吸收掉。身體細胞裡嬌貴的分子，如果曝露在 γ 射線下，會造成結構性的破壞。因此一般而言，γ 射線比 α 粒子或 β 粒子還更危險。

右邊的圖 4.5 指出三種不同的放射線相對的穿透能力。下面的圖 4.6 介紹了 γ 射線在食品保存上有意思的應用。

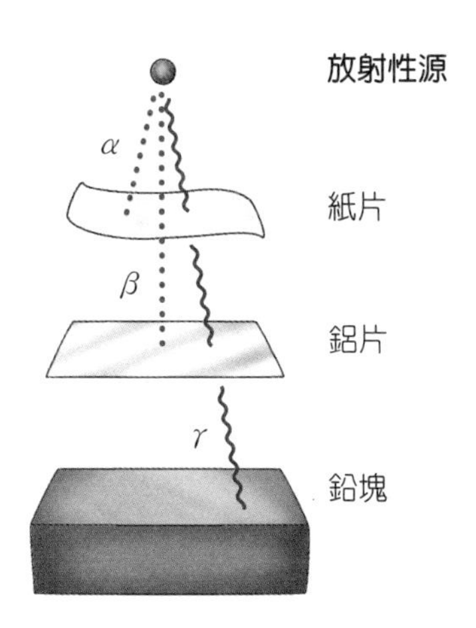

圖 4.5
α 射線的穿透能力最差，一張紙片就可以把它完全擋住，β 射線可以穿透紙片，但無法穿透鋁片。γ 射線可以穿入鉛塊幾公分深。

圖 4.6
新鮮草莓經 γ 射線處理後（右圖）可延長保鮮期。食物會腐敗通常是因為裡面的微生物造成的。γ 照射可以殺死這些微生物，受照射的食物只是放射線的接受者，不會發出放射線。只要利用輻射偵檢器，就可以知道這一點。

觀念檢驗

Q

假設你有三塊含放射性的石頭。一塊放射出 α 粒子，一塊放射出 β 粒子，另一塊射出 γ 射線。你可以丟掉其中的一塊，剩下的兩塊，必須一塊拿在手上，另一塊放在口袋裡。你該怎麼做才能受到最少的輻射曝露？

你答對了嗎？

理論上，你應該離這些石頭愈遠愈好。但如果必須一塊拿在手上，一塊放在口袋裡，那就把放射出 α 粒子的石頭拿在手上，因爲皮膚上的死細胞就足夠阻擋 α 粒子；另外把放射出 β 粒子的石頭放進口袋。因爲皮膚和衣料加起來的厚度，應該能遮蔽大部分的 β 射線；把放射出 γ 射線的石頭丟掉，因爲不論是拿在手上或放進口袋，γ 射線都會穿透你的身體，造成傷害。

4.2 放射性是自然現象

人們有一項普遍存在的誤解，就是認爲放射性是環境裡最近才有的新東西，但其實它早就存在於地球上，可以說還沒有人類的時候，就已經有放射性了。放射性是我們環境的一部分，就如同陽光和雨水是環境的一部分一樣。我們腳下踩的泥土、吸進鼻子裡的空氣，一直都有放射性物質存在。放射性使地心保持熱度，處於融熔狀態。地球內部的放射性物質釋放出來的能量，把地下水加熱後從噴泉口噴出來，形成溫泉。

如圖 4.7 所示，我們碰到的絕大部分輻射，都來自於地表和太空的天然背景輻射。天然背景輻射在還沒有人類的遠古時代，就已經存在了。就連我們呼吸到的最純淨的空氣，也有放射性物質存在。這是宇宙射線轟擊造成的結果。海平面上由於有大氣層的保護，背景輻射的值稍低些，但高度愈高，輻射的強度就愈強。在美國的丹佛市，由於高度比海平面高了 1.6 公里左右，來自宇宙射線的天然背景輻射，約是海平面的兩倍。乘飛機在紐約和舊金山之間來回幾趟，接受到的輻射劑量，大約等於在醫院裡照一張 X 光片。空勤人員在飛機上服勤時數的限制，有部分是因為怕他們接受過多的輻射劑量。

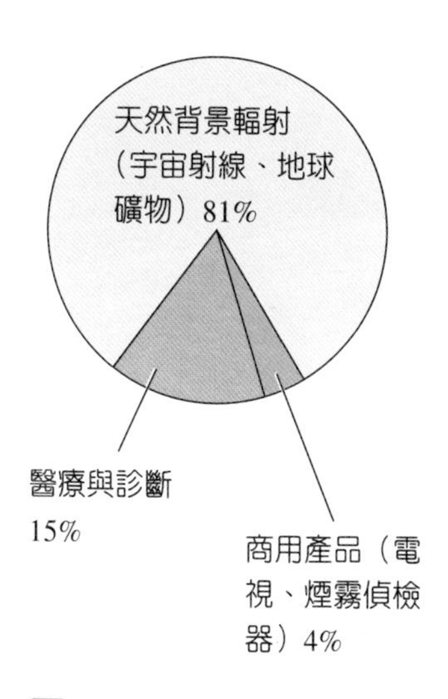

圖 4.7
美國人平均接受到的輻射來源分布。

輻射對細胞分子造成的損害如果不是太嚴重，絕大部分的受損細胞都能自行修補。即使細胞接受到足以致死的劑量，如果照射的時間分散在很長的期間，讓它有機會自療的話，細胞也可以存活。就算輻射劑量強到把細胞殺死，身體還是會產生新的細胞來替換死細胞。有時候，輻射會破壞細胞裡的 DNA 分子，改變這個細胞的遺傳資訊（詳見《觀念化學 IV》第 13.5 節）。因此，由受傷細胞產生的新細胞，遺傳特質就改變了。這就是所謂的「突變」（mutation）。通常，突變的效應並不明顯，但偶爾，突變後的細胞不能像原來的細胞那樣，正常執行應有的功能，有時候會導致癌症。如果 DNA 的損壞發生在生殖細胞上，則個人的遺傳密碼會改變，產生的後代就可能發生突變。

圖 4.8
圖中的三葉符號是國際慣用的輻射標誌。看到這個符號就表示這裡在處理輻射物質，或有放射線產生。

輻射的單位是侖目

我們評估輻射傷害，使用的輻射劑量單位是**侖目**（rem，譯注：目前使用的正式單位已改爲西弗（Sv），1 西弗＝100 侖目）。人受到輻射曝露的致死劑量（Lethal Dose, LD）由 500 侖目開始。在很短的時間之內接受到 500 侖目的劑量，約有一半的人會在 30 天內死亡。不過局部照射的可接受劑量大得多，在做放射性治療的時候，病人可以持續進行好幾個星期，每天接受 200 侖目的局部照射。

放射治療技術是把輻射集中照射在有害的組織上，如癌病的腫瘤。利用放射線的破壞力，可以選擇性殺死有害細胞。這種輻射應用，拯救了成千上萬病人的性命。是核子技術好處的明顯實例。

我們由天然背景和醫療措施接受到的輻射劑量，遠遠不到 1 侖目。爲了方便起見，常用更小的單位，「毫侖目」（millirem），大小是千分之一侖目。

美國人每年平均接受到的劑量，總共約 360 毫侖目，內容如右頁表4.1 所示。這些輻射劑量 80% 是來自天然背景，其中包括了宇宙射線（來自我們的太陽和恆星的輻射）及地表輻射。而做 X 光診斷時，一個人接受的輻射劑量大約是 5 到 30 毫侖目左右（0.005 到 0.030 侖目），大約只有致死劑量的萬分之一。

有趣的是，我們的身體也是主要的輻射劑量來源，體內輻射通常來自我們攝取的鉀。人體內約有兩公斤的鉀，這些鉀元素裡約有 20 毫克是帶有放射性的鉀-40同位素，主要放出的是 β 射線。人體內約有 60,000 個鉀-40原子，在我們活著的時候，不斷放出 β 射線。

但是天然背景輻射當中，最主要的來源還是氡氣。它是鈾的衰

表 4.1　美國人每年的輻射曝露量

來源	一年接收的劑量（毫侖目）
天然背景	
宇宙射線	26
地表輻射	33
空浮曝露（氡-222）	198
體內組織（鉀-40、鐳-226）	35
人為輻射	
醫療輻射	
診斷 X 射線	40
核子醫學藥物	15
電視等其他商業產品	11
核爆落塵	1

變產物。氡氣比空氣重，從地板的裂縫裡冒出來後，通常會積聚在建築物的地下室裡。各地區因爲地質條件不同，氡氣的濃度也不一樣。你若想知道家裡氡氣的濃度，可以買氡氣偵檢器（譯注：在美國的住宅裡，氡氣濃度普遍比台灣高，因此偵檢器是很常見的器材）。

如果氡氣的濃度過高，必須採取補救措施，例如補強地下室地板和牆壁的裂縫、裝設通風系統等等。依照美國環境保護署的研究指出，氡氣也是導致肺癌的原因之一，在美國每年因氡氣而罹患肺癌的案例數，約在 7,000 至 30,000 之間。那些已經吸入高濃度氡氣的人，如果又抽菸，風險更高。

我們受到的背景輻射劑量，大約五分之一是人為輻射，且主要是來自醫療行為。至於來自電視機、核武器試爆或燃煤與核能電廠的輻射，劑量雖然不高，但仍算是大宗的非天然輻射劑量來源。而且很有趣的是，燃煤工業產生的輻射劑量甚至高過核能工業許多。全球由於燒煤，每年進入大氣的放射性釙和鈾，大約有 13,000 噸。而全世界核能工業產生的放射性廢棄物總量約為 10,000 噸，而且這些放射性廢棄物絕大部分是裝在容器裡，並沒有外釋到環境裡。就如我們在《觀念化學 V》第 19 章裡會提到的，這些放射性廢棄物的長期處置，目前仍是棘手的議題。

對植物施以含有放射性同位素的肥料

偵測到植物裡的放射性

圖 4.9
利用放射性同位素追蹤肥料的吸收情形

4.3 放射性同位素是有用的示蹤劑與醫學造影劑

放射性同位素和非放射性元素的化學特性是一樣的，因此可以存在於化合物的分子結構裡，再利用放射出來的粒子或輻射，把它的所在位置告訴我們。在做這種用途的時候，放射性同位素又稱為「示蹤劑」。圖 4.9 就是示蹤劑的用法。為了要瞭解肥料和植物之間的作用，研究人員把放射性同位素加進肥料分子當中，再對植物施肥。植物吸收的肥料多寡，可以用輻射偵測器來做精確度量。經由這種度量，科學家可以告訴農夫該怎麼施肥才最有效益。而植物對肥料的吸收，雖兼具物理與化學作用，但這些作用並不影響物質的放射性。

工業界也常利用示蹤劑。潤滑油的製造廠商若想知道自己的產品在引擎裡運作的情況，只要把產品加到含有少量放射性同位素的引擎裡去運轉就行了。引擎運轉時，活塞會在汽缸裡上下移動，不可避免的會讓引擎裡的一些金屬屑跑進潤滑油裡，而這些金屬屑含有放射性同位素。在固定長度的時間內運轉引擎，只要潤滑油的潤滑品質愈好，油裡含的放射性物質也會愈少。

在醫學影像技術裡，診斷用的藥品含有放射性示蹤劑，可用來診斷出體內器官功能的異常。病人服用少量的放射性物質，例如含碘-131 同位素的碘化鈉（NaI）後，再用輻射偵檢器檢測碘-131 的放射性，可以看出碘化鈉在體內分布的情形。這項技術的關鍵是，身體和某個物質的作用，只與物質的物理與化學特性有關，而和它是否具放射性無關。示蹤劑可以單獨使用，也可以與其他的化合物（載體）一起使用。載體可以把示蹤劑送到體內特定的目標組織或器官裡。

下面的表 4.2 表列出了一些放射性同位素。

表 **4.2**　常用的放射性同位素

同位素	用途
鈣-47	用來研究哺乳動物的骨骼形成
鉲-252	航空公司用來檢查行李內的爆裂物
氫-3（氚）	研究生命科學及藥物的新陳代謝，以保新藥的安全
碘-131	甲狀腺疾病的診斷與治療
銥-192	檢查管線接縫、鍋爐、飛行器零件是否完整
鉈-201	用於心臟病和腫瘤的檢查
氙-133	用於肺功能與血流研究

資料來源：美國核能管制委員會（NRC）

生活實驗室：個人的輻射劑量

我們和游離輻射共同生活。在人類發現原子之前，或早在有文明之前，游離輻射就是環境的一部分。但現代技術的發展，也使我們受到的輻射劑量增加。用下列的試算表，估計你每年接受到的輻射劑量。

劑量來源	**年度劑量**
1. 宇宙射線	
填入你居住地點的海拔高度	30 毫侖目
海平面＝30 毫侖目	
500 公尺＝35 毫侖目	
1000 公尺＝40 毫侖目	
2000 公尺＝60 毫侖目	
搭飛機：每年飛行時數×0.6 毫侖目	3 毫侖目
2. 地表輻射：填入你居住地點的特質	23 毫侖目
美國沿岸各州＝23 毫侖目	
洛磯山區高原＝90 毫侖目	
其他區域＝46 毫侖目	
3. 空氣（氡-222）	198 毫侖目
4. 食物與飲水	40 毫侖目
5. 建築物材料	
（磚＝7 毫侖目；木料＝4 毫侖目；水泥＝8 毫侖目）	
你的住家	7 毫侖目
你的辦公場所	7 毫侖目

6. 醫療與牙醫診斷	________毫侖目
照 X 光＝每次 20 毫侖目	
胃腸道 X 光攝影＝每次 200 毫侖目	
牙齒 X 光＝每次 10 毫侖目	
放射治療（詢問你的放射科醫師）	
7. 核爆落塵	1 毫侖目
8. 如果住處方圓 80 公里內有核電廠（加 0.009 毫侖目）	0.009 毫侖目
9. 如果住處方圓 80 公里內有燃煤電廠（加 0.03 毫侖目）	0.03 毫侖目
總劑量（不含醫療輻射）	309 **毫侖目**

資料來自美國環保署和美國輻射防護委員會。

生活實驗室觀念解析

你接收輻射後產生的效應，會不會遺傳給你的孩子？只有生殖器官接受到輻射（所謂生殖器官是指男性的睪丸和女性的卵巢），才有機會把輻射效應傳到後代去。其他所有的輻射效應，都只會發生在你身上。

你認爲自己接受到的年輻射劑量，有多少是來自天然的背景輻射？爲了減少輻射劑量，你願意在生活上做多大的調整？

4.4 放射性是原子核內部力量不平衡造成的

我們知道電荷有同性相斥的特性。因此帶正電的質子怎麼能全擠在狹小的原子核裡呢？這個問題讓科學家發現到，原子核的核子間有叫做**強核力**的強大吸引力作用在核子之間。這股力量非常強大，但只作用在非常短的距離內（大約是 10^{-15} 公尺，正好相當於原子核的直徑）。但另一方面，電的斥力作用範圍相當遠。

圖 4.10 就是對這兩種力，在不同距離下進行的比較。對靠得很近的質子而言，雖然擠在小小的原子核裡，但是相吸的強核力，輕易克服了正電荷的斥力。但是若質子位於大原子核的兩端，使得距

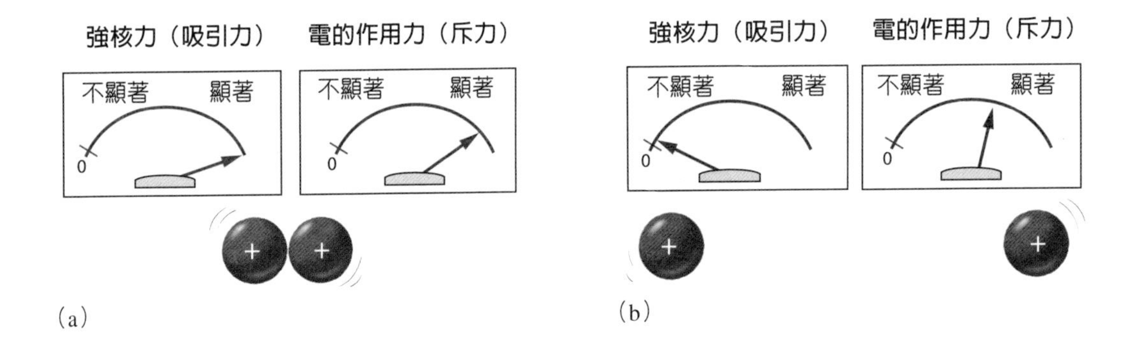

圖 4.10
(a) 兩個質子靠得很近的時候，除了有電的斥力外，還受到強核力的吸引。在這麼近的距離內，強核力大於電的斥力，因此質子會聚在一起。(b) 當兩個質子相隔一段距離時，電的斥力比強核力更大，因此質子會彼此分開。就是這種原子核內質子間的斥力，產生了放射性。

離稍遠，相吸的強核力就可能弱於電的斥力。

如圖 4.11 所示，強核力隨距離的增加，遞減得很快，因此大原子核不像小原子核那麼穩定。換句話說，大型原子核比較有機會分裂成兩半，放射出高能的粒子或 γ 射線。這個過程是有放射性的。由於放射性是伴隨著原子的衰變而來的，有時候我們就把這種變化過程稱爲「放射衰變」（radioactive decay）。

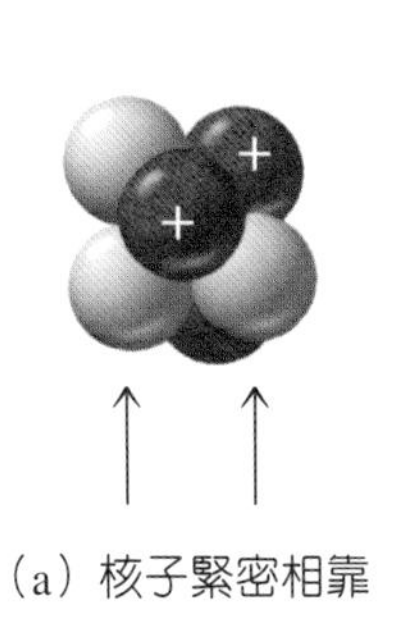

（a）核子緊密相靠

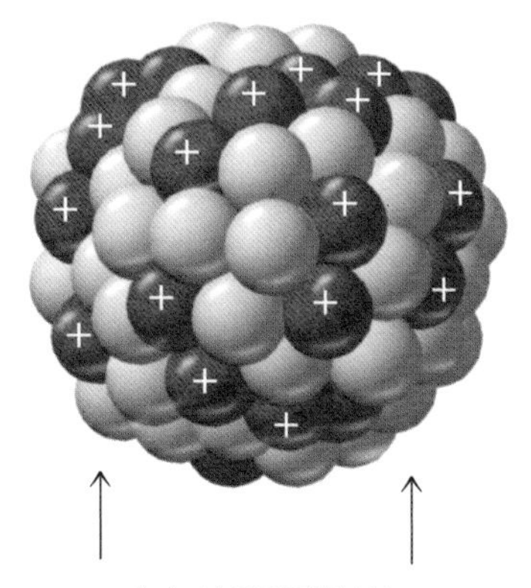

（b）核子距離較遠

圖 4.11
（a）在小型原子核裡，所有的核子都緊靠在一起。因此，作用在它們身上的是強核力的吸引力。（b）在大型原子核兩端的質子，因為彼此離得遠，因此它們之間的強核力弱了許多，所以大型原子核比較不穩定。

中子會把不同的核子聚在一起，作用就像是原子核裡的「水泥」一樣。質子藉核子間的強核力，可以和其他的質子和中子互相吸引，但是質子彼此間，也由於電荷的斥力而互相排斥。中子不帶電，沒有電荷的斥力，它靠強核力的吸引力，可和其他的中子或質子互相吸引。因此，中子有助於核子間的互相吸引，使原子核更加穩定，如次頁的圖 4.12 所示。

圖 4.12
中子可增加核子間強核力的吸引力，能增加原子核的穩定性，如圖中單向箭頭所示。

包括質子與中子在內的所有核子，都會互相受相吸的強核力作用

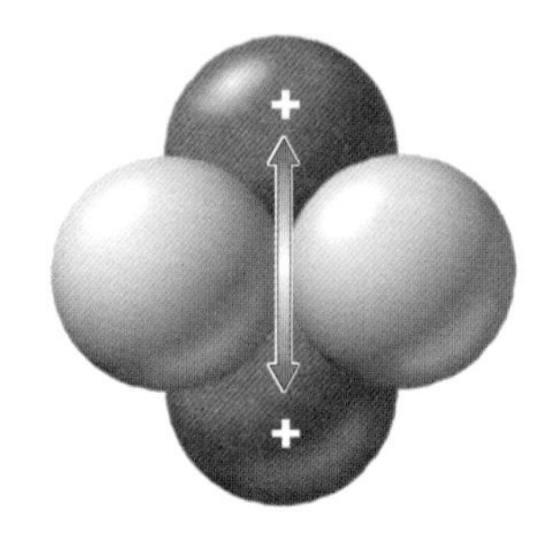

但唯有質子會受電力互斥

原子核內的質子愈多，愈需要中子來平衡質子間的斥力。在較輕的元素裡，原子核裡的質子與中子的數目幾乎相等。以最普遍的碳-12 同位素而言，原子核裡的質子數與中子數都是 6 個。但是對大的原子核來說，中子的數目要比質子的數目多才夠穩定。大家要記得，核子間的強核力隨距離的增加會快速遞減，要讓強核力發生影響，核子一定要靠得很近才行。大型原子核兩端的核子，並沒有相吸的強核力，但電的斥力並沒有減弱，因此電的斥力會勝過核子間的強作用力。爲了補償強核力的減弱，大型原子核需要更多的中子。以鉛爲例，中子的數目大約是質子的 1.5 倍。

觀念檢驗站

原子核內的兩個質子會互斥也會相吸，試說明之。

你答對了嗎？

原子核內的質子都帶正電，質子之間會產生電的斥力，而所有核子間都會有相吸的強核力，這兩種力都是自發的。只要相吸的力大於斥力，質子就能聚集，但若電斥力大於強核力，質子就會分開。

中子可以穩定原子核，大型的原子核裡需要大量的中子。但就算有中子，也不保證原子核一定保持完整與穩固。這有兩項原因，首先中子本身也不一定絕對穩定。單獨存在的中子會自發衰變成 1 個質子和 1 個電子，如圖 4.13a 所示。中子似乎要有質子圍繞才能穩定。當原子核大到某種程度後，中子的數目會太多，導致中子周圍沒有足夠的質子可以阻止它衰變。在原子核裡，如果有中子變成質子，那麼原子核的穩定度會下降，這是因爲正電荷愈來愈多，使得電的斥力愈來愈大，一部分的原子核就會放射出去，如圖 4.13b 所示。

圖 4.13
(a) 有質子相伴的中子是穩定的，但若中子單獨存在則不穩定，此時每 1 個中子會放出 1 個電子，同時衰變成質子。
(b) 在原子核裡，中子會變成質子，使原子核的穩定度下降，最後部分的原子核會以 α 粒子之類的形式分裂出去。

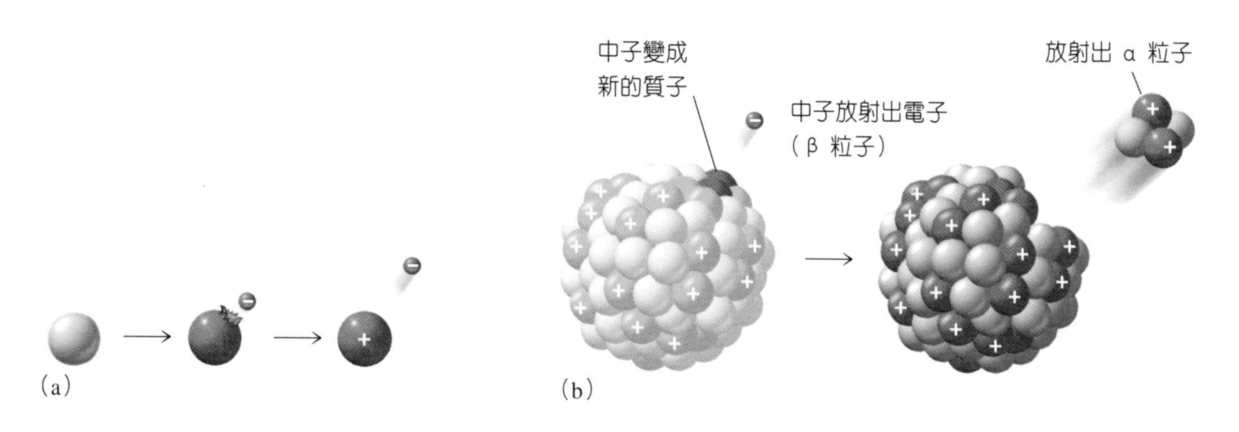

中子穩定原子核效果有限的第二個理由是，質子受到的強核力只來自鄰近的核子，但質子受到的電性斥力，卻來自所有的質子。因此當原子核裡擠進愈來愈多的質子後，電性斥力會迅速增強。舉例來說，氦的原子核裡只有兩個質子，它們彼此排斥。但是如果 1 個原子核裡有 84 個質子，每 1 個質子都受到另外 83 個質子的電性斥力，但核子的強核力卻只來自身邊的核子。

因此，原子核的大小會受到限制，這使得元素的種類也變得有限，所以週期表上的元素數目是有限的。此外，質子數大於 83 個的原子核，也都會具有放射性。實驗室裡產生的重元素也都具有放射性，非常不穩定，壽命都只有幾分之一秒而已。

觀念檢驗站

強核力和電力，哪一個對距離比較敏感？

你答對了嗎？

強核力會隨距離的增加而急劇減弱，但電力在相同距離的變化之內，仍維持一定的強度。因此強核力對距離比較敏感。

即使是小的原子核，也有發生放射衰變的機會。只要原子核裡中子比質子多，放射衰變就可能發生。例如碳-14 有 8 個中子，但只有 6 個質子，沒有足夠的質子可以環繞中子。因此，有 1 個中子無可避免的會放出 1 個電子，並變成了質子（β 輻射）。

4.5 放射性元素會遷變成不同的元素

當具有放射性的原子核放出 α 或 β 粒子時，由於原子核內的質子數目改變了，原子序也會跟著改變，這個原子核就變成另一種元素的原子核。這種由一種元素變成另一種元素的過程稱爲**遷變**。例如我們有鈾-238 的原子核，它原本含 92 個質子和 146 個中子，放射出 1 個 α 粒子後，就會少了 2 個質子和 2 個中子。元素的性質是由原子核裡的質子數來決定的，當鈾-238 放出 α 粒子後，原子核裡剩下 90 個質子和 144 個中子，它就不再是鈾元素而變成釷元素了。這個遷變過程，可以用下列的原子核方程式表示：

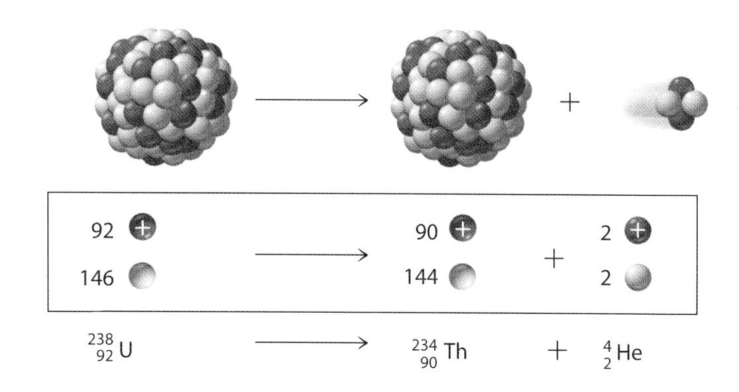

從這個方程式可以看出，$^{238}_{92}U$ 遷變成箭頭右手邊的兩個元素。在發生這項遷變時，有能量釋出，一部分是以 γ 射線的形式出現，

另一部分則是 α 粒子（$^{2}_{4}He$）與釷原子的動能。在所有的原子核反應方程式裡，作用前後的質量數（238＝234＋4）和原子序（92＝90＋2）都是平衡的。

釷-234也具有放射性。它衰變的時候，會放射出 1 個β粒子。大家應該還記得 β 粒子就是電子，是原子核裡的中子變成質子時釋放出來的電子。因此在釷元素裡，原子核本來有 90 個質子。在放射出 β 粒子後，其中 1 個中子變成質子。因此，原子核內的質子數會增加 1 個，中子數會減少 1 個。衰變後的原子核有 91 個質子，因此不再是釷元素了。現在，它變成鏷（Pa）。在這個過程裡，雖然原子序增加了 1，質量數（質子數加中子數）卻仍保持不變。它的核反應方程式是

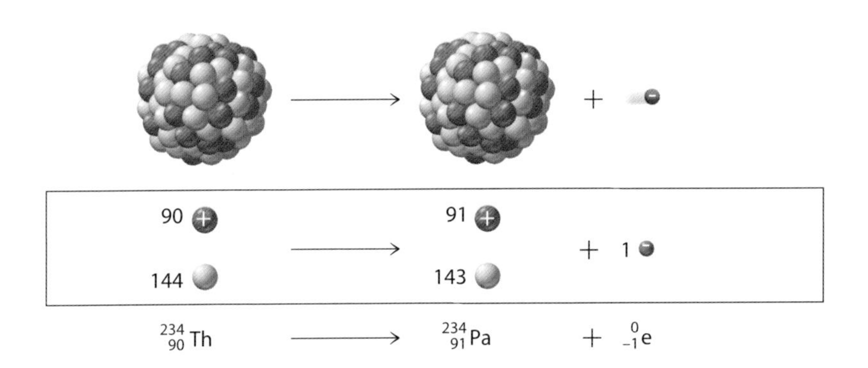

其中，電子的符號是$^{0}_{-1}e$，0 表示電子的質量很小，與質子及中子相比是微不足道的，－1 代表電子帶的是負電荷。

因此，當放射性元素釋出 1 個 α 粒子後，原子核的質量數會減

少 4，而原子序數會減少 2。因爲原子序數少了 2，新元素會是週期表上原來元素往前推兩格的那個。如果放射性元素放出來的是 β 粒子，新元素的原子量維持不變，表示原子的質量數並沒有改變，但因爲有一個中子變成了質子，所以原子序會加 1。因此在元素週期表上，新元素排在原本元素的下一格。

圖 4.14 是 $^{238}_{92}\mathrm{U}$ 衰變成 $^{206}_{82}\mathrm{Pb}$ 的過程。指向左下方的藍色箭頭代表放出 α 粒子的 α 衰變，指向右方的水平紅色箭頭代表 β 衰變。

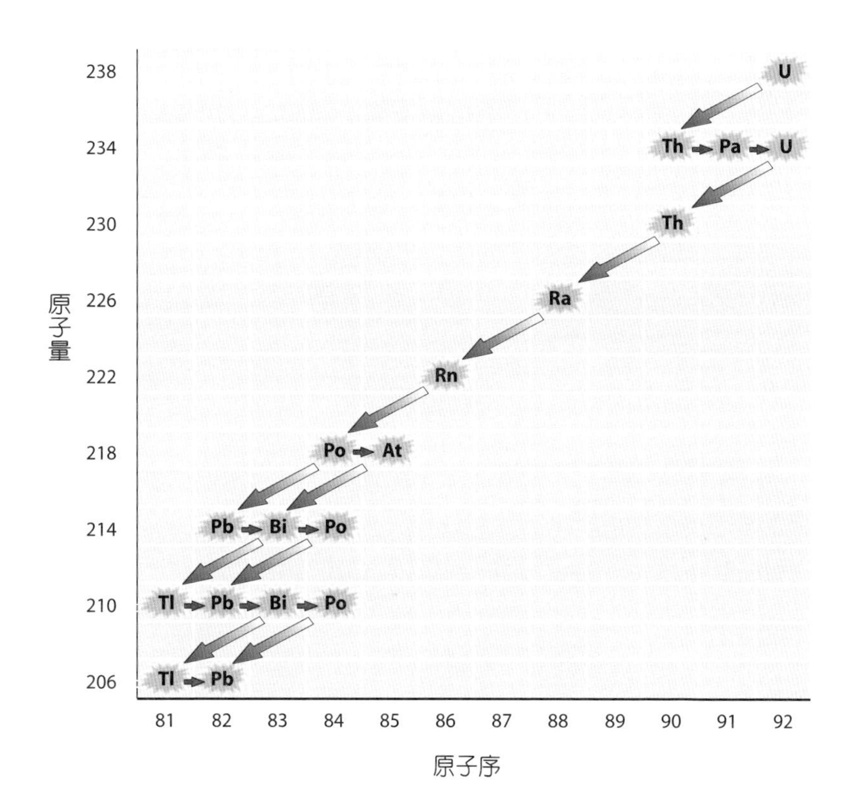

圖 4.14
經過了一系列的放射衰變之後，鈾-238 衰變成了鉛-206

觀念檢驗站

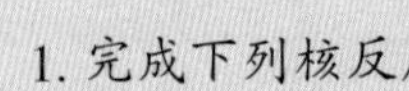

1. 完成下列核反應方程式

 (a) $^{228}_{88}Ra \rightarrow \, ^{?}_{?}? + \, ^{0}_{-1}e$

 (b) $^{210}_{84}Po \rightarrow \, ^{206}_{82}Pb + \, ^{?}_{?}?$

2. 鈾的所有放射性同位素，最後都衰變成什麼？

你答對了嗎？

1. (a) $^{228}_{88}Ra \rightarrow \, ^{228}_{89}Ac + \, ^{0}_{-1}e$

 (b) $^{210}_{84}Po \rightarrow \, ^{206}_{82}Pb + \, ^{4}_{2}He$

2. 鈾的所有放射性同位素，最後都衰變成鉛。過程如圖 4.14。

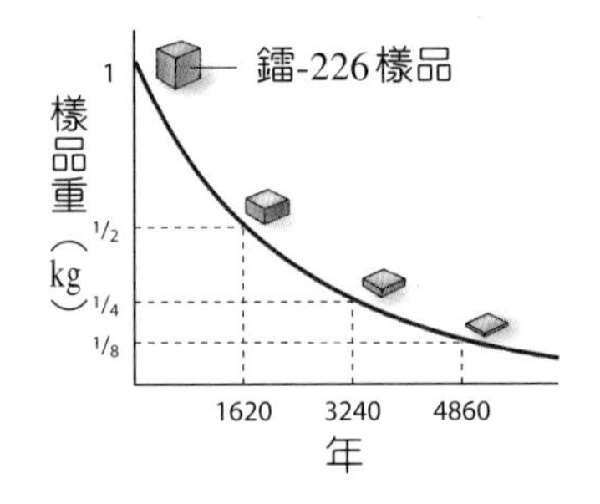

圖 4.15
鐳-226的半衰期是 1620 年。每經過 1620 年，就有半數的放射性鐳遷變成別的元素。

4.6 半衰期愈短，放射性愈強

放射性同位素的衰變率，是用**半衰期**或半生期這種特別的時間來度量的。這是指原來的放射性物質有一半衰變掉，所需的時間。例如在圖 4.15 中，鐳-226 的半衰期是 1620 年。這是指在 1620 年之後，原來的放射性鐳有一半衰變成別的元素了，而再過 1620 年，又有一半的放射性鐳衰變掉，鐳就只剩下原來的四分之一了。

對每一種放射性原子核而言，半衰期是它特殊的常數，不受外在條件或狀態的影響。半衰期有長有短，有些放射性原子核的半衰期很短，甚至不到百萬分之一秒，但也有的半衰期很長，超過十億年。以鈾-238 爲例，它的半衰期長達 45 億年。也就是 45 億年之後，今日地球上的鈾有一半會變成鉛。

要度量半衰期並不一定要等那麼久，眞的要看到一半的放射性物質產生變化才算數。只要精確度量一個已知元素的衰變速率，就能精確的估算出它的半衰期。尤其利用適當的輻射偵檢器，工作起來更是得心應手。通常，物質的半衰期愈短，它的衰變速率會愈快，因此每分鐘放射出來的放射性就愈強。

生活實驗室：放射性迴紋針

你可以用迴紋針來模擬放射性元素的衰變現象。用迴紋針代表放射性元素的原子，把它們丟在桌面上，若某種情況出現，就假設它「衰變」了，要把它拿掉。下次再丟迴紋針時，就不要再放進去了。這個動作可以一直持續，直到所有的「原子」都衰變爲止。

■ 請先準備：

至少20根迴紋針、紙和筆

■ 請這樣做：

1. 把迴紋針的兩個迴紋型，掰開成 90°，互相垂直。再把大迴紋型的尾巴像圖示的那樣掰開成 90°，讓一根直直的尾巴和圓形的頭部也相當於互相垂直。
   依照次頁圖所示，上圖的迴紋針是「尾朝上」的型式，下圖的迴紋針是「頭朝上」的型式。
   你現在有兩種「原子」可以進行分析了。首先，我們來分析「尾型」衰變，然後再來分析「頭型」衰變。

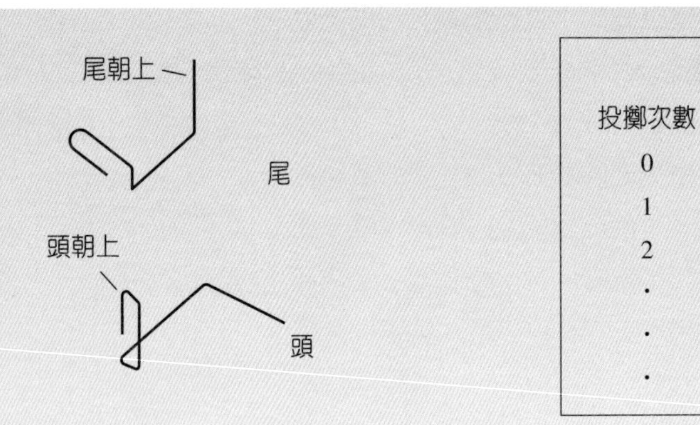

實驗紀錄

投擲次數	剩餘的原子數
0	20
1	___
2	___
·	·
·	·
·	·

2. 開始實驗。先分析「尾型」(尾朝上)衰變,再分析「頭型」(頭朝上)衰變。畫一個如上圖所示的表,表裡至少要有兩行。最左邊那一行代表投擲的次數,第二行標出剩下的原子數。一開始先填上迴紋針的總數(至少 20 根以上)。
3. 開始的時候,假設原子全都是「頭朝上」的。找一個夠大的平面,捧著迴紋針丟下去,把尾朝上的揀出來,假設它們衰變掉了。記下「剩下的原子」數目在「第一次」投擲的那一欄裡。繼續投擲與記錄,直到所有的原子都衰變掉爲止。
4. 再來分析「頭型」衰變。現在,挑出頭朝上的迴紋針,像步驟 3 那樣,把剩下的數目(即尾朝上的)記錄下來。

比較得到的頭型衰變的資料與尾型衰變的資料。半衰期的時間在這個實驗裡,變成投擲的次數。試估計頭型衰變和尾型衰變的半衰期。哪一種衰變的放射性比較強?
如果你是一個放射性元素的原子,半衰期是 5 分鐘。在 5 分鐘後,你一定會變成另一種元素的原子嗎?

生活實驗室觀念解析

在這種情況下，所謂半衰期是用投擲次數來計算的。那些半衰期比較短的放射性元素，放射性比較強。因爲它衰變得比較快，代表在同樣的時間內會放射出比較多的放射線。

鈾-238 的半衰期是 45 億年，而釙-214 的半衰期卻只有0.00016 秒。1 公克的鈾-238與 1 公克的釙-214，你願意把哪一個握在手上？

放射性最重要的重點，就是放射衰變其實是統計現象。如果追蹤某一個特定的迴紋針，你會發現它可能在半衰期前衰變，也可能在半衰期之後才衰變。半衰期是預測的單位，只有當原子數目非常多的時候，才比較準確。

觀念檢驗站

Q

1. 如果你有一個放射性同位素樣品，半衰期是 1 天。在第二天結束時，還剩多少放射性樣品？第三天呢？
2. 衰變的原子發生了什麼事？變成了什麼？
3. 等量的物質，其中一個用放射性偵檢器量測時，讀數較高。它的半衰期較長或較短？

你答對了嗎？

A

1. 在兩天後，放射性強度只剩下原來的四分之一。因爲半衰期是 1 天，在第一天後，只剩原來的一半，在第二天之後，放射性強度只剩下一半的一半（$1/2 \times 1/2 = 1/4$）。等到第三天之後，放射性強度只有原來的八分之一了。

2. 原子衰變之後，就變成不同元素的新原子。
3. 半衰期比較短的元素，衰變得比較快；因此放射性比較強，在偵檢器上的讀數比較高。

4.7 同位素的年代測定法可度量物質的年代

地球的大氣層持續不斷的受宇宙射線的轟擊。這類的轟擊使位於大氣層上層的許多原子，發生遷變。這種遷變過程，導致很多質子和中子進入我們的環境裡。大部分的質子在和附近的原子發生碰撞後，就停了下來，所以穿透的距離很短，不容易到達大氣層的下層。質子會把別的原子的電子剝除，質子吸收了一個電子後，就形成了穩定的氫原子。但是中子不帶電荷，不會和別的物質發生電性的交互作用，因此可以穿透較長的距離。但是最後，中子還是會和一些物質的原子發生碰撞，這時中子應該已經跑到大氣層的下層來了。如果一個氮原子的原子核吸收了一個中子，會變成碳元素的同位素，且放出一顆質子。如：

$$^{1}_{0}n + ^{14}_{7}N \longrightarrow ^{14}_{6}C + ^{1}_{1}H$$

在大氣層中，這種碳-14 的同位素只占碳元素的一億分之一，它的原子核裡有 8 個中子，是具有放射性的同位素（最常見的碳元素是碳-12，原子核中只有 6 個中子，是穩定而且沒有放射性的同位素）。由於碳-12 和碳-14 都是碳元素，因此它們的化學性質是相同的。這些同位素都會在形成二氧化碳後經植物吸收，這表示所有的植物裡面，都含有少量的放射性碳-14。所有的動物不是吃植物，就是吃其他的草食性動物。因此，動物體內也有少量的碳-14。簡單的說，地球上所有的生物，體內都含有微量的碳-14 同位素。

碳-14 會放射出 β 粒子，再衰變爲氮元素，反應式如下：

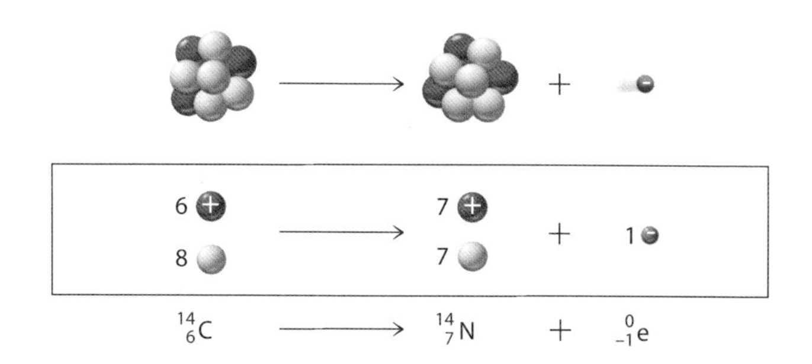

由於植物活著時會一直吸收二氧化碳，植物體內因衰變而減少的碳-14，會經由大氣不斷以新鮮的碳-14 補充，植物體內的放射性會到達平衡。碳-14 對碳-12 的原子數比，大約是一比一千億。植物死亡後，碳-14 的補充就停止了。碳-14 開始依照它特定的半衰期衰變，但碳-12 是穩定的同位素，數量保持不變。植物或其他生物體死亡的時間愈久，體內碳-14 的數量和碳-12 相比，就日益減少。

碳-14 的半衰期是 5730 年。也就是說，今天剛死的動植物，在

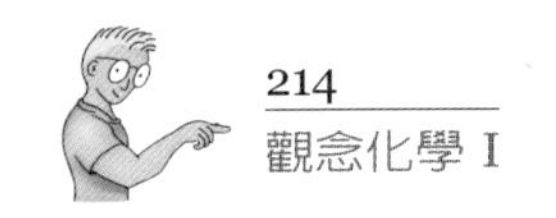

5730 年後，身上的碳-14 會衰變掉一半；再過 5730 年，剩下的這一半碳-14 又會再衰變掉一半，依此類推。

有了這些知識，科學家就能計算含碳的人工製品的年代。例如木製的家具或圖 4.16 中的骨頭，只要度量它們由碳-14 放射出來的放射性，就可以測定出年代。這種技術稱爲**碳-14 年代測定法**。利用這套技術，我們大約可以探討過去 50,000 年內東西的年代，且誤差很少。超過這段時間後，殘留的碳-14 就太少了，不夠做準確的分析。（瞭解附近區域的地質條件，是考古學家在做古代遺物的年代鑑定時，另一種重要的工具。）

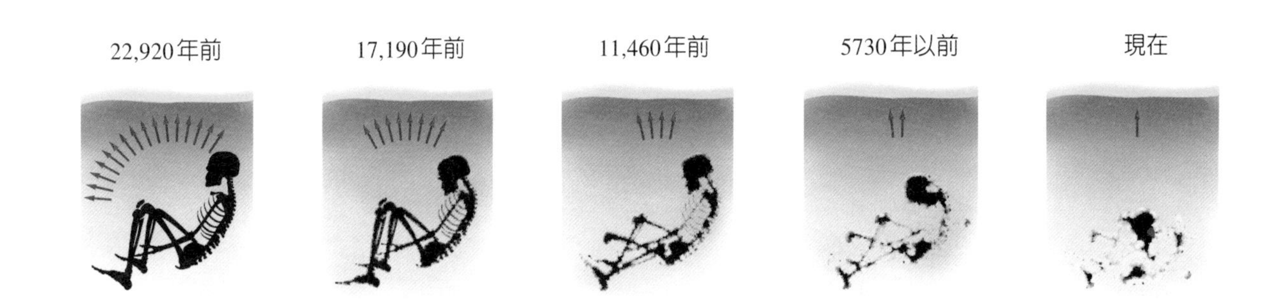

圖 4.16
遺骸中的放射性碳-14，每經過 5730 年就剩下一半。古代骸骨到了今天，放射性碳-14 只剩下一點點。紅色箭頭代表由碳-14 發射出來的放射性強度。

如果大氣層中，放射性碳元素的量在這麼多年裡，一直固定不變，那麼碳-14 年代測定法的確是簡單準確的方法。可惜事情不盡如人意。由於太陽的磁場會上下起伏，順帶也使地球磁場產生強弱變化。因此，射入大氣層的宇宙射線強度不是一成不變的，由宇宙射線造射而產生的碳-14，在大氣層裡的含量也隨之上下起伏。

除此之外，地球氣候的改變也影響大氣層裡二氧化碳的量。海洋溫度較熱時，會釋放較多的二氧化碳到大氣裡去，溫度低時，釋放量就減少。這點我們在《觀念化學 V》第 18 章會再詳細說明。

在幾個世紀裡，由於這些因數的影響，大氣中碳-14 的含量並不是固定不變的。因此，用碳-14 來測定年代，大約有 15% 的誤差。例如，用碳-14 測定一個古代遺址的泥磚，測出約有 500 年的歷史，那麼它實際的歷史可能落在 425 年到 575 年間。對很多用途而言，這種誤差程度是可以接受的。

圖 4.17
碳-14年代測定法是美國化學家厲比（William F. Libby, 1908-1980）於 1950 年代在芝加哥大學發展出來的。他由於這項成就，而榮獲 1960 年的諾貝爾化學獎。

觀念檢驗站

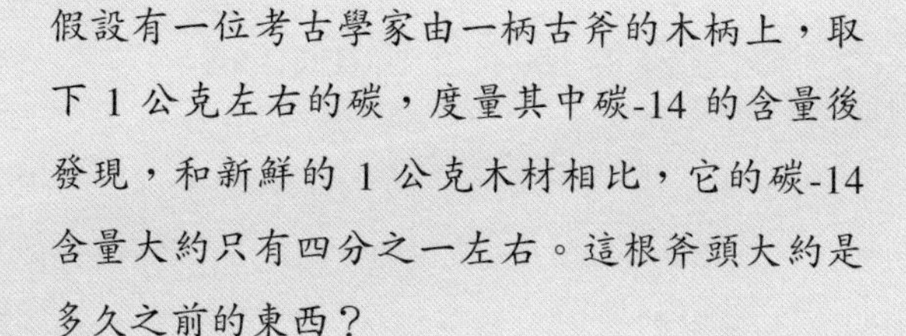

Q 假設有一位考古學家由一柄古斧的木柄上，取下 1 公克左右的碳，度量其中碳-14 的含量後發現，和新鮮的 1 公克木材相比，它的碳-14 含量大約只有四分之一左右。這根斧頭大約是多久之前的東西？

你答對了嗎？

A 由於碳-14 只剩下四分之一，大約是經過兩個半衰期。而碳-14 的半衰期是 5730 年。推測大約是5730 × 2 = 11,000 年前的東西。

至於那些年代非常古老的東西，科學家則是利用礦物裡的放射性物質來測定年代的。天然礦物裡的鈾-238 和鈾-235，衰變得非常緩慢（也就是半衰期很長），而且最後都衰變成鉛。但是它們衰變成的鉛並不是平常的鉛-208，而是鈾-238 會衰變成鉛-206，鈾-235 衰變成鉛 207（圖4.14）。因此，鉛-206 和鉛-207 會出現在含有鈾元素的岩石裡，而且這些同位素曾經也是鈾。岩石的年代愈古老，殘留的鉛同位素就愈多。

如果你知道鈾同位素的半衰期，也知道鉛同位素在某些含鈾岩石裡的比例，你就可以計算這塊岩石形成的年代。利用這種方法，測定年代的範圍可以回溯到 37 億年前。太空人從月球取回來的岩石，推估有 42 億年之久，這和我們太陽系形成的年歲相當。據估計，太陽系大約是 46 億歲。

4.8 核分裂是指原子核的分裂

1938 年，兩位德國科學家，哈恩（Otto Hahn, 1879-1968）和史查斯曼（Fritz Strassmann, 1902-1980）有一個改變世界的重要發現。他們利用中子轟擊鈾元素，希望能製造出更重的元素。但是他們很驚訝的發現，生成的產物顯然有鋇元素的性質。鋇這種元素，質量大約只有鈾的一半。哈恩把這一項發現，寫信告訴以前的同事麥特納（Lise Meitner, 1878-1968）。麥特納由於具有猶太人的血統，當時已逃離納粹統治的德國，到瑞典去了，她仔細研究哈恩的發現，認爲中子的撞擊觸發了鈾原子核的分裂，變成兩個較輕的元素。不久之後，麥特納和侄兒弗里希（Otto Frisch, 1904-1979）共同發表了一篇論文，正式確立了核分裂這個名詞。

原子核裡存在著兩種粒子，即質子和中子，兩者都叫做「核子」。原子核裡也存在著兩種力，就是核子之間很強的吸引力，以及質子之間正電荷的排斥力。在所有已知的元素中，穩定元素的原子核裡，吸引力大過排斥力。就像我們在第 4.4 節裡所討論的，在大型原子核裡排斥力很容易大過吸引力，屆時原子核就變成具有放射性的物質，並且會發生衰變。

但某些原子核卻有機會發生另一種變化。例如當鈾-235 遭中子撞擊後，會如同圖 4.18 顯示的那樣伸長。原子核一旦變長，兩端核子間的距離就增加了，原先較強的強核力會迅速減弱，因為核子之間的強核力對距離非常敏感，但是質子之間的電斥力仍十分強大，這點距離變動對它可說毫無影響。因此在電斥力之下，原子核會繼續變形。如果這種變形超過某個臨界點，電的斥力會超過相吸的強核力，原子核就裂開成碎片。通常在裂開後，會有兩塊比較大的碎片和一些小碎片。原子核裂成碎片的過程，就叫做**核分裂**。

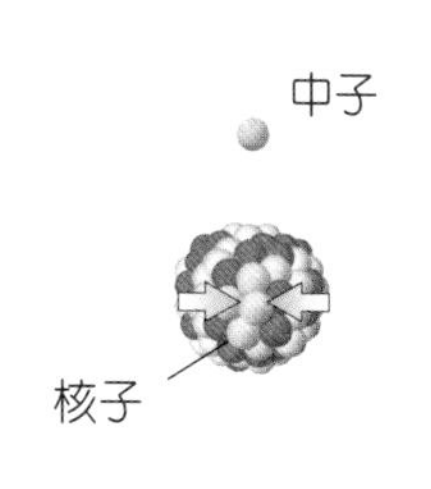

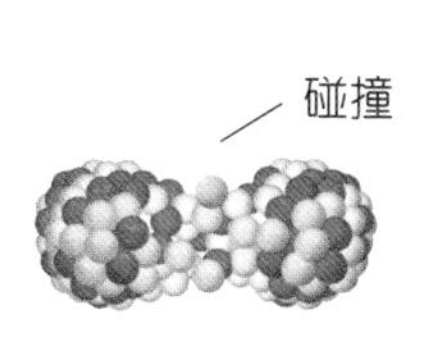

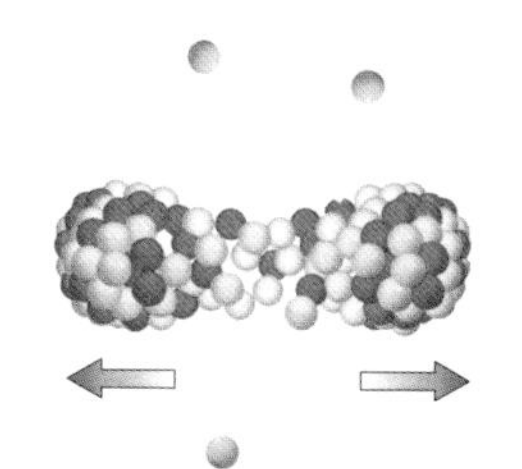

圖 4.18
原子核變形可能導致核內的電斥力超過強核力，引發原子核的分裂。

一個鈾-235 原子核分裂釋出的能量是非常巨大的，約等於七百萬個 TNT 分子爆炸的威力。這個能量，大部分是分裂碎片彼此飛開產生的動能。另外一小部分的能量是以 γ 射線的方式釋出。

下面是鈾原子分裂的反應式：

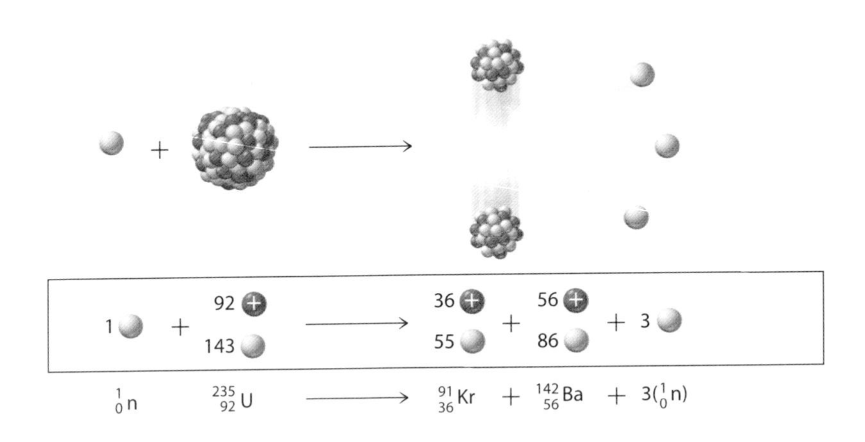

$${}^{1}_{0}n + {}^{235}_{92}U \longrightarrow {}^{91}_{36}Kr + {}^{142}_{56}Ba + 3({}^{1}_{0}n)$$

注意，在上面的反應式裡有一點非常關鍵。就是開始的時候，是由 1 個中子的碰撞，引發了鈾-235 的核分裂。但是在分裂的過程中卻產生了 3 個新的中子。（鈾原子分裂的方式是隨機的，裂開後的產物種類繁多，並非一成不變，產生的中子數目也不是正好 3 個，有時會多些，有時又少些。）

每個由分裂產生的中子，都有機會引起 3 個其他的鈾原子分裂，產生更多個（最多 9 個）中子。如果這 9 個中子都產生分裂，產生的中子會高達到 27 個。圖 4.19 顯示這個**連鎖反應**的過程。連鎖反應是自發反應，當一個反應發生後，就會自動觸發後續的所有反應。

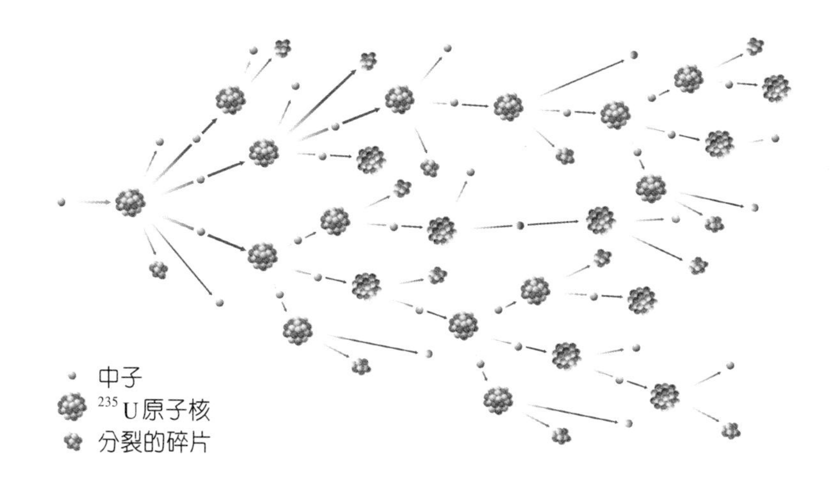

圖 4.19
連鎖反應

在天然鈾礦裡，這種自發性連鎖反應的程度不會太嚴重，因爲並非所有的鈾原子都那麼容易分裂。只有鈾-235 同位素在受到中子撞擊時會發生分裂。在天然鈾元素裡，鈾-235 只占總量的 0.7%，其他 99.3% 的鈾，都是鈾-238（見圖 4.20）。鈾-235 分裂產生的中子，很多都由鈾-238 吸收了。鈾-238 吸收中子後並不會發生分裂，所以不會發生連鎖反應。而且天然鈾礦裡，除了鈾-238 之外，還有很多

圖 4.20
天然的鈾礦裡，每 140 個鈾原子中，才出現 1 個鈾-235。

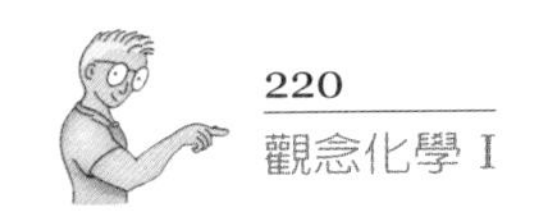

其他會吸收中子的元素。因此，天然鈾絕不會產生大規模的自發性連鎖反應。

如果一塊棒球大小的純鈾-235 發生連鎖反應，會產生巨大的爆炸，但一塊小一點的純鈾-235，就算發生連鎖反應也不會爆炸。這是幾何因素的關係。在小塊的鈾塊上，表面積對質量的比很大，但當鈾金屬變大時，這個比值會變小。如圖 4.21 所示，當小塊的鈾金屬發生連鎖反應時，中子很有機會接近金屬表面，進而從表面逃逸。就像同樣是 1 公斤的馬鈴薯，如果是 6 個小馬鈴薯，表面積加起來一定比 1 個大馬鈴薯多，中子逃逸不繼續觸發分裂的機率就變大。質量要大到某個程度，才可能發生大爆炸。爆炸所需的最低質量，叫做**臨界質量**。

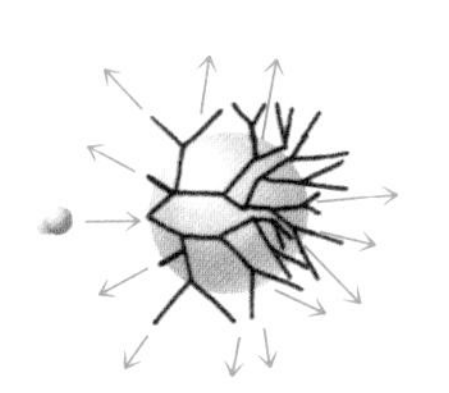

在小塊的鈾-235 裡，中子易從表面逸出

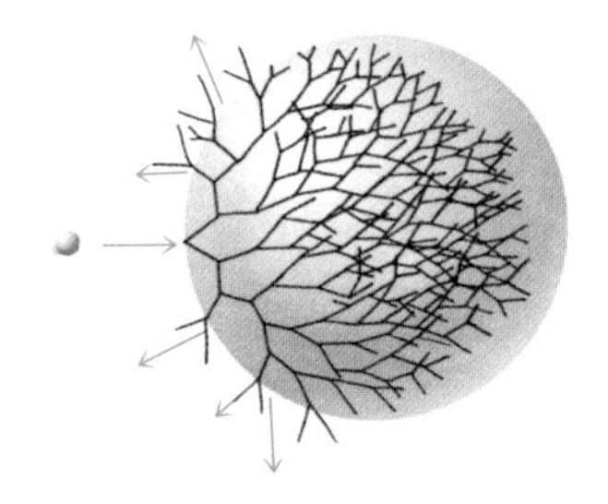

在較大塊的鈾-235 裡，會發生較多的連鎖反應

圖 4.21
這個圖畫得比較誇張，目的在顯示小塊的純鈾-235 在能夠產生大型爆炸前，大部分的中子就很快的從表面逸出，終止了連鎖反應。小塊鈾的表面積相對於它的質量是很大的，在大塊的鈾裡，中子遇到的鈾原子較多，且能逸出的表面積較小。

假設把一大塊的鈾-235 分成兩塊，讓每一塊的質量都小於臨界質量，這個系統就處於不會爆炸的「次臨界」狀態。每一塊鈾生成的中子都很快從鈾的表面逃離，無法產生連鎖反應。如果把這兩塊鈾迅速合在一起，總表面積就減少了。如果時機適當，且這塊鈾的質量又大於臨界質量時，會產生巨大的爆炸。這就是如圖 4.22 所示的原子彈原理。

製造原子彈是非常困難的任務，其中最困難的部分是把鈾-235 從鈾-238 中分離出來。以 1945 年投擲在日本廣島的原子彈爲例，科學家花了整整兩年的功夫，才從鈾礦中分離出足夠做一枚炸彈的鈾-235原料。即使到今天，鈾同位素的分離工作還是非常困難。

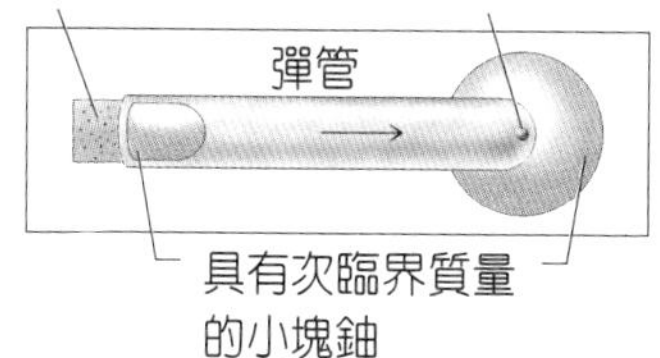

圖 4.22
簡化的原子彈設計

觀念檢驗站

一球 1 公斤的鈾-235 已達臨界質量，但等量的鈾若分成好幾塊就不夠產生爆炸。請説明。

你答對了嗎？

若是一整塊鈾，它的表面積比較小，中子還沒有從表面逃逸之前，就已經和別的鈾-235 原子發生反應了。但分成幾小塊後，鈾的表面積變大，中子逃逸的機會增加，連鎖反應就中止了。

核反應器把核分裂釋放的能量轉成電能

核分裂的巨大能量，最早是以原子彈的型式出現在世人面前。因此，至今仍有許多人戴著有色眼鏡看待核能，這讓瞭解核能應用潛力的人，推動核能時倍感吃力。近來美國的電力中約有 20% 是由「核分裂反應器」生成的，核能發電廠和傳統火力發電場最大的不同，只在於它有一個如圖 4.23 所示的「核反應器」。核反應器與傳統火力廠的鍋爐（不管是燃煤、燃油或燃氣的）差不多，都是用來提供蒸氣給渦輪機，其中最大的不同是燃料的特性差異：1 公斤的鈾產生的能量，比 30 個車廂的煤還要多。

圖 4.23
核電廠的示意圖。那些與核燃料直接接觸的水，是位於封閉迴路裡的，放射性物質並不會直接出現在蒸氣裡。關於產生電力的細節，將在《觀念化學 V》第 19 章詳細介紹。

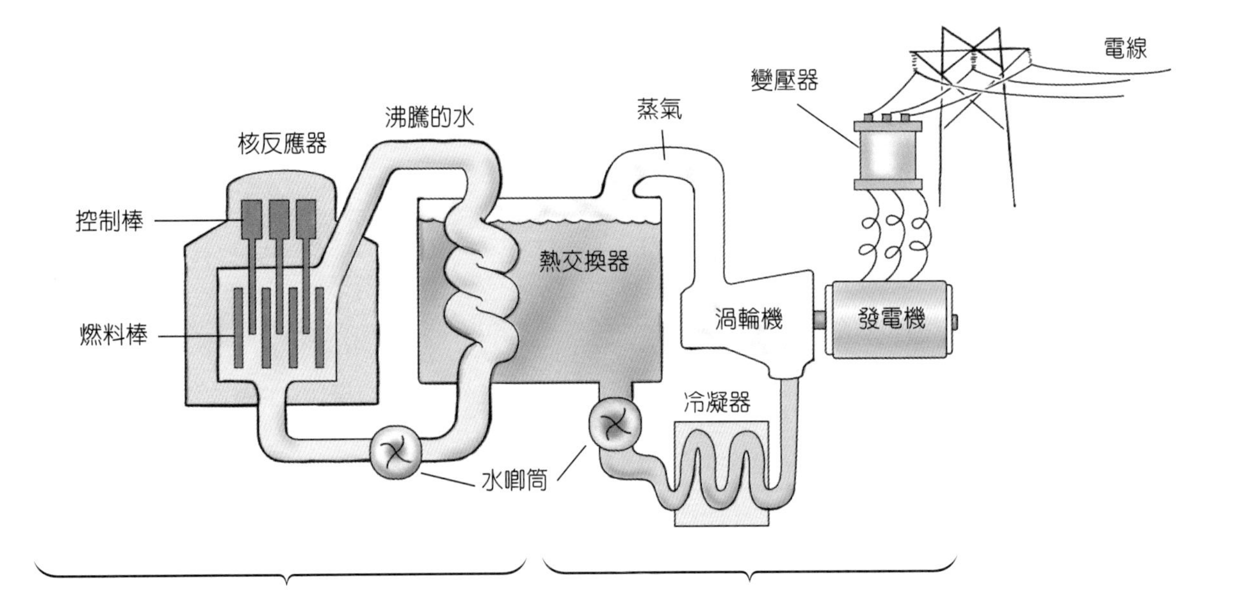

核分裂反應器主要包含三個部分：核燃料棒、控制棒，及傳遞熱量的液體（把核分裂產生的熱，由核反應器運送到渦輪去）。核燃料裡，主要是鈾-238，以及大約 3% 的鈾-235。由於鈾-235 的含量低，核反應器絕不會像原子彈那樣猛烈爆炸。原子爐的反應速率與可用來引發鈾-235 同位素分裂的中子數目有關，由插在爐心裡的控制棒控制。控制棒是用會吸收中子的材質（如鎘或硼）做成的。

核燃料周圍的水因爲保持高壓，所以能達到很高的溫度也不會沸騰（譯注：這應該是指壓水式（PWR）反應器）。水經過核分裂的能量加熱後，高溫高壓的熱水再和另一個第二封閉迴路的低壓水系統做熱交換。第二迴路的水系統產生蒸氣，推動帶著發電機的渦輪機。用兩個分離的水系統，是保證放射性物質不會接觸渦輪。而所有含有放射性物質的設備，都安置在一棟獨立的建築物體，如圖 4.24所示。這樣設計的目的，是使放射性物質沒機會跑進環境裡。

核分裂能源的缺點之一，就是它會產生有放射性的廢棄物。在輕元素的原子核裡，質子數和中子數幾乎是相等的，非常穩定。而我們早先已經知道，重元素的原子核裡，中子的數量必須比質子多很多，才會穩定。以鈾-235 爲例，它只有 92 個質子，卻有 143 個中子。因此，當鈾-235 分裂時，分裂成的兩個中等元素會因爲原子核裡的額外中子，而很不穩定，使得分裂產物都具有放射性。其中大多數半衰期都很短，但不幸的是其中也有少量的原子核，半衰期長達數千年。爲了安全的處置這些放射性廢棄物，以及在核燃料製造過程中產生的放射性物質，必須有特別設計的貯存容器和工作程序。雖然核能科技的發展已有半世紀，放射性廢棄物的處置技術仍屬發展階段。《觀念化學 V》第 19.3 節中會有詳細的介紹。

圖 4.24
核反應器位在半圓形的特殊建築物內。這種叫做「圍組體」的特殊建築物，在意外事故發生時，可以防阻放射性同位素跑進環境裡。

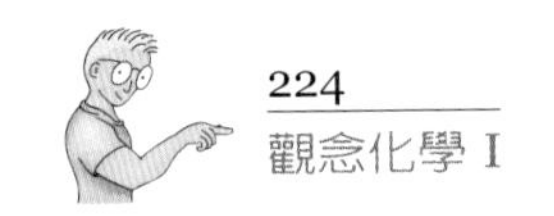

滋生式反應器會產生自己所需的燃料

把原來不分裂的鈾-238，變成可分裂燃料的過程叫做「滋生」(breeding)。我們把少量的可分裂同位素和鈾-238 混在一起，放入核反應器裡，就會發生滋生作用。分裂釋放出來的中子會把鈾-238 轉變成鈾-239，鈾-239 會經過 β 衰變，成為錼-239，然後再經過一次 β 衰變，成為可分裂的鈽-239。因此分裂過程不僅產生大量的能量，還把很多原本不能分裂的鈾-238，轉變成可當分裂燃料的鈽-239。

分裂型的核反應器，都有某種程度的燃料滋生比例。但是有一型特別設計的核反應器，燃料滋生的比例超過 1。也就是說，它產生的可分裂燃料，甚至比用掉的還多。這種反應器就叫做「滋生式反應器」(breeder reactor)。使用滋生式反應器，就好像在汽車的油箱裡加水，再加一點汽油，接著開車出去旅行；等到玩了一圈回到家後，油箱裡的汽油反而比出發時還多。滋生式反應器的基本原理非常吸引人。因為滋生式核電廠運轉多年後，不但產生了大量的電力，還會滋生出許多燃料，滋生出來的燃料甚至比消耗掉的多。

不過滋生式反應器當然也有缺點：它的設計非常複雜。美國在十多年前就已經放棄了這型的反應器，現在只有法國和德國還在繼續發展。法國與德國的官員指出，天然產生的鈾-235 數量有限，以目前消耗的速率來看，天然的鈾-235 約只能撐個一世紀左右。如果到時有國家決定改用滋生式反應器，他們可能只好去挖以前處置掉的放射性廢棄物(這裡指的是用過的核燃料)。

核能的效益是，每年可節省大量的化石燃料，還產生大量的電力。這些化石燃料可用來提煉許多民生物資，並減少化石燃料的使用，降低排入空氣的二氧化碳、二氧化硫和其他許多有毒物質，對減緩溫室效應和抑制酸雨，都有顯著的功效。

4.9 核質量生成核能，核能造就核質量

在 1900 年代早期，愛因斯坦（Albert Einstein, 1879-1955）發現，質量只是一種「凍結」的能量。他瞭解質量和能量是一體的兩面，根本是同一件事，因而提出有名的質能關係式：$E = mC^2$。在這裡 E 代表的是物質靜止質量所蘊含的能量，m 就是指靜質量，C 是光速。由這個質量與能量的關係式，我們可以瞭解爲什麼核分裂時會放出那麼大的能量，也知道這些能量是怎麼跑出來的了。每一次，當一個大原子核分裂成兩個較小的原子核時，兩個小原子核的核子總質量，一定小於原來原子核的核子總質量。分裂後的這個「質量差」，就變成巨大的能量釋放出來。我們現在就仔細來看看。

從物理觀念上我們知道，能量就是做功的能力（參閱第 1.5 節），而功等於力乘上距離：

$$功 = 力 \times 距離$$

圖 4.25 誇張的表現出，要把一個核子從原子核裡拔出來，需要很大的外力。由上面功的公式也可以看出，巨大的力作用了一段距離，功必然很大。這個功就是核分裂時所加入的能量。

根據愛因斯坦的公式，原子核分裂所需的能量顯示：核子在原子核外自由遊蕩時，質量比在原子核裡時要高。舉例來說，碳-12 同位素有 6 個質子和 6 個中子，質量是 12.00000 原子量單位（atomic

圖 4.25
要從原子核中拔出一個核子，需要很大的功。

mass unit, amu）。但是在原子核之外，一個質子的質量是 1.00728 amu，6 個自由質子和 6 個自由中子的總質量是（6 × 1.00728 + 6 × 1.00867）= 12.09570 amu，顯然比碳-12 核子的質量多了 0.09570 amu。這個質量差就代表了需要從外面給這麼多能量，核子才可能分裂。由此可知，核子的質量與核子的位置有關。

圖 4.26 代表從氫元素到鈾元素中，每一個核子的平均質量。這個圖是瞭解核反應中，能量釋放的重要關鍵。要得到每一個核子的平均質量，你只要把原子核的總質量，除以核子數就行了。（同樣的，如果你把滿屋子人的總質量，除以人數，就是每一個人的平均質量。）

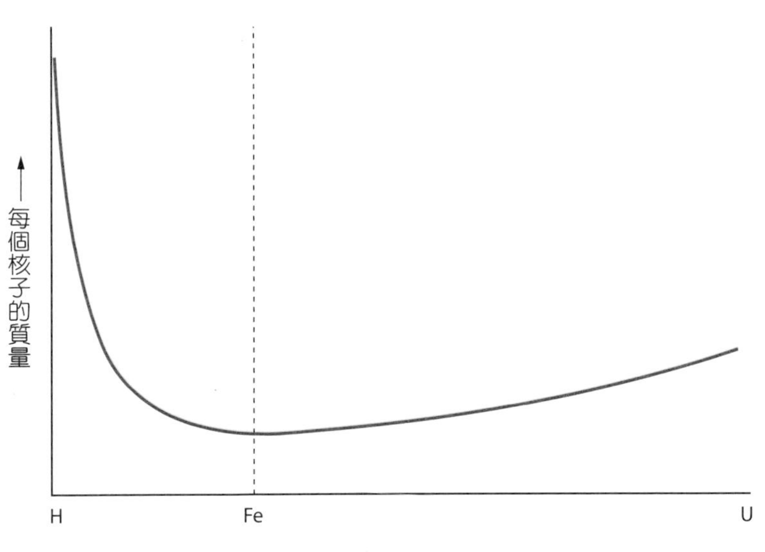

圖 4.26
每一個核子的平均質量，和它在哪一個原子核有關。一般而言，最輕元素的核子平均質量最高，鐵的核子平均質量最低，而最重元素裡的核子質量，卻只有中等數值。

從圖 4.26 我們可以看出，爲什麼鈾-235 分裂成兩個原子序較低的元素後，會放出能量來。鈾元素在圖的右方，它的核子平均質量比較大。當鈾原子核分裂後，會形成兩個原子序較低的新元素。由圖 4.27 可以看出，原子序比鈾低的元素，每一個核子的平均質量都比鈾原子的小。

因此，鈾原子核變成鋇、氪等元素的原子核時會損失質量，這部分的質量就是分裂時釋出的核能。如果你們想精確計算鈾每次分裂究竟釋出多少能量，只要算出反應前後的質量差，再利用愛因斯坦的公式：把質量差乘上光速的平方就行了。

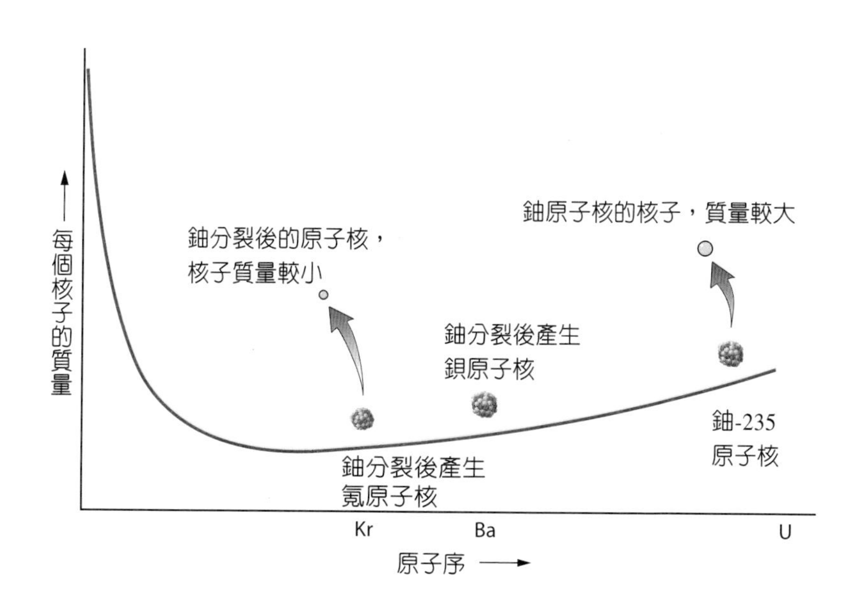

圖 4.27
在鈾原子核裡，每一個核子的質量，都比分裂出的原子核的核子質量還高。這個質量差就轉變成能量釋放出來。因此，核分裂會放出巨大的能量。

有趣的是，愛因斯坦的質能關係式，不僅適用於核反應，也適用於化學反應。核反應牽涉到的能量非常大，因此質量差是可度量的，大約占總質量的千分之一。至於在化學反應過程裡，因為牽涉的能量太少了，換算成質量差時，大約占總質量的十億分之一，質量小到無法度量。因此，我們才會在前面提到（第 3.2 節），在化學反應過程中，質量是守恆的。事實上，在發生化學反應時，原子的質量也有些微的變化。但對化學家來說，這個變化太少了，不足為意。

觀念檢驗站

下面的敘述是否正確：當一個重元素分裂的時候，分裂後的核子數目會減少。

你答對了嗎？

重元素分裂後，核子的數目並未減少，只是這些核子的總質量減少了一些。

我們可以把圖 4.26 看成是能量谷。就核子的平均質量來說，從最高點的氫元素開始，急速下降到最低點的鐵元素（谷底），之後再緩慢上升到鈾元素。鐵元素位在谷底，代表它的原子核最穩定，核子靠得最緊密。要把鐵原子核裡的核子分開，需要的能量比分開其他原子核的核子都要來得多。

4.10 原子核與原子核結合叫核融合

我們在前面提過，核分裂後的產物有很強的放射性，會產生很多的放射性廢棄物。因此，就長期的能源需求而言，利用輕元素是更理想的選擇。要言之，小的原子核結合在一起，形成比較大的原子核也會放出能量。這個過程就叫做**核融合**，正好是核裂變的相反過程。我們從圖 4.26 可以看出，從氫元素到鐵元素（能量谷最陡的部分），每一個核子的平均質量是下降的。因此，如果兩個小原子核會融合，例如兩個重氫（H-2）同位素融合成氦，融合後的質量會小於融合前，如圖 4.28 所示。核融合就像核分裂一樣，都會放出我們可利用的大量能量。

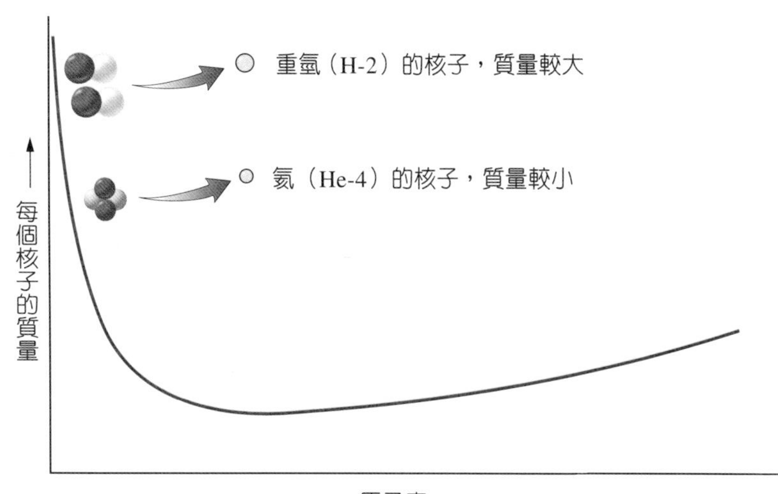

圖 4.28
重氫的核子，平均質量都比氦原子核的核子大。因此重氫聚合成氦之後，多餘的質量會以能量的型式放出來。因此核融合也會釋放出能量。

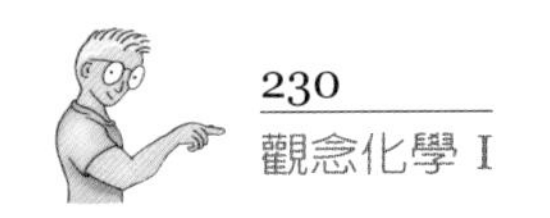

但是原子核帶正電荷，彼此間有強大的斥力，要發生核融合，原子核必須以極高的速率互相碰撞才行。這種速率條件，等同於非常高的溫度，而在太陽與恆星內部，就有這麼高的溫度。這種由高溫產生的核融合，稱爲**熱核融合**。在高溫火熱的太陽裡，每秒鐘大約有 657 百萬噸的氫融合成 653 百萬噸的氦，減少的 4 百萬噸核子質量就以輻射能的方式釋放出來。

觀念檢驗站

能不能利用核分裂或核融合的方法，從鐵元素獲得能量？

你答對了嗎？

沒有辦法。由圖 4.26 的能量曲線中可以看出，鐵元素位於能量谷中位置最低的底部。如果你把兩個鐵原子進行核融合，得到的元素一定在鐵元素的右方，也就是說新元素的核子質量一定比鐵的核子大。如果你把鐵原子分裂，得到的元素會在鐵元素的左邊，它每個核子的平均質量也比鐵的核子大。兩個反應都沒有餘留的質量，因此也沒有可以轉化成能量的東西可釋放。

在發展原子彈之前，地球上根本無法創造出可以進行熱核融合的高溫環境。當研究人員發現，原子彈爆炸中心點的溫度，居然比太陽內部的溫度還高 4 、5 倍時，做出氫彈就指日可待了。第一顆利用熱核融合的氫彈，是在 1952 年試爆的。在核分裂原子彈裡，由於受到臨界質量的限制，炸彈不可能做得太大，但是氫彈就沒有這種限制了。因此，今日美國貯存的氫彈，每一顆的破壞性都比第二次大戰末期投在廣島的原子彈，大上一千倍。

氫彈的應用，是發明用在破壞上而不是用來進行建設的例子。熱核融合如果能在控制的環境下進行，將是非常有前景且乾淨的能源。

可控制的核融合，是今日核能研究的聖杯

要控制核融合，必須在幾百萬度的高溫中進行。各位可以想像這要克服多大的技術困難，而且它還會產生大量的能量呢。隨便舉一個難題，可以製備實驗容器的材料很難找到，很多材質在到達反應高溫之前，早就熔解、氣化了。

目前研究的，是如次頁的圖 4.29 的雷射裝置。它把很多道雷射光集中在空間的某一個點上，再用同步裝置把固體的氫同位素小丸子，交叉送到雷射光束的焦點上。這些雷射光速的能量可以把氫同位素壓縮到比鉛重 20 倍的密度。這樣的核融合產生的能量，是雷射光能量的好幾百倍。就像汽油在汽缸裡的壓縮、爆炸過程可以持續輸出一連串的機械動力；同理，雷射融合裝置也可以產生電力，且應該可以產生十億瓦的電力，足夠供應有 60 萬人的城市所需。目前還在發展的是可靠的高能雷射裝置。

另一個發展中的技術，是用強磁場來卡住融合物質。在《觀念化學 V》的 19.3 節裡會舉些例子。

圖 4.29
(a) 利用多重雷射引發核融合的裝置。把氫同位素的小丸子射入同步雷射光束的焦點上。產生的熱利用熔融的鋰來傳導，去產生蒸氣。(b) 勞倫斯利佛摩實驗室的雷射融合裝置。總共有 10 束雷射光集中靶上。雷射光源來自 NOVA 這種目前全世界功率最強的雷射裝置。

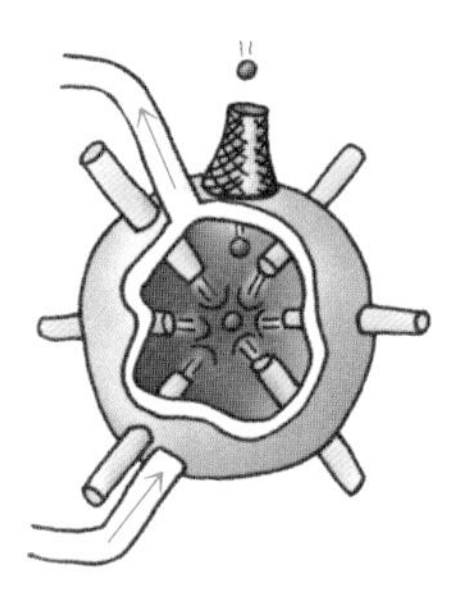
(a)

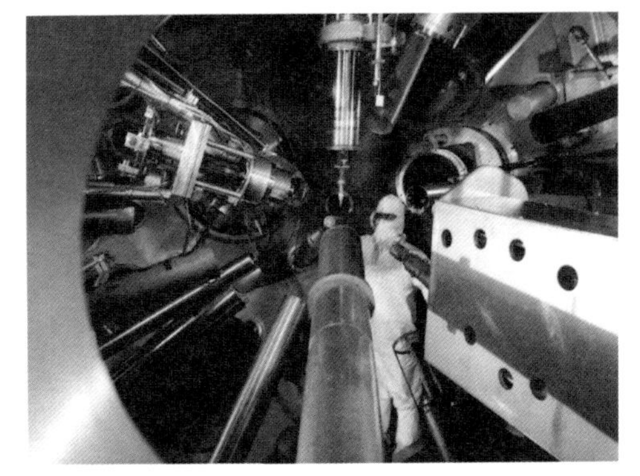
(b)

觀念檢驗站

核分裂與核融合是相反的過程，但卻都釋放出大量的能量，這是不是有些矛盾？

你答對了嗎？

當然不會。由圖 4.26 可以看出，核融合只發生在輕元素，核分裂只發生在重元素。它們的結果，都使核子的平均質量變小，因此會放出能量。

想一想，再前進

如果有一天，人類在太空裡漫遊，就像我們今日在地球上到處搭飛機飛來飛去那樣方便，他們不必擔心燃料問題。核融合的燃料——氫元素，彌漫整個宇宙。不只是恆星上有氫，連恆星間的太空裡也有氫元素。據估計，宇宙中 91% 的元素都是氫元素。未來人類會用的原料，無疑也是氫元素。因爲現存的所有元素，都是由很多氫原子經核融合產生的，簡單的說，8 個重氫的原子核經過核融合，就得到氧；26 個重氫經過核融合就可以得到鐵，以此類推。未來人類可能一面合成自己需要的元素，同時還產生能量來使用，就像恆星所做的事一樣。

關鍵名詞

放射性 radioactivity：鈾之類的元素釋出輻射的傾向，釋放出輻射會導致原子核改變。（4.1）

α 粒子 alpha particle：指氦的原子核，裡面包含兩個中子及兩個質子，是由某些放射性元素所釋出的。（4.1）

β 粒子 beta particle：原子核衰變期間所釋出的電子。（4.1）

γ 射線 gamma ray：放射性原子的原子核釋出的高能輻射。（4.1）

侖目 rem：測量輻射傷害時的輻射劑量的單位。（4.2）

強核力 strong nuclear force：核子之間的強大交互作用力（吸引力），只有在非常非常非常近的距離才有作用。（4.4）

遷變 transmutation：經由質子的得或失，從一個元素的原子核轉變成另一個元素的原子核的過程。（4.5）

半衰期 half-life：放射性同位素裡的半數原子，發生遷變所需的時間。（4.6）

碳-14 年代測定法 carbon-14 dating：測量物質中的放射性同位素碳的存量，以推測遠古生物存在的年代。（4.7）

核分裂 nuclear fission：一個重原子核分裂成兩個輕原子核的過程，並釋出很多能量。即是俗稱的核分裂。（4.8）

連鎖反應 chain reaction：一種自動連續的反應，其中分裂反應的產物會刺激進一步的反應。（4.8）

臨界質量 critical mass：在反應器或核彈中所需裂解物質的最低質量，用以支撐連鎖反應。（4.8）

核融合 nuclear fusion：兩個輕原子核結合成重原子核的過程，並釋出很多能量。即是俗稱的核融合。（4.10）

熱核融合 thermonuclear fusion：利用高溫把原子核相融合。（4.10）

延伸閱讀

1. 沃德羅普的（M. Mitchell Waldrop）〈杜林殮布：即將解謎〉（The Shroud of Turin: An Answer Is at Hand, Science, September 30, 1988）：
描述為了「杜林殮布」測定年代的始末。（譯注：很多人認為杜林殮布是耶穌死後裹屍的布條。）

2. http://www.friendsofpast.org
非營利組織的網站。利用考古學的證據，促進科學家和民眾對古代美洲人的瞭解。重點是有關「肯尼維克」（Kennewick）人的辯論。這一具 9000 年前的骸骨，據說和美洲的原住民有血緣關係。

3. http://www.iaea.or.at
   國際原子能總署（IAEA）的網站。幾乎所有和核能技術有關的議題都包括在內。本章討論的很多觀念，都可以在這裡找到應用的實例。
4. http://www.iter.org
   國際熱核實驗反應器計畫的網站。裡面有關於核融合的最新科技和政策方向。
5. http://www.rw.doe.gov/homejava/homejava.htm
   這是「民用放射性廢料處理辦公室」（Office of Civilian Radioactive Waste Management）的網站。這個辦公室在 1982 年成立，管理美國發展核武器過程中，產生用過核燃料的處置系統與計畫。在這裡各位可以找到美國政府對猶卡山（Yucca Mountain）和內華達州成爲核廢料處置廠的官方立場。

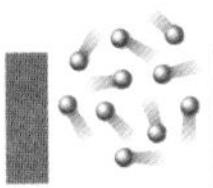

第4章　觀念考驗

關鍵名詞與定義配對

α 粒子	核分裂
β 粒子	核融合
碳-14 年代測定法	放射性
連鎖反應	侖目
臨界質量	強核力
γ 射線	熱核融合
半衰期	遷變

1. ______：鈾之類元素的特性，有放出放射線同時改變原子核的趨勢。
2. ______：氦元素的原子核。由某些放射性元素釋放出來，含有兩個質子和兩個中子。
3. ______：由原子核射出來的電子。
4. ______：由放射性元素的原子核射出來的高能射線。
5. ______：一種度量放射線對活組織傷害能力的單位。
6. ______：核子間的交互作用力，作用的範圍非常非常的小。
7. ______：元素的原子核經由得到或損失質子，變成另一種元素原子核的過程。
8. ______：放射性同位素的樣品衰變一半所需的時間。
9. ______：利用度量物質含的碳同位素，來估計古生物遺骸年代的方法。
10. ______：一個較重的原子核分裂成兩個較輕的原子核，同時放出很多能量的過程。

11. ______ ：一種自動持續進行的過程，由一次分裂事件的產物觸發了後續的分裂。
12. ______ ：分裂的物質要維持連鎖反應所需的最少質量。
13. ______ ：兩個輕原子核結合成一個重原子核，伴隨大量能量釋放的過程。
14. ______ ：由高溫產生的核融合。

分節進擊

4.1 由陰極射線發現放射性

1. 侖琴在1896 年時發現了什麼？
2. 貝克勒耳如何知道，鈾發出來的放射線和磷光沒有關係？
3. 誰定出「放射性」一詞？
4. α 粒子、β 粒子和 γ 射線所帶的電荷有什麼不同？
5. α 粒子、β 粒子和 γ 射線，哪一種的穿透力最強？

4.2 放射性是自然現象

6. 你最常碰到的輻射來源是什麼？
7. 身體的細胞遭輻射破壞或遭輻射殺死，哪一種情況比較糟糕？
8. 地球上的放射性是新東西嗎？試述其詳。
9. 什麼是「侖目」？

4.3 放射性同位素是有用的示蹤劑與醫學造影劑

10. 什麼是放射性示蹤劑？
11. 放射性同位素如何用於醫學影像？

4.4 放射性是原子核內部力量不平衡造成的

12. 原子核裡的強核力和電力有何不同？
13. 中子在原子核裡扮演什麼角色？
14. 爲什麼原子核裡的中子數目，有一定的限制？

4.5 放射性元素會遷變成不同的元素

15. 釷的原子序是 90，發生了 α 衰變後，變成的新元素原子序是？
16. 第 15 題的釷元素如果發生 β 衰變，變成的新元素，原子序是多少？
17. 當一個原子核放射出 α 粒子後，原子序會有什麼變化？如果是放射出 β 粒子呢？
18. 目前存在地球上的鈾元素，經過長時間後，最後的命運是什麼？

4.6 半衰期愈短，放射性愈強

19. 放射性樣品的「半衰期」是指什麼？
20. 鐳-226的半衰期是多少？
21. 放射性同位素的衰變率和半衰期有什麼關係？

4.7 同位素的年代測定法可度量物質的年代

22. 宇宙射線與物質的遷變有什麼關係？
23. 大氣中的碳-14是如何產生的？
24. 碳-12 和碳-14，哪一個具有放射性？
25. 爲什麼活著的動物，骨頭裡含的碳-14，比死去的老祖宗骨頭裡的碳-14 還多？
26. 爲什麼碳-14 年代測定法無法判定古幣的年代，卻可以判定古代衣物的年代？
27. 爲什麼在所有的鈾礦裡，都能發現鉛的沉積？
28. 岩石中鉛和鈾的比例，爲什麼能透露出岩石的年齡？

4.8 核分裂是指原子核的分裂

29. 為什麼鈾礦不會發生連鎖反應？
30. 兩塊鈾-235 比較容易發生連鎖反應，還是把它們合成一塊比較容易反應？
31. 核能發電廠的核反應器和火力發電廠的鍋爐有何相似之處？有何不同之處？
32. 核反應器裡的控制棒有什麼功能？

4.9 核質量生成核能，核能造就核質量

33. 要把一個核子拉出原子核，是否需要做功？核子若單獨存在，質量是否比在原子核內時要大些？
34. 一個核子由原子核拉出後，質量的多寡和它出身的原子核有沒有關係？
35. 鈾元素裡，每一個核子的平均質量和鈾分裂碎片裡每個核子的平均質量，哪一個大？
36. 如果鐵原子核分裂成兩塊，分裂碎片的核子平均質量會多於分裂前，還是少於分裂前？
37. 如果一對鐵原子產生核融合，產物的核子平均質量會增加還是會減少？

4.10 原子核與原子核結合叫核融合

38. 當兩個氫同位素經核融合後，它的核子平均質量比起氫同位素的核子平均質量，是增加還是減少？
39. 太陽的能量從何而來？
40. 核融合反應與核分裂反應有什麼不同？

高手升級

1. 爲什麼鐳的樣品總是比周圍的環境稍微溫暖？
2. 氫原子核可能放射出 α 粒子嗎？爲什麼？
3. 爲什麼在磁場裡，α 粒子與 β 粒子偏轉的方向不同？爲什麼 γ 射線不偏轉？
4. α 粒子帶的電荷是 β 粒子的兩倍，但在磁場裡的偏轉卻比較小，爲什麼？
5. α、β 和 γ 這些放射性中，哪一種輻射對原子序的改變最大？對原子量改變最大的又是誰？
6. α、β 和 γ 這些放射性中，哪一種輻射對原子量的改變最少，對原子序改變最小的又是誰？
7. α、β 和 γ 這些放射性中，哪一種輻射對高空飛行的乘客影響最大？
8. 用質子來轟擊原子核時，爲什麼要給予很高的動能才能讓質子靠近目標原子核？
9. 爲什麼 α 粒子的穿透能力比 β 粒子弱？
10. 有什麼證據支持下面的假設：在原子核裡的短距離之內，核子間的強核力大於電力？
11. 銫-137 的半衰期是 30 年，是核電廠常見的分裂產物。要多少年才會衰變到原來的十六分之一？
12. 鉍-213 放射 α 粒子，衰變後會成爲哪一種新元素？如果它放射的是 β 粒子，又會形成什麼新元素？
13. $^{226}_{88}Ra$ 衰變時會放出 α 粒子，新原子核的原子序是多少？原子量是多少？
14. 當 $^{218}_{84}Po$ 放射出一個 β 粒子後，新元素的原子序和原子量各是多少？如果放射的是 α 粒子，又會如何？
15. 元素要經過什麼衰變，在週期表的位置上才會後退一格？
16. 週期表上，位置在鈾之後的元素，半衰期都非常短，因此在自然界幾乎不存在。但是確有一些元素，雖然位在鈾元素之後，半衰期也短，卻還有一定的數量。爲什麼？

17. 你和朋友一起去登山接近大自然，以避開像放射性這類令人討厭的東西。當你們泡在天然溫泉時，你的朋友對溫泉怎麼得到溫度的，覺得很好奇。你該如何告訴他？
18. 從事與放射性有關的人，通常都戴著佩章來記錄身體接受到的輻射劑量。每一個佩章裡有一張可以感光的底片，包在不透光的紙裡。這種佩章偵測哪一種游離輻射？它們如何判定一個人接受了多少輻射劑量？
19. 煤裡含有微量的放射性物質。但是燃煤的火力電廠，排入環境裡的放射性物質總量，卻比核電廠還多。這表示這兩種型式電廠的屏蔽設計，有什麼不同之處？
20. 一位朋友利用蓋革計數器，度量周圍的背景輻射。蓋革計數器在偵測時會發出響聲。另一個朋友對蓋革計數器敬而遠之，儘量不在聽得到計數器聲響的範圍內。通常對一件事最害怕的人，對這件事的瞭解往往是最少的。這個害怕的朋友跑來詢問你的意見，你應該說什麼？
21. 對於年代超過五萬年的東西，碳-14 年代測定法就不夠準確了，爲什麼？
22. 「死海卷軸」的年代是用碳-14 年代測定法來決定的。如果它們是刻在石頭上的，能不能用這種年代測定法？爲什麼？
23. 有一種放射性元素的半衰期是 1 小時。假設在正午時，你有 1 公克樣品。到下午 3 點還剩下多少？下午 6 點呢？晚上 10 點呢？
24. 爲什麼核分裂不太可能用來直接驅動汽車？那麼要如何間接使用呢？
25. 爲什麼中子比質子或電子更適合用來撞擊原子核？
26. 當兩塊可裂變物質結合成一塊時，中子在逸出物質的表面之前，平均行走的距離是增加還是減少？這塊可裂變物質發生爆炸的機率是增加還是減少？
27. 爲什麼在天然的礦物裡，鈽的沉積量不多？
28. 鈾-235 每次裂變，平均放出 2.5 個中子。而鈽-239 的裂變平均產生 2.7 個中子。你認爲這兩種元素，哪一個的臨界質量小些？

29. 當核燃料棒在結束燃料循環（一般是 3 年）後，為什麼大部分的能量會來自鈽的分裂？
30. 如果 $^{232}_{90}Th$ 的原子核吸收了一顆中子，接著進行兩次 β 衰變，最後會變成哪個原子核？
31. 預測核分裂或核融合釋放的能量，並解釋科學家如何使用原子核的質量表和 $E=mC^2$ 公式。
32. 金、碳、鐵這些元素，要經過核分裂或核融合才會釋出能量？
33. 如果鈾原子核分裂成三個質量大約相同的碎片，放出的能量會大於分裂成兩塊時嗎？試依圖 4.26 和 4.27 說明。
34. 解釋放射衰變如何加熱地球的內部，而核融合又如何從地球外部給地球熱量。
35. 想像一下，當核融合成功後，人類的生活會有什麼改變？

ANSWER

觀念考驗解答

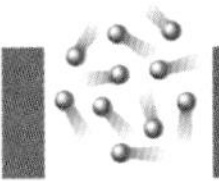

第1章 化學是一門科學

關鍵名詞與定義配對

1. 科學
2. 次顯微
3. 化學
4. 物質
5. 基礎研究
6. 應用研究
7. 科學假說
8. 對照組試驗
9. 理論
10. 質量
11. 重量
12. 體積
13. 能量
14. 位能
15. 動能
16. 溫度
17. 溫度計
18. 絕對零度
19. 熱
20. 固體
21. 液體
22. 氣體
23. 熔化
24. 凝固
25. 蒸發
26. 沸騰
27. 凝結
28. 密度

分節進擊

1.1 化學是對生活有益的中心科學

1. 分子是由原子構成的。原子結合成比較大的分子結構，但分子結構仍是很小的單位，且是物質的基本單位。
2. 基礎研究引發應用科學，應用研究著重應用科學的發展。而應用科學所應用的原理，是經由基礎研究發現的。
3. 化學和所有的科學都有關連，所以化學是一門中心科學。
4. 化學製造業的成員，已經推動一項名叫「環境責任」的計畫，只製造那些不會危害環境的產品。

1.2 科學是瞭解宇宙的方法

5. 麥克林托克和貝克教授，研究的是極地海洋生物分泌的毒性化學物質，這種化學物防止極地海洋生物遭掠食者吃掉。
6. 麥克林托克和貝克做了兩組丸子，餵食那些掠食魚類。一組含有海蝴蝶的萃取液，另一組沒有。餵食後，掠食魚會吐出含海蝴蝶萃取液的丸子。
7. 對照組試驗是控制單項變數，把實驗的可能結論數目降到最低。
8. 由於在試際實驗的過程，很可能有誤差，因此如果別的科學家重做同樣的實驗，也能得到同樣的結果，這項實驗才算是有效的。
9. 經過一連串的重新定義與調整，科學理論也會演變。修正後的理論會更正確。
10. 科學無法回答哲學性的問題。

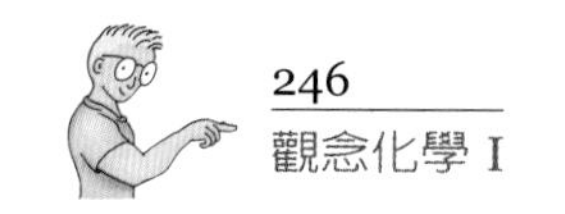

1.3 科學家度量的物理量

11. 沒有單位的數值是沒有意義的。
12. 兩個慣用的單位系統是「美國商用系統」（英制）和「國際單位系統」（公制）。
13. 公制單位的前置詞，可顯示出相鄰的兩個單位間有 10 倍數的關係。
14. 公寸是十分之一公尺，微米是百萬分之一公尺，公寸比較大。
15. 一公斤等於 一千 公克。
16. 一毫克等於千分之一公克。

1.4 質量和體積

17. 物體對運動狀態改變的抵抗，就是慣性。而質量是慣性的度量。
18. 重量和兩個物體間的重力吸引力有關，是比較複雜的觀念。
19. 由於重量和重力有關，在不同的地方，重量的數值會改變。
20. 體積是指物體所占空間的大小。
21. 質量是物體含有多少物質的度量，體積是這些物質占了多少空間的度量。

1.5 能量使物體移動

22. 能量是一種抽象的概念。只有在它發生作用時，我們才能察覺它的存在。
23. 由位置而來的能量稱爲位能。
24. 由運動而來的能量是動能。
25. 卡路里比焦耳大 4.184 倍。
26. 一大卡是 一千卡路里，因此大卡比卡路里大。

1.6 溫度測量東西有多熱，而不是有多少熱量

27. 熱咖啡裡的分子，運動得比冷咖啡裡的分子快。

28. 大部分的物質加熱後，粒子運動得比較快，因此體積會增加。
29. 凱氏溫標把零度放在沒有任何原子和分子運動的點上。
30. 一個游泳池的沸水，熱量高於一杯沸水。
31. 熱永遠從較暖的物質流向較冷的物質。
32. 溫度的差異決定熱量的流向。熱永遠從溫度高的物體流向溫度低的物體。

1.7 物質的相和粒子的運動有關

33. 在固體裡，粒子固定在三維空間的結構裡。在液體裡，粒子可以無拘無束的彼此滾來滾去。
34. 氣體粒子的能量很高，高過了彼此間的吸引力，是因此能充滿所有可用的空間。
35. 水蒸氣是氣態的水，占的體積最大。
36. 氣體粒子穿過房間要花比較久的時間，是因爲它們不但彼此撞來撞去，也會和空氣裡的其他粒子撞來撞去。
37. 蒸發時，有些液體分子有足夠的能量可以跑出液面。
38. 凝結必須移除熱量。
39. 蒸發需要供給熱量。
40. 如果在液面下發生了蒸發現象，叫做沸騰。

1.8 密度是質量對體積的比

41. 質量較大的物體，密度不一定比較大。例如黃金打造的婚戒，密度高於大塊木頭，但質量並不一定超過木塊。
42. 密度較高的東西，質量不一定比較大。例如彈珠的密度高於保麗龍，但一大塊保麗龍的質量可能比彈珠大。
43. 密度是質量對體積的比值。
44. 當氣體壓縮在較小的體積內，密度會提高。

高手升級

1. 「高手升級」的設計，是希望你能把從本章內容和做「分節進擊」得到的觀念，做進一步的發揮。如果你沒有熟讀內容或練習「分節進擊」，做起「高手升級」來會非常吃力。「高手升級」裡的題目也是考試會碰到的題目。要想得到最大的學習效果，你應該用自己的意思來回答並試著用筆寫下來或用口語解釋給朋友聽。
2. 從巨觀的角度來看，東西好像是連續的；但是從微觀的角度來看，我們會發現物質都是由很小的顆粒（例如原子或分子）構成的。同樣的，若遠遠的看，電視上的影像好像是連續的圓滑影像，但是若把它放大且近看，我們會發現上面的影像其實是由個別的光點構成的，並變換各種彩色來呈現完整的影像。
3. 生物學是把化學的原理應用在生物上；化學是把物理原則應用在原子和分子上；物理則是研究大自然的基本規則，這些規則經常是很簡單，且能用數學公式來表示的。由於生物學是這三門科學中層級最高的學問，一般認爲它也是最複雜的。
4. 化學是研究物質的學問，有不同的研究層級，對象遍及次顯微、微觀和巨觀事項。
5. 好的科學家在碰到相反的證據時，必須改變自己的心意和想法。堅持某種無法測試，或已經證實是錯誤的假說或理論，是違反科學精神的。
6. 如果科學研究僅限於用某種特殊方法來進行，科學就不會進步得那麼快。科學家要嘗試所有的可能性，儘量利用不同的方法，使自己的研究得到最多的知識和最大的成果。
7. 假說是用來解釋某種觀察現象，是可以測試的假設。理論是範圍更廣的想法，能用來解釋很多相關的現象。
8. 任何假主張最後終究會遭拆穿。因此，科學家首重誠實競爭。
9. 這是很尋常的情況。如第 3 題的答案所討論的，不同的科學之間有很多重疊的部分。貝克感興趣的，可能是海蝴蝶產生的化學物質在人類生活上有什麼用。而麥克林托克想知道的，則是海蝴蝶如何用這東西來自衛。我們看到對相同的現象有兩種不同的研究取向。科學家共同研究某個系統，除了彼此互相學習之外，還可以分享研究資源。

10. 科學假說，至少（在原則上）必須是可以測試的。測試的結果，可看出相關的假說是不是正確的。不管怎樣，可以設計出可測方法的假說，才算是科學假說。上面的陳述只有 a、c、e、g 和 h 符合這項標準。

11. 如果植物生長的所有材料都來自於泥土，則把樹種在盆子裡，當樹長大後，樹旁應該會有一個大洞才對，且樹長大後，盆裡的泥土，重量應該會變少。

12. 例子舉不完。例如早就證實電的知識非常有用，且是現代社會的基礎。電導致危險只是少數的個案，傷害的是兒童和不懂電的人，懂電的人受傷的機會非常少。害怕用電損失很大，不是一般人該有的態度。

13. 汽車的體積改變了，連帶平均密度也改變了。

14. 如果你沒有穿救生衣掉在海裡，大概會比較喜歡 0.1 公克的黃金。如果環境安全無虞，大家都喜歡 1 千公克的黃金。1 千公克是 0.1 公克的一萬倍。

15. 在太空深處無重力狀態下，漂浮在空中的物體可能有質量而沒有重量。但物體一定要有質量才會有重量，因此不可能有任何物體單有重量而沒有質量。

16. 因爲質量與重量表示的是不同的物理量。質量是指物體到底含有多少「物質」，重量是兩件物體間因重力產生的吸引力。通常這兩件物體裡，有一件指的是月球或行星。

17. 6 千公克的物體，質量永遠是 6 千公克，不管在哪裡都一樣。

18. 是的，二千公克的鐵塊，質量是 一 千公克鐵塊的兩倍。重量和體積也是兩倍。

19. 二千公克鐵塊的質量，是 一 千公克木塊的兩倍。但體積是另外一回事。木塊的密度比鐵低很多，因此 一 千公克木塊的體積比 二 千公克的鐵塊大很多。

20. 動能和物體的運動有關，因此比位能明顯。具有位能的物體很可能是靜止的。

21. 人死後，身體還是具有能量。具有的是化學位能，會在焚化時釋放出來。
22. 溫度度量的，是物質在次顯微尺度下粒子的平均動能。它量的是物質的「熱度」。
23. 玻璃會熱脹冷縮。因此，只要加進內層玻璃杯的是冷水，淋在外層玻璃杯的是熱水，就可以把它們分開。
24. 在超音速飛行時，機身和空氣間的摩擦力會使機身的溫度急遽升高，導致機身因熱而膨脹。
25. 游泳池的總能量比較高。只要想想用電來加熱這兩種情況，哪一個花的電費比較高，就知道了。
26. 是一樣的，石頭會變冷而海水會變熱。但因爲石頭含的熱量很少，因此海水溫度的升高是微不足道的。
27. 在 25℃ 時，物質次顯微粒子都含有部分熱能。如果粒子間的吸引力不強，它們會彼此分開成爲氣體；如果吸引力很強，它們就綁在一起形成固體。因此，我們可以假設 25℃ 的固體，次顯微粒子間的吸引力比同溫的氣體物質大很多。
28. b 圖內每個粒子後的長尾巴，代表它運動得比較快。a 圖 中的粒子，集中在容器的一側，這是不可能的情況。因爲氣體分子的運動是隨機且漫無方向的。你或許會認爲 a 圖的氣體比較熱，因爲較熱的氣體會上升。這好像有些道理，但 a 圖中粒子的尾線並不長，表示它們並不是在快速的運動。 c 圖的粒子比較胖。但受熱後的氣體粒子並不會變胖，只是平均的動能比較高，運動得比較快而已。
29. 我們可以從粒子間相距的空間大小，判斷出粒子的相態。a 圖中粒子的間距有兩種，所以應該有兩種相態共存。a 圖中左邊的粒子排列得緊密整齊，顯示這邊的粒子是固體，因此 a 圖應該是固體與液體共存的狀態。如果把熱移除，會使粒子全都凝結成固體，所以中間的 b 圖畫出來，就是固體緊密排列的樣子。如果對 a 圖加熱，裡面的粒子會全部變成氣體，如 c 圖所示。如果圖中的粒子是水分子，則 a 圖代表冰熔化成水的情況，溫度爲 0℃。

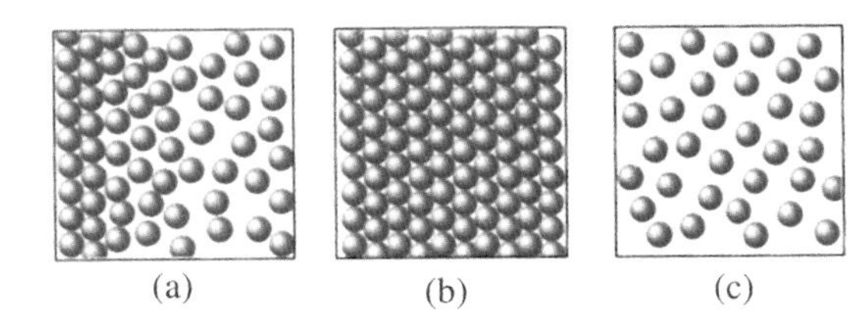
(a) (b) (c)

30. 冰箱裡的溫度很低，水蒸氣中的水分子移動得很慢，使它們很容易附著在冰箱內壁或其他的水分子上。
31. 密度是物體質量對體積的比值。當質量不變而體積減少時，密度會增加。
32. 1982年以後鑄造的一分錢美金，只有內部用鋅，外面那層是銅。銅的密度比鋅大，因此整個硬幣的密度稍大於鋅。
33. a 圖的密度最高。因爲在相同的體積裡，它擁有的粒子數目最多。由於 a 圖裡的粒子彼此靠得很近，粒子的分布又是隨機的，因此它代表液態。c 圖是氣態，它發生在溫度很高的時候。因此，c 圖代表的溫度最高。至於絕大多數的物質，固態的分子排列都比液態時緊密。但這裡的圖形顯示，液態分子的排列（a圖）卻比固態（b圖）緊密，這正是水的特性之一，我們在《觀念化學 II》的第 8 章會詳細介紹。固態的水（冰），密度小於液態的水（水）。

思前算後

1. 乘上換算因子就得到答案了。

   130磅 × 1 公斤／2.205 磅＝59 公斤
2. 如果一個人在地球上重 130 磅，不論他在哪兒，質量都是 59 公斤，但如果他在月球上重 130 磅，就是另一回事了。從圖 1.13，我們知道質量 1 公斤在月球上，重量只有 0.37 磅。因此，我們利用不同的換算因子來求答案。

130磅 × 1公斤／0.37磅＝350 公斤

在地球上，這個質量 350 公斤的人，重是

350 公斤× 1 公斤／0.37 磅＝770磅

3. 乘上適當的換算因子，就得到答案了。

230,000 卡路里 × 1 焦耳／0.239 卡路里＝ 960,000 焦耳

4. 洞裡的土是 0 毫升（是個洞嘛！），但空氣則有：5 公升 ×1000 毫升／1公升＝5000毫升。

5. 密度是質量除以體積。

密度＝質量／體積＝52.3公克／4.16毫升＝12.6公克／毫升

從表 1.3，我們知道純金的密度是 19.3 公克／毫升。因此你的這個東西，離純金很遠呢。

6. 從表 1.3，我們知道純金的密度是 19.3 公克／毫升，利用下面的公式可求出它的體積

V＝M／D＝52.3 公克／19.3 公克／毫升＝2.71毫升

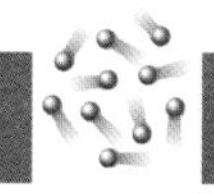

第2章 化學元素

關鍵名詞與定義配對

1. 物理性質
2. 物理變化
3. 化學性質
4. 化學變化
5. 化學反應
6. 元素
7. 週期表
8. 原子符號
9. 元素組成式
10. 化合物
11. 化學式
12. 混合物
13. 純物質
14. 不純物
15. 非勻相混合物
16. 勻相混合物
17. 溶液
18. 懸浮液
19. 金屬
20. 非金屬
21. 類金屬
22. 週期
23. 族
24. 週期性
25. 鹼金屬
26. 鹼土金屬
27. 鹵素
28. 惰性氣體
29. 過渡金屬
30. 內過渡金
31. 鑭系元素
32. 錒系元素

分節進擊

2.1 物質有特定的物理和化學性質

1. 物質的物理性質是指它在物理上的性質，如顏色、硬度、密度、結構和形態。
2. 物質的化學性質是指物質和別的物質發生反應，變成另一種物質的趨勢特性。
3. 發生物理變化時，物質的化學組成不變。
4. 有時候，不管物理變化或化學變化，物質的外觀都可能發生改變，因此這兩種變化不那麼容易區別。
5. 如果回復原來的狀態時，物質也回復原來的外觀，就是物理變化。如果物質變化成具有不同物理性質的東西，那就是化學變化。

2.2 原子是構成元素的基本材料

6. 每一種元素都只含有一種原子。
7. 原子是指樣品中的次顯微粒子，元素則用於微觀或巨觀的樣品上。
8. 元素組成式 S_8 代表一個硫分子包含了 8 個硫原子。

2.3 元素可以結合成化合物

9. 一種元素中只含一種原子，化合物則是由不同的原子結合成的。
10. H_3PO_4 的分子共有 8 個原子，分別是：3 個氫原子，1 個磷原子和 4 個氧原子。要有這些原子才能結合成一個 H_3PO_4 分子。
11. 化合物的物理和化學性質，不同於組成元素的物理和化學性質。
12. KF 是氟化鉀（potassium fluoride）。
13. 二氧化鈦的化學式是 TiO_2。

14. 常用物質的俗名比系統化命名好用。

2.4 大部分的物質是混合物

15. 不純的物質就是混合物。
16. 混合物可以用過濾或蒸餾法來分離。這個分離方法是利用物質有不同的物理性質來進行的。
17. 蒸餾是在混合物的某種成分沸騰時，把這個成分的蒸氣以另一個容器收集起來。
18. 氮在 80K（－193℃）的時候是氣體，那時候氧還是液體。

2.5 化學把物質分為純物質與不純物兩類

19. 原子和分子都非常小。如果一兆個原子或分子中，有一個不一樣，物品就不純了。
20. 地球與海水都是非勻相混合物。牛奶、血液與鋼則是勻相混合物。鈉是元素。
21. 溶液裡所有成分的狀態都相同；但在懸浮液裡，各成分的狀態不同。
22. 離心機可以確認某種混合液體是溶液或是懸浮液。離心機會把懸浮液的各成分分開。

2.6 元素依性質，有秩序的排在週期表裡

23. 元素週期表是依各元素的物理與化學性質排列的。
24. 大部分的已知元素是金屬。
25. 氫在非常高壓時，行爲很像液態金屬。在一般情況下，氫原子結合成 H_2，行爲像非金屬氣體。
26. 非金屬對熱和電的傳導性都很差，且大多是透明的。
27. 類金屬的位置介於金屬和非金屬之間。
28. 週期表上有七個週期，共分成 17 族元素。

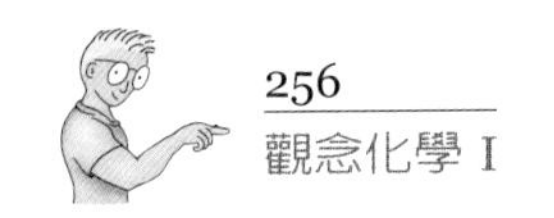

29. 在任何一個週期上，元素的性質會依序逐漸改變。
30. 鹼金屬（Alkali）這個字是來自阿拉伯語的 al-quli，意思是灰。鹼金屬通常可以在灰燼裡找到。
31. 鹵素會形成鹽類。在希臘文裡，halogen 的意思就是「形成鹽」。
32. 第 18 族元素在室溫下都是氣體，又稱為「惰性氣體」。
33. 內過渡金屬通常單獨抽出，列在主週期表下方，是為了使整個週期表能列成一頁。
34. 內過渡金屬有類似的性質，在自然界中常一起出現，使它們很難單獨分離出來。

高手升級

1. 這是非常明顯的物理變化。由於你睡覺時是平躺的，不再有作用在脊椎上的壓力，使脊椎間可以稍微擴張開來。因此，你在早晨剛起床時會比較高。太空人在結束太空旅行剛回地球時，會比出發的時候高，有時會高約 5 公分左右。
2. a. 化學變化；b. 化學變化；c. 物理變化；d. 化學變化；e. 化學變化；f. 化學變化；g. 物理變化。
3. 在 B 圖裡，原子結合的方式與變化前的 A 圖不同，因此它是化學變化。
4. B 圖代表液態。因為在圖中我們可以很清楚的看出，分子集中在圖的下方。但是這個圖所能透露的訊息，也有限制。分子在液體中的緊密程度與在固體中類似。除非你能看出分子是如何移動的，才能確定它是固體或液體。B 圖的分子不管是液體或固體，都是化合物。因為它們是由不同的原子結合而成的。因此，B 圖中化合物的物理性質和 A 圖中的元素有很大的差異。舉例來說，如果兩個圖是在同樣的溫度下，我們可以看出 B 圖的化合物沸點比較高。但也可能 B 圖裡物質的沸點，比 A 圖裡的元素低；在這種情況下，B 圖的溫度就比 A 圖低了。簡單的說，由於兩圖裡的東西完全不同，我們無法從圖中表示的狀態，去判斷它們對應的溫度到底誰高誰低。

5. 從 A 圖到 B 圖，代表物質經過了物理變化。因爲 B 圖裡並沒有出現新的分子。B 圖底部有一些 ●● 的分子聚集，代表它是液態或固態，是從 A 圖的氣態變化而來的。會有這種變化一定是溫度降低了。在這個低溫狀態下，●● 分子仍是氣態的，它的沸點比較低；●● 分子的沸點比較高。
6. 火焰附近的蠟會熔化，這是物理變化；液態的蠟受燭蕊吸上去後發生燃燒，這是化學變化。
7. 如果元素的符號與它的英文名稱不同，這個元素應該是很早就發現的。例如：鐵（iron, Fe）、金（gold, Au）和銅（copper, Cu），都是最早發現的元素。
8. 水裡所有的氧原子都和氫原子結合，形成水分子。水分子和構成它的氧分子（O_2）與氫分子（H_2）是完全不同的東西。我們身體的構造，只能吸收氣態的氧分子。水裡只有水分子（H_2O），氧分子很少，因此我們在水中會窒息。
9. 所謂百分率，是分母爲 100 的分數。如 50%，就是 50/100。要求出某個東西的 50%，你可以乘上 0.5。0.0001% 換成小數就是 0.000001。當把 1×10^{24} 乘上 0.000001，會等於 10^{18}。如果水中這部分的雜質是殺蟲劑，看起來當然不少，有點觸目驚心。但是水分子的數量超過雜質很多（詳情請見下一題），因此這麼微量的殺蟲劑是沒問題的。比方說，美國在 1990 年鑄造了 120 億枚的一分錢硬幣。這個數量當然是非常的龐大，但比起在市面上流通的三千多億枚，這個量又是微不足道的了。
10. 我們先找出玻璃杯裡水分子的數目和雜質分子的數目，再互相比較。根據第 9 題，玻璃杯裡的水分子有一兆兆個。如果水的純度是99.9999%，則雜質分子有一百萬兆個。一兆兆是一百萬兆的一百萬倍。所以水分子是雜質分子的一百萬倍。換句話說，每一百萬個水分子中，才有一個雜質。因此儘管雜質分子多達一百萬兆，水分子的數量還是比雜質多得多。
11. 仔細研究第 9 題的答案，你就知道這種水眞是純得不得了。

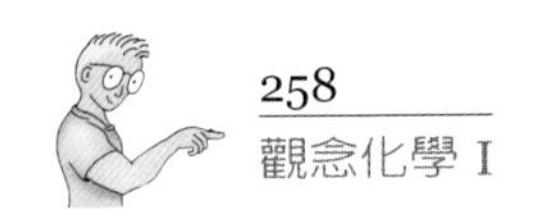

12. 雞湯麵和土壤都是由很多不同的成分混合成的。而且這些成分大部分都是用肉眼就清晰可辨的。
13. 鹽是氯化鈉，屬於化合物；麵粉是天然物，屬於混合物；不銹鋼是鐵、碳與金屬元素製成的混合製品，屬於混合物。自來水是一氧化二氫加雜質，屬於混合物；糖的化學名稱叫蔗糖，是化合物。香草精是天然物，屬於混合物。奶油是天然物，屬於混合物。楓糖漿是天然物，屬於混合物。鋁是金屬，在純物質時是元素。（市面上的鋁製品，大部分都混有錳等其他金屬，也有合金的型式。）冰是一氧化二氫，屬於化合物類的純物質，如果冰是用不純的自來水做成的，就是混合物。牛奶是天然物，屬於混合物。咳嗽藥水是藥品，屬於混合物。
14. 化合物的物理與化學性質，和構成它的元素大不相同，兩者之間沒什麼關係。舉例來說，氧和氫在常溫下都是氣體。但這兩種氣體會化合成水，在常溫下是液體。同樣的，氯和鈉單獨出現時都具有毒性，但化合成氯化鈉之後，性質就完全不同，變成了調味用的食鹽。
15. A 圖是混合物、B 圖是化合物、C 圖是元素。三個圖裡，總共有三種不同的分子。一種是由兩個橘色圓球組成的，另一種是由一個橘色圓球和一個藍色圓球組成的，最後一種是由兩個藍色圓球組成的。
16. 這些化合物我們都經常碰到，因此大部分的人，包括化學家在內，都喜歡用它們的俗名。但是學名對化合物的描述比較清楚，因爲它說明了化合物是由哪些元素組成的。
17. 化合物裡的原子，是以化學鍵結合起來的，因此無法以物理方法來分開。但混合物的各種成分，可以用物理方法分開。
18. 把沙和鹽的混合物加水充分攪拌，再把沙用濾紙濾掉。用乾淨的水沖洗沙幾次，把鹽都洗出來。把鹽水收集起來，再把水蒸餾出來，留下的殘渣就是鹽了把濕的沙蒸乾後，就可以得到沙。至於鐵和沙的混合物，只要利用鐵會受磁鐵吸引的特性，就可以輕易把兩者分開了。

19. 化學性質牽涉的是化學變化。在經過化學變化後，物質就喪失了原來的性質。因此，你可以用化學方法分離混合物，但得到的是另一種完全不同的東西。也就是說，你必須再經過第二次的化學變化，才可能把它變回來。這可能是費時費力且不討好的事。比起用物理方法分離混合物，化學分離法效率差多了。
20. 元素結合成化合物，一定要經過化學變化。要把它還原，也就是從化合物再變成元素，必須經過化學變化。因此，只有化學作用可以把化合物裡的元素還原、分離出來。
21. 依據它們在週期表上的位置，我們發現鎵的性質比鍺更接近金屬。也就是說，鎵的導電性應該比鍺更好。因此用鎵做成的晶片，運算速度會快過鍺晶片。（但鎵的熔點很低，只有 30℃，使它很難用來做電腦晶片。但是鎵和砷的混合物，卻可以做成相當昂貴但運算超快的電腦晶片。）
22. 用強光照過空氣，你可以看到空氣中有很多懸浮的灰塵和微粒。由於這些懸浮的微粒，我們可以說，室內的空氣是非勻相混合物。幸運的是，我們的呼吸道會把大部分的灰塵粒子過濾掉。
23. 氦排在週期表最右邊第 18 族（第 8A 族）的位置上，是因爲它的物理與化學性質，都和第 18 族元素類似。
24. 這裡列出 16 個不同的元素。鋁（鋁箔紙）；錫（罐頭或錫箔）；碳（石墨或鑽石）；氦（氣球）；氮（占空氣的 78%）；氧（占空氣的 21%）；氬（約占空氣的 1%）；矽（電腦和計算機裡的晶片與積體電路）；硫（很多工業製程用到的原料）；鐵（在大部分的金屬製品中都有）；鉻（鍍在汽車保險桿或門把上的東西）；鋅（鍍鋅鐵釘上的東西）；銅（銅幣）；鎳（鎳幣）；銀（飾品）；金（飾品）；鉑（飾品）；汞（溫度計）等。
25. 鈣元素是建造骨骼的基本單元，因此身體要吸收很多的鈣。但鈣和鍶在元素週期表上是同一族，它們的物理性質與化學性質很接近，身體實在沒有辦法區分它們誰是誰，因此會把鍶誤認爲是鈣而加以吸收。

26. 硒是**非金屬**元素，在**週期表**上的位置正好在**類金屬**的旁邊。它的**原子符號**是Se，**物理性質**與**化學性質**都和同一**族**的**元素**類似。不含其他物質的物質是**純物質**，而純硒是不容易達成的理想狀態。在樣品裡的其他東西，叫做**不純物**。如果硒和不純物混合得很均勻且成爲一相，就成了**勻相混合物**。如果硒和別的元素起化學作用，會形成**化合物**，它的物理與化學性質就和硒不一樣了。硒這個元素在週期表上的第四**週期**（就是第四列），硒原子可能比它左邊元素的原子小。這是**週期性**的例子之一。
27. 根據鐵顆粒與脆片之間物理性質的差異，鐵會受磁鐵吸引而脆片不會，因此可以用磁鐵來分離。下次再打開一盒含鐵的脆片時，不妨試試看。
28. 綜合果汁是混合物。混合物按照物理性質的不同，有時候不同的成分會分離。開始時，水分子間會互相結合，凍成冰塊，並把糖分子排除在外。當部分的水分子變成冰塊，液態的水分子變得比較少，留在液體裡的糖分子，濃度就變高，喝起來比較甜。等到冰塊完全熔化後，因爲液態水分子增多了，糖的濃度會降低，喝起來就不那麼甜了。

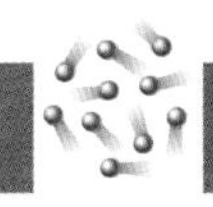

第3章 發現原子與次原子

關鍵名詞與定義配對

1. 鍊金術
2. 科學定律
3. 質量守恆定律
4. 定比定律
5. 陰極射線管
6. 電子
7. 原子核
8. 質子
9. 原子序
10. 中子
11. 核子
12. 同位素
13. 質量數
14. 原子量

分節進擊

3.1 化學的發展源自人類對物質的興趣

1. 依照熱、冷、乾、濕四種特性，可以解釋物質的組成與行為。
2. 火的熱量把物質的濕性趕走，用乾性取代。
3. 鍊金術提供了一些化學物質的性質資料以及蒸餾等化學技術。

3.2 拉瓦謝奠立了現代化學的基礎

4. 他定義元素是只有單一成分的物質，化合物是兩種以上元素組合成的物質。
5. 因為早期的研究人員並不知道，氣體在很多化學反應裡扮演重要的角色。

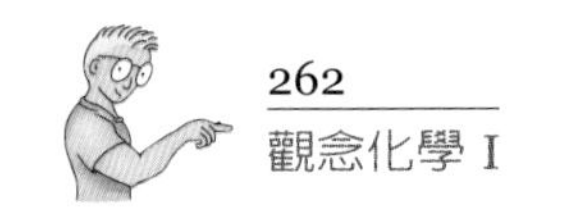

6. 拉瓦謝為氧元素命名。
7. 氫（hydrogen）的英文名稱是從拉丁文來的，意思是「水的生成者」。
8. 會生成 9 公克的水。

3.3 道耳吞推論出，物質是原子構成的

9. 道耳吞的定義是：元素是由原子這種不可分割的小顆粒組成的。
10. 不同元素的原子會結合成化合物，因為原子是以整數比結合的，因此元素也是以整數比結合的。
11. 假說2：在化學反應過程中，原子不會被創造，也不會遭毀滅。
12. 不同元素的原子，質量不同。
13. 道耳吞認為水的分子式是 HO，而不是今日的 H_2O。
14. 氫和氧的體積比是 2 比 1。
15. 氫和氧都是雙原子分子，每一個分子含兩個原子。
16. 在 1860 年的國際化學研討會，大家終於接受了亞佛加厥假說，但這已經是亞佛加厥死後的事了。
17. 門德列夫把元素以相對質量來排列，再依照它們的物理與化學性質，把相似的排在同一行或同一列，形成了後來的週期表。

3.4 電子是最先發現的次原子粒子

18. 陰極射線是指，在玻璃管的兩端分別裝上陰極和陽極，然後在兩極間加上高電壓時產生的射線。
19. 因為陰極射線是電子流，帶負電荷。
20. 他發現陰極射線的電子，在磁場裡的偏轉程度，與電子的質量和電荷有關。物質的質量愈大，愈不容易改變運動狀態，因此偏轉的程度小些；相對的，電荷愈大，受的電力愈強，偏轉愈厲害。

21. 約瑟夫・湯姆森必須知道電子的電荷，才能知道電子的質量。
22. 密立根發現，電荷的基本單位是 1.60×10^{-19} 庫侖。

3.5 原子的質量集中在原子核上

23. 拉塞福發現，每個原子都有一個密度很高且帶正電荷的核心，叫做原子核。
24. 拉塞福實驗中的 α 粒子，大部分都沒有偏轉，直接穿過金箔。
25. 拉塞福發現，有幾個 α 粒子居然給彈了回去。
26. 除非原子間形成了化學鍵，否則電的斥力會防止原子擠成一團。

3.6 原子核是由質子和中子構成的

27. 質子的質量約為電子的2000倍。
28. 質子的電荷和電子相等，但電性相反。
29. 原子序是原子的原子核裡，質子的數目。
30. 週期表內的元素，是依原子序的大小排列的。
31. 原子量是元素的所有同位素，依照各自的相對豐度求出的質量平均值，相對豐度以百分率表示。
32. 質子和中子都是核子。
33. 原子序是原子核內的質子數。質量數是原子核內質子和中子的總數。
34. 質量數是同位素裡核子的總數。原子量是一個原子總質量的度量值。

高手升級

1. 貓留下微量的分子在草地上，這些分子離開草地混入空氣中，之後進入狗的鼻子裡，觸動了狗的嗅覺細胞。
2. 如果身體的所有分子都保留在身上，這個人就沒有任何氣味。身體會有氣味產

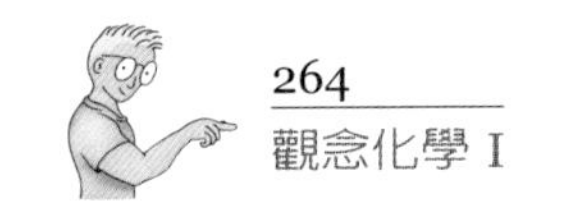

生，是因爲身體的一些分子離開身體，進入了別人的鼻子。

3. 原子不管是在老人身上或嬰兒身上，年紀都是一樣的。原子的年紀可能比太陽系還要老。
4. 新生兒身上的原子，和構成我們這個世界的原子一樣，都是遠古的星球爆炸而來的。
5. 從使用原子的觀點，我們能很有信心的說，我們每個人都是身邊其他人的一部分。因爲組成身體的原子，不但來自身邊的每一個人，也來自曾經活著的每一個人。
6. 在我們吸的每一口氣裡，都非常可能含有你當初呼出來的第一口氣裡的原子。這是因爲在我們肺裡空氣的分子數，大約等於地球大氣可以供呼吸的次數。
7. 拉瓦謝觀察到，錫分解成灰色粉末時，質量會增加。他假設錫是因爲吸收了空氣裡的某些物質，質量才增加的。他做實驗把錫放在浮在水面的木板，再把木板用玻璃罩子罩住，用放大鏡把錫加熱。結果觀察到罩子裡的空氣減少約 20%。他推論空氣裡有 20% 的氣體和錫發生反應。
8. 錫吸收了空氣裡的某些成分。當空氣裡的這些成分移除後，罩子裡空氣的壓力減少，水面就上升了。
9. 氧和氫作用生成水，氧與氫的質量比是 8 比 1。也就是說，1 公克的氫只會和 8 公克的氧作用（不多也不少）。如果氧氣總共有 10 公克，只有當中的 8 公克會和氫作用。剩下的 2 公克氧會遺留下來。反應後 1 公克的氫和 8 公克的氧可結合成 9 公克的水。
10. 從左到右分別是：B、D、A、C。它們的反應式如下：

    $A + B \rightarrow C$

    $C + B \rightarrow 3A + D$
11. 兩個都對。因爲度量的東西不同，比例當然就不一樣了。8：1 是質量比，而 1：2 是體積比。

12. A 和 D 是元素，B和C是化合物。
13. 鐵金屬裡只有一種原子，就是鐵原子（Fe）。但鐵銹是鐵和氧作用產生的氧化鐵（Fe_2O_3）。因此，鐵生銹後由於加入了氧原子，質量會增加。注意，生銹的部分已經不是鐵元素，而是氧化鐵了。
14. 最右邊的圖應該是 5 個氧分子，質量爲 8 公克，總共形成 9 公克的水。最右圖應該只畫一半大。因爲和別的圖相比較，它只有一半的分子數。最後，這些圖顯示的是巨觀的數量。每個圖上畫的分子，不應該當成單一分子來看待，而是代表很多個分子。例如，我們在《觀念化學III》第 9 章會學到 16 公克的氧（O_2），實際包含了 3.01×10^{23} 個分子，而不是在這一題裡描繪的 10 個氧分子。
15. 亞佛加厥假設，相同體積的氧氣和水蒸氣，含有相同數目的氣體分子。這項假設是正確的。爲了說明相同體積的氧氣比水蒸氣重的事實，亞佛加厥假設，氧氣粒子是由兩個氧原子緊緊結合而成的基本單位，就是我們現在說的氧分子（O_2）。由於氧分子是由兩個氧原子結合而成的，同體積的氧氣當然就比同體積的水蒸氣重。因爲水蒸氣分子裡只有 1 個氧原子（另外加上兩個比氧輕很多的氫原子）。
16. 如果所有原子的質量都相同，8 公克氧的數目，會是 1 公克氫的 8 倍。它們形成的水，分子式應該是 HO_8。
17. 對第一項反應來說，最右邊的圖應該和它隔壁的圖一模一樣，每個圖應該都有 36.5 公克。對第二項反應而言，氫的數量不夠讓所有的氯氣都反應掉。因此，只有 36.5 公克的氯化氫生成。右邊一半大小的圖形，應該只包含 5 個作用後剩下來的氯氣分子，質量應該是 35.5 公克。
18. 注意這些圖形裡，都包含相同數目的分子。因此，B氣體重三倍，表示 B 氣體的質量是 A 氣體的三倍。爲了找出它們彼此間的原子（並非分子）質量比，我們必須考慮每個分子所含的原子數。對 A 氣體來說，假設圖裡的 10 個原子有 1 單位的質量。則 B 氣體的 15 個原子有 3 單位的質量。現在看仔細了：如果 10 個 A 氣體原子，有 1 單位的質量，那麼 30 個 A 氣體原子，就有 3 單位的質量。同樣的，如果 15 個 B 氣體原子有 3 單位的質量；那麼 30 個 B 氣體的原子，就有 6 單位的質量。因此，30 個 A 氣體原子是 3 單位的質量，30 個 B 氣體的原子是 6 單位的質量。所以，B 氣體的原子，質量是 A 氣體的兩倍。

19. 在近代化學的發展過程中，科學家緊緊抱住古人的想法不放的例子，不勝枚舉。本章中提到的一個例子，就是道耳呑不願接受亞佛加厥提出的想法，不承認氫和氧都是雙原子分子。其實還有很多例子，內文裡並沒有細談。例如，波以耳就相信亞里斯多德的想法，認爲所有的物質都是同一種型式的素材構成的，只是所含的特質比例不同而已。此外，普利斯特理拒絕相信拉瓦謝的實驗結果。拉瓦謝說普利斯特理的新氣體是一種新元素，當物質燃燒時會吸收這種元素。但普利斯特理的想法顯然是延襲前輩所言，認爲產生的「新空氣」只是一種缺乏了某些要素的空氣，這些要素是物質燃燒時釋放出來的。他認爲火在新空氣裡燃燒得特別猛烈，是因爲空氣迅速吸收這些燃燒物釋出的「要素」，而這正是原來空氣所欠缺的。

20. 蒲郎克的說法，在處理和人性有關的議題上，比處理科學觀念更合適。因此，這項說法可以適用在任何與人類有關的活動上。從科學、政治到宗教，甚至推及任何領域。人的思考方式一旦養成習慣後，是很難改變的。

21. 表 3.2 裡列出的科學家中，在有重大發現時，最年輕的是給呂薩克。他在 1908 年發現氣體以固定的體積比發生作用，當時是 30 歲。不過更重要的是，你會發現這些科學家大部分是在三十多歲時，就有重大的科學貢獻（平均年紀是 37 歲）。因此在科學界，科學家最有貢獻的年歲，是尚未在特定領域完整建立聲譽的年輕時刻，此時思想也較不受傳統約束。顯然，新觀念來自新頭腦。

22. 原子實在太小了，要把它們一個一個量出來並不實際。因此，我們都是大批大批的處理它們，牽涉到的數量都非常龐大。知道原子的相對質量，我們就知道兩個樣品裡的原子，彼此有什麼關係。氧比氫重 16 倍，因此 16 公克的氧和 1 公克的氫，原子數是相同的。

23. 如果粒子的質量較大，它在磁場裡的偏轉會比較小，這是慣性定律。如果粒子的電荷多，它會偏轉得更厲害，因爲偏轉的力量和電荷的多寡成正比。
24. 由於原子核會使射入的 α 粒子產生大角度的偏轉，而 α 粒子帶正電，觀察到的現象很類似電的同性相斥。因此拉塞福認爲原子核帶正電。
25. 霓虹燈是比較漂亮的陰極射線管，它美麗的光線是來自管內電子流和氣體的碰撞。當霓虹燈接近磁場時，電子流會偏轉，光當然就跟著偏轉了。
26. 在拉塞福之前，大家認爲原子的模型類似葡萄乾布丁，原子的質量平均分布於各處。因此，當 α 粒子射擊金箔時，情況應該很像用高爾夫球去打蛋糕，高爾夫球應該不會發生大角度的偏轉。但現在觀察到的情形是 α 粒子發生大角度的偏轉，甚至是直接反彈，好像高爾夫球射到保齡球一樣。因此，拉塞福提出新的原子模型，認爲原子的質量都集中在中心高密度的核當中，電子則在外圍繞行、旋轉。入射的 α 粒子若正面碰上原子核，會沿原方向反彈。
27. 最右邊的圖。原子核實際的比例是小到看不見才對。
28. 將變成碳-12的原子核。
29. 鍺元素加一個質子，就成了砷（As）。砷是很毒的物質。
30. 它的原子量是 99 amu，這個元素是鎝（Tc），原子序是43。
31. 鐵原子是電性平衡的，有 26 顆電子來抵消 26 顆質子的正電荷。
32. 中子因爲不帶電，所以難以捉摸。
33. 碳-13原子比碳-12原子重些。因此，如果碳-12和碳-13有相同的質量時，碳-13原子的個數會少一些。例如高爾夫球比乒乓球重，因此同樣是1 千克，高爾夫球的個數會比乒乓球少很多。很輕的乒乓球，要有很多個才湊得出 1 千克。
34. 在自然界中，相同元素常有不同質量的同位素。週期表上列的原子量，是這些同位素依照相對豐度，計算出來的平均值。

思前算後

1. 8 公克的氧只能和 1 公克的氫作用。8＋1＝9，因此會生成 9 公克的水。而氫只作用掉 1 公克，8－1＝7，氫還剩下 7 公克沒有作用掉。
2. 25 公克的氫能和 8 倍的氧作用。因此參與作用的氧有 200 公克，共生成 25＋200＝225 公克的水。在作用之前，氧有 225 公克，作用掉 200 公克後，氧還剩 25 公克沒有作用掉。
3. 原子量是各同位素豐度與質量的平均值。

	質量（amu）		豐度百分比		
鋰-6的質量	6.0151	×	0.0742	＝	0.446
鋰-7的質量	7.0160	×	0.9258	＝	6.495
					6.941 amu

因此，鋰元素的原子量是6.941

4. 由於兩種同位素的豐度約各占 50%，因此原子量會是兩個同位素質量單位的平均值。（a）組同位素的平均值是80.5，（b）組的平均值是79.5，（c）組的平均值是80。因此，答案是（c）組。

第4章 原子核

關鍵名詞與定義配對

1. 放射性
2. α 粒子
3. β 粒子
4. γ 射線
5. 侖目
6. 強核力
7. 遷變
8. 半衰期
9. 碳-14 年代測定法
10. 核裂變
11. 連鎖反應
12. 臨界質量
13. 核聚變
14. 熱核聚變

分節進擊

4.1 由陰極射線發現放射性

1. 侖琴發現，高電壓的陰極射線射在陰極線管上，有一種看不見的「新射線」跑出來。他命名這種新射線爲 X 射線。
2. 貝克勒耳把鈾和一些包好的感光底片放在抽屜裡好幾天，沖洗底片後發現它們已經遭某種射線給曝光了。
3. 居里夫人定出「放射性」這個名詞。
4. α 粒子含兩個質子和兩個中子，β 粒子就是單獨的電子，γ 射線則不帶電。
5. 三種射線裡，γ 射線的穿透力最強。

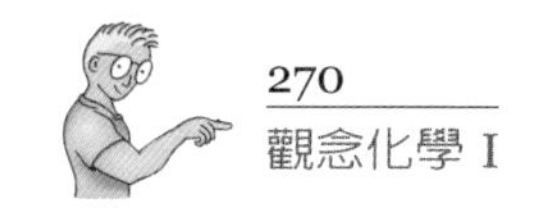

4.2 放射性是自然現象

6. 我們碰到的輻射，絕大部分是來自地球與太空的天然背景輻射。
7. 細胞遭輻射殺死的效應，比遭破壞來得嚴重。受傷的細胞有自我癒合的能力，但細胞給殺死後，只能靠新細胞來取代。
8. 不是，背景輻射在人類還沒有出現時，就已經存在了。它和陽光、雨水及土壤一樣，是環境的一部分。
9. 這個單位，是度量游離輻射對活組織傷害的程度。

4.3 放射性同位素是有用的示蹤劑與醫學造影劑

10. 它是含有放射性同位素的分子，它發射出的輻射線會透露分子所在的位置。
11. 在身體注入微量的放射性物質後，可用輻射偵測器測出所在位置。

4.4 放射性是原子核內部力量不平衡造成的

12. 強核力是距離很短的短程力，而電力是相當長程的力。
13. 中子扮演「核子膠」，把原子核黏在一起。
14. 中子是原子核裡的穩定劑。當原子核大到某種程度，使得中子數目比質子多很多時，中子會變成質子。這個新產生的質子會和其他質子互相排斥，使原子核不穩定。

4.5 放射性元素會遷變成不同的元素

15. 經過 α 衰變後，新元素的原子序是88（90－2）。
16. 經過 β 衰變後，新元素的原子序是91（90＋1）。
17. 發射 α 粒子後，原子序會減少 2。發射 β 粒子後，原子序會增加 1。
18. 所有的鈾元素，最後都會衰變成鉛。

4.6 半衰期愈短，放射性愈強

19. 半衰期是放射性核種衰變到剩下一半時，所需的時間。
20. 鐳-226的半衰期是 1620 年。
21. 放射性同位素的衰變率是用半衰期來量的。

4.7 同位素的年代測定法可度量物質的年代

22. 宇宙射線轟擊地球的大氣層，引起空氣原子的遷變，把質子和中子散布入環境中。
23. 氮原子捕獲 1 個中子後，變成碳-14 並放出 1 個質子。
24. 碳-14 具有放射性，碳-12無放射性。
25. 生物體內碳-14 衰變後，會由空氣補充新的碳-14。但生物死亡後，這種補充就停止了。因此，死亡的生物體內，碳-14 會以固定的速率減少。
26. 碳-14 年代測定法只能用於含碳的物體（生物體）並不能用於古幣或金屬製品。
27. 所有鈾的同位素最後都衰變成鉛。因此，鈾礦裡都有鉛的沉積，它們是鈾衰變而來的。
28. 岩石經過歲月洗禮後，它的鈾會變成鉛。因此，鉛對鈾的比例愈高，岩石愈古老。同理，如果比例很低，岩石就很年輕。

4.8 核裂變是指原子核的分裂

29. 鈾礦裡並不會發生連鎖反應。因爲並非所有的鈾原子都很容易分裂。天然鈾中，不會分裂的鈾-238 占 99.3%，因此鈾-235 分裂產生的中子，絕大部分會讓鈾-238 吸收，連鎖反應就停止了。
30. 兩塊鈾-235 結合成一塊，比較容易發生連鎖反應。
31. 核能發電廠和火力發電廠，都是把水燒成蒸氣，再用蒸氣推動渦輪機發電。這兩

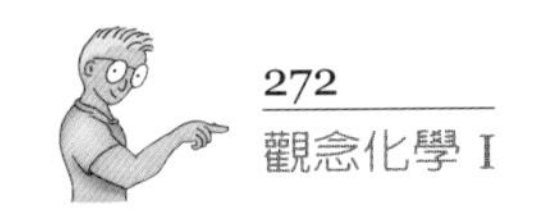

種電廠的主要差別在於燃料的不同。核能發電廠使用的燃料效率比較高，1 公斤的鈾燃料約等於 30 車廂的煤。

32. 控制棒是用來控制核反應器的反應速率。主要的作用是把中子吸收掉，使它不再進一步引起裂變。

4.9 核質量生成核能，核能造就核質量

33. 要把一個核子移出原子核，必須做功。這部分的功顯示，核子在原子核外的質量，大於在原子核裡時的質量。
34. 圖 4.28 顯示，每個核子的平均質量，與原子核有關。當核子離開原子時，質量會增加。因此，核子的質量和它從什麼元素來的有關。
35. 鈾元素中每個核子的質量，大於分裂碎片中每個核子的質量。
36. 鐵元素若分裂，分裂碎片中每個核子的質量，會大於原本原子核中的核子質量。
37. 如果兩個鐵原子產生核聚變，則新原子核裡每個核子的質量會大於鐵原子核的核子質量。要記得，鐵原子核的核子質量是最低的。

4.10 原子核與原子核結合叫核聚變

38. 兩個氫同位素產生核聚變，產物的質量少於核聚變前核子的質量和。
39. 太陽的能量來自熱核聚變。
40. 核聚變結合兩個原子核成爲單一的原子核，新原子核的質量小於原先兩個原子核的質量和。核裂變會產生兩個大小約相等的碎片。

高手升級

1. 放射性樣品總是比周圍的環境稍微暖一些，因為 α 或 β 粒子會把部分的內能傳遞給樣品（有趣的是，地球的熱量也是來自地心和周遭物質的放射衰變）。
2. 氫原子核不可能放射出 α 粒子。因為 α 粒子是由兩個質子和兩個中子構成的，而氫原子核裡只有一個質子，不可能無中生有多出另外幾個核子來。
3. α 粒子和 β 粒子帶的電荷，電性不同。α 粒子帶正電荷而 β 粒子帶負電，因此它們在磁場裡偏轉的方向相反。γ 輻射不帶電，在磁場裡不會發生偏轉。
4. α 粒子帶的電荷雖然是 β 粒子的兩倍，但它的質量卻是 β 粒子的 8,000 倍左右（因為每個核子的質量大約是電子的 2,000 倍）。α 粒子的慣性比 β 粒子大太多了，因此和 β 粒子比起來，在磁場裡偏轉的角度小多了。
5. 發生 α 衰變後，原子的原子序會減少 2，原子量會減少 4。β 衰變後，原子的原子序會加 1，原子量不變。發生了 γ 衰變，原子的原子序和原子量都沒改變。因此，發生了 α 衰變，原子的原子序和原子量的改變，都是最大的。
6. 參閱第 5 題的解答，可以知道 γ 衰變對原子的原子序與原子量都沒有改變，只非常微幅的改變質量。如果是 α 或 β 衰變，則原子序與原子量都有改變。
7. 三種輻射當中，只有 γ 輻射能穿透金屬的機艙，對高空飛行的乘客與機組員造成傷害。機組員會有飛行時數限制，原因之一就是為了減少他們在高空飛行時，受游離輻射的影響。給大家高空飛行的輻射劑量概念：從紐約到洛杉磯來回飛二趟飛行，接受到的輻射劑量，約等於照一張胸部 X 光照片。
8. 因為同性的電荷會相斥，而且距離愈近，斥力愈大。原子的原子核帶正電，質子也帶正電。因此，如果用質子來轟擊原子核，要給它很大的動能，才能克服質子和原子核間的電斥力。能量低的質子很容易遭電斥力排除在外而無法靠近原子核。

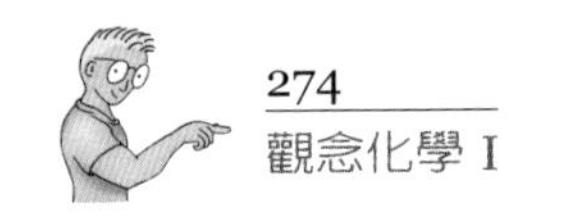

9. 首先，α 粒子的尺寸比 β 粒子大很多，使它不容易從物質的「孔隙」穿過。其次，α 粒子的質量是 β 粒子的 8,000 倍左右。如果兩者具有相同的動能，β 粒子的速率會比 α 粒子快很多。β 粒子小、速率快，穿透物質的效率當然會比 α 粒子高。
10. 穩定的原子核裡有很多質子存在，就是很好的證據。這表示原子核裡有比電斥力更強的力存在，而且這種力是吸引力。如果原子核裡沒有這種超過質子斥力的吸引力存在，質子一定會相互分離，原子核就四分五裂了。
11. 要衰變到原來的十六分之一，需要四個半衰期。四個半衰期約 120 年。
12. 鉍-213 經過 α 衰變後，會遷變成鉈-209。如果它進行的是 β 衰變，則會遷變成釙-213。
13. 原子核放射出 α 粒子後，原子序會減少 2，原子量會減少 4。因此鐳-226 放射出 α 粒子後，原子序是 $88-2=86$，原子量是 $226-4=222$。
14. 進行 β 衰變的原子核，原子序會加 1 而原子量不變。因此，新元素的原子序是 85（$84+1$），而原子量還是 218。如果進行 α 衰變，我們知道原子序會減少 2，而原子量會減少 4。若釙-218 進行 α 衰變，新元素的原子序是82（$84-2$），而原子量是214（$218-4$）。
15. 如果元素衰變是發射出 β 粒子（電子），原子序會加 1。這時，原子核裡的 1 個中子會變成了質子，且放出 1 個電子。原子核裡的質子多了 1 個，在週期表上就後退了 1 格。
16. 在週期表上，排在鈾元素之後的元素，半衰期都很短，且通常是鈾的衰變產物。只要鈾持續衰變，它們會一直維持固定的量。
17. 溫泉是地球內部的高溫，把地下水加熱而形成的。地球內部的溫度是來自於放射衰變，它使地球內部保持熔融狀態。放射性把水加熱，但不會使水有放射性。溫泉的熱度是放射衰變的「好效應」之一。你和朋友在山上裸露的花崗岩礦脈上接受到的放射性，比在核電廠旁邊接受到的還多。不僅如此，在高山上由於高度的差異，你們兩人接受到的宇宙射線，也比在平地時多得多。但儘管如此，與生活裡可能碰到的各種風險相比，這種天然背景輻射算是最安全的。你死於其他事件的機率，可說是百分之百（換句話說，死於背景輻射的是零）。因此，好好享受你們的出遊吧。

18. 利用膠片感光記錄輻射劑量的佩章，叫做膠片佩章（另外還有別的輻射劑量計）。它主要是度量 γ 射線，這是高能量的電磁輻射，像 X 射線一樣，都會使底片感光，且劑量愈多，感光的程度愈厲害。

19. 雖然在核能發電廠裡有很多的放射性物質，但在設計時就把這項因素考慮在內，設計了各種屏蔽，把放射性物質和環境隔絕。因此由核能發電廠釋入環境的放射性物質非常少，比燃煤的火力發電廠排入環境的放射性物質還少。所有的核能發電廠都能阻隔放射性物質逸出，但燃煤的火力發電廠並沒有這種設備。

20. 你這位朋友應該要害怕輻射本身，而不是量測輻射的儀器。輻射是看不見摸不到的，因此蓋革計數器利用聲響，顯示它測到的輻射。不願意接觸輻射偵檢器是掩耳盜鈴，對事情毫無幫助。就好像發燒的人卻害怕溫度計，不肯量體溫一樣。如果這位朋友真的跑來問你，就告訴他，環境裡本來就到處遍布背景輻射，從遠古以來就一直如此，程度也差不多。不管有沒有蓋革計數器，情況都是一樣的。既然如此，就好好過日子吧。

21. 放射衰變是一種統計現象。衰變的原子愈多，時間估算就愈準確。由於碳-14的半衰期並不太長，生物體含的碳-14又不很多。超過五萬年的東西，含的碳-14 數量過少，在統計上的準確度已經不夠了。

22. 石碑不能用碳-14 來測定年代。石頭不是生物，不會吸入碳，所以也不會得到會衰變的碳-14 同位素。碳-14年代測定法只能用於生物，或用生物製造的東西。

23. 從正午 12 點到下午 3 點，過了三個半衰期，$(1/2)^3 = 1/8$，因此樣品只剩下 1/8 公克。到下午 6 點，總共過了六個半衰期，$(1/2)^6 = 1/64$，因此只剩下 1/64 公克。到了晚上 10 點，已過了十個半衰期，1 公克的放射性物質，只剩下不到千分之一公克（$1/10^{24}$ 公克）了。

24. 因爲核裂變會產生放射性非常強的分裂產物，必須使用很厚的屏蔽保護駕駛人和乘客，因此不太可能直接用來驅動汽車。另外，它還有放射性廢料的問題。但核裂變產生的能量可以用來發電，可以爲電動車的電瓶充電，所以是有可能間接驅動汽車的。
25. 中子不帶電，因此比質子或電子更合適用來撞擊原子核。中子和原子核之間，沒有任何電的交互作用，因此不會受到干擾。
26. 當兩塊比較小的東西結合時，表面積相對於體積的比會減少。我們很容易舉出相反的例子來說明：一整塊方糖放進咖啡裡，沒有那麼快溶解，如果把它先壓碎，糖的表面積就變大了，比較容易和咖啡接觸，溶解的速率也提高了。在核燃料裡，把小塊的燃料結合成大塊燃料，會減少燃料的表面積，減低中子逸出的機率，同時提高連鎖反應與爆炸的機率。
27. 鈽的半衰期是 24,360 年，和地質的年代相比算是非常短的。因此，地殼裡的鈽元素很早就衰變光了。那些半衰期很短，可能遷變成鈽的較重元素也一樣。但是地殼裡還有微量的鈽，這是鈾-238變來的。鈾-238的半衰期很長，在地殼裡的量又多，它捕獲一個中子（可來自宇宙射線）後，會變成鈾-239，接著發生 β 衰變，變成錼-239，再經過一次 β 衰變，就成爲鈽-239。（地殼裡有些半衰期比鈽-239 更短的元素。但這些元素都是鈾的衰變產物。是鈾衰變成鉛之前的一系列過渡物質。）
28. 由於鈽元素的每個原子裂變後，產生的中子較多，比較容易觸發下一次的裂變。要產生相同的中子通量，鈽元素需要的質量比鈾元素還少。因此，鈽的臨界質量比鈾少些。
29. 鈾-235 裂變所產生的中子，有部分遭燃料裡的鈾-238 吸收，衰變成可裂變的鈽-239。鈽-239 碰到中子，就裂變了。
30. 釷-232 的原子核吸收了一個中子，接著發生兩次 β 衰變，會變成鈾-233 同位素

（也是可分裂的物質）。

31. 要預測核反應釋出的能量，只要知道反應前和反應後（不管是核裂變或核聚變）的質量差就行了。這個質量差有一個專門術語，叫做「質量欠缺」（mass defect），可由原子核質量表或圖 4.28 的曲線中查出來。然後再把它代入 $E = mc^2$ 的公式裡。m 是質量差，c 是光速。我們就可計算出核反應釋出的能量。
32. 金的裂變和碳的聚變，都會釋出能量。至於鐵元素，不論是裂變或聚變，都不可能釋出能量。因爲鐵原子核不論裂變或聚變，質量都不會減少。
33. 如果鈾原子核裂變成大約相等的三塊，裂變產物的原子序更小，更接近鐵元素。依圖 4.27 來看，裂變後產物的質量更小，質量的虧損更嚴重，因此會釋放出更多的能量。
34. 地球內部的熱，是來自地心內放射性物質的衰變。這股熱使地心保持熔融狀態，有時岩漿會從爆發的火山口噴出。至於我們太陽的光和熱，則是靠它內部產生的熱核聚變反應來的。陽光使地球表面變得溫熱。除了地熱之外，地球上的一切能源（核能除外）都是來自太陽。
35. 這種改變非常巨大，不是三言兩語說得完的。重點是，人類使用的能量和物質，都將不虞匱乏。因此，我們的生活型態可能就會有改變，且在經濟及商業行爲上，會有更大改變。那時候顧慮的不再是不足，而是過多。我們現在的貨幣政策、交易機制都是針對不足設計的，因此將會全然不適用。全世界的經濟型態會天翻地覆，各國之間的交易也完全改變。我們現在每個人的經濟驅動力，也是來自不足的觀念，必須要全盤重新檢討。這只是一個很小的例子，核聚變的世界一定會使我們生活的每個層面，都完全不同。

附錄A

科學記號

在科學上，我們經常會碰到非常大或非常小的數字。若用標準的十進位法來寫出這些數字，是非常討厭的。舉例來說，一點點的水就可能含有 33,460,000,000,000,000,000,000 個水分子，每個水分子的質量是0.00000000000000000000002991 公克。爲了簡單且正確的表示出這種數字，科學家常用的方式叫做「科學記號」。若用科學記號來表示，一點點的水含有 3.346×10^{22} 個水分子，每一個水分子的質量是 2.991×10^{-23} 公克。

要瞭解科學記號是怎麼回事，我們先來看50,000,000這個數字。從數字的意義上，它等於 5 乘上 $10 \times 10 \times 10 \times 10 \times 10 \times 10 \times 10$（你可以用手邊的計算機檢查）。我們可以把這些10的連乘，用指數來表示，就是 10^7。因此，50,000,000 就變成 5×10^7。（注意，式中 10^7 就等於 $10 \times 10 \times 10 \times 10 \times 10 \times 10 \times 10$。表A.1是一些大、小數目的指數形式。）同樣的，一個小的數目，如0.0005，是 5 除以 $10 \times 10 \times 10 \times 10$，也就是 $5/10^4$。因爲除以某數等於乘以某數的倒數，因此 $5/10^4$ 可以寫成 5×10^{-4}。因此，0.0005 的科學記

表 A.1　十進位與指數記號

1,000,000	$=10\times10\times10\times10\times10\times10=10^6$
100,00	$=10\times10\times10\times10\times10=10^5$
10,000	$=10\times10\times10\times10=10^4$
1000	$=10\times10\times10=10^3$
100	$=10\times10=10^2$
10	$=10=10^1$
1	$=1=10^0$
0.1	$=1/10=10^{-1}$
0.01	$=1/(10\times10)=10^{-2}$
0.001	$=1/(10\times10\times10)=10^{-3}$
0.0001	$=1/(10\times10\times10\times10)=10^{-4}$
0.00001	$=1/(10\times10\times10\times10\times10)=10^{-5}$
0.000001	$=1/(10\times10\times10\times10\times10\times10)=10^{-6}$

號就是 5×10^{-4}（注意它的指數是負數）。

所有科學記號，都可以寫成下面這種一般的型式，就是

$$C\times10^n$$

其中的C是「係數」，是在 1 和 9.999……之間的數值。n 叫做「指數」。正指數代表大於 1 的數目，負指數代表介於 0 和 1 之間的數目（並不是小於 0 的數目）。

至於小於 0 的數目，則是在係數的前面加個「負號」（而不是加在指數上）。例如：

	十進位	科學記號
大的正數（大於1）	6,000,000,000	6×10^{9}
小的正數（小於1）	0.0006	6×10^{-4}
大的負數（小於－1）	－6,000,000,000	-6×10^{9}
小的負數（－1與0之間）	－0,0006	-6×10^{-4}

表A.2是一些物理上常用到的數據，它們的科學記號表示法。

表 A.2 常用數據的科學記號表示法	
一小滴水的分子數	3.346×10^{22}
水分子的質量	2.991×10^{-23} 公克
氫原子平均半徑	5×10^{-11} 公尺
質子質量	1.6726×10^{-27} 公斤（千克）
中子質量	1.6749×10^{-27} 公斤（千克）
電子質量	9.1094×10^{-31} 公斤（千克）
電子電量	1.602×10^{-19} 庫侖
亞佛加厥數	6.022×10^{23} 個
原子質量單位	1.661×10^{-24} 公克

要把一個大於1或小於－1的十進位數字改成適當的科學記號，必須把小數點的位置向左移動，直到你得到一個介於1和9.999⋯⋯之間的數值。至於介於1和－1之間的十進位數字，則要把小數點的位置向右移動，直到你得到一個介於1和9.99⋯⋯之間的數值。這個值就是科學記號的係數部分。至於指數部分則是小數點移動的位數。例如要將 45,000 變成科學記號，必須把小數點向左移動，直到得到一個介於 1 和 9.999⋯⋯之間的數值爲止。

$$45{,}000 = 4.5 \times 10^{4}$$

4 3 2 1

另一方面，若是0.00045要改成科學記號，要把小數點向右移四位，才會得到一個介於1和9.999⋯⋯的數值：

$$0.00045 = 4.5 \times 10^{-4}$$

1 2 3 4

特別要注意的是，在這個例子，小數點是向右移動的，因此你的指數上有個負號。

■ **請你試試：**

把下面的數值用十進位表示：

a. 1×10^{-7}　　b. 1×10^{8}　　c. 8.8×10^{5}

把下面的十進位數字改寫成科學記號：

d. 740,000　　e. －0.00354　　f. 15

■ 你答對了嗎？

a. 0.0000001　b. 100,000,000　c. 880,000

d. 7.4×10^{5}　e. -3.5×10^{-3}　f. 1.5×10^{1}

附錄B

有效數字

科學界用到的數字有兩種，一種是數出來或確定的數字，另一種是度量得到的。這兩種數字有很大的差別。數出來或確定的數字，有確定的值；但是度量得來的數字，不會有確定的值。

你可以數一數教室裡有多少把椅子、你有幾個手指頭或口袋裡有多少個十元硬幣，得到的數字非常明確。因此，數出來的數字不會有什麼誤差（當然，要是你數錯了，則另當別論）。

但是由度量得到的數字，不論你量得多麼準確，總是會有一些誤差或不準確，這個度量的不準度（或誤差程度），我們可以用次頁圖 B.1 的例子來說明。我們分別用兩把直尺度量同一張桌子的長度。假設桌子的左邊完全貼在直尺刻度的 0 上，右邊則如圖所示，這張桌子究竟有多長？

先看上面那一把尺。它的刻度單位是公分。由這把尺，你可以確定桌子的長度在 51 公分和 52 公分之間。你也看得出它比較接近 51 公分，甚至可以估計它大約是 51.2 公分長。

下面那把尺的刻度更細，因此它的精確度更高。它的刻度單位是公厘，1 公厘等於十分之一公分。用這把尺，你可以看出桌子的

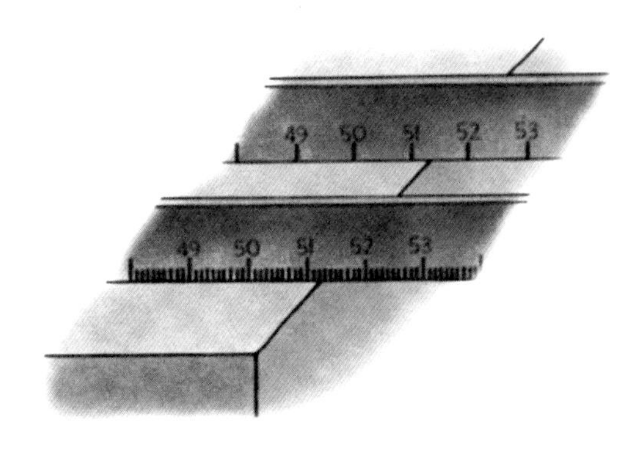

圖 B.1

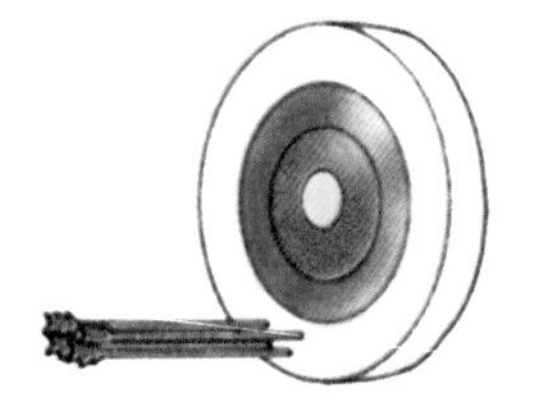

精確度佳，但準確度差

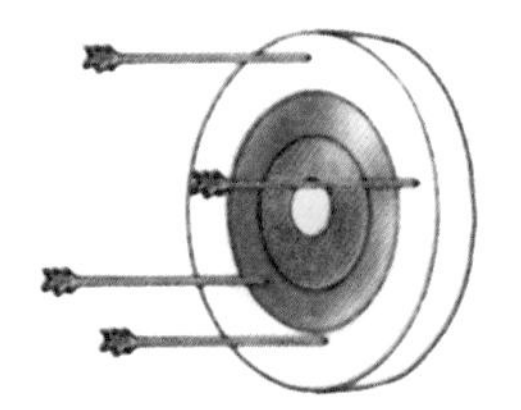

精確度差，準確度亦差

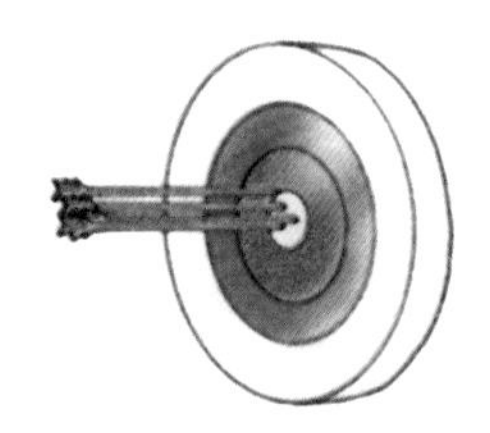

精確度佳，準確度亦佳

長度是介於 51.2 公分和 51.3 公分之間。你可以估計它的長度約為 51.25 公分。

你可以注意到，上面這兩個讀數都包含一個確定的部分，以及一位（最後那個數字）估計的部分。另外要注意的是，下面那把尺得到的讀數，不準度比上面那把尺得到的小。下面那把尺得到的讀數，可以達到百分之一公分，而上面那把尺的讀數只能到達十分之一公分。因此，下面那把尺的精確度更高。任何一個度量值，數字會告訴我們「數量」的多寡，而小數點的位置則告訴我們度量的「精確度」。（圖 B.2 說明了「精確度」和「準確度」的不同。）

任何度量的有效數字，都是它的確定值位數，再加一位估計

圖 B.2

我們以箭術來討論精確度和準確度的不同。精確度是一群度量值彼此接近的程度。準確度是指某個度量值接近真值的程度。如果你度量一件東西好幾次，得到的度量值都非常接近，但離真值很遠，表示你的度量值很精確，但是並不準確（這或許是你的度量系統功能出了問題。）

值。**有效數字**代表產生這組度量值的儀器，本身的精確度如何。它們是有實驗意義的數字。在圖 B.1 裡，上面那把尺的度量結果是 51.2 公分，有三位有效數字。下面那把尺的度量結果是 51.25 公分，有四位有效數字。這些數字的最後一位（最右邊的）數字，都是估計值。每個度量的讀數，都只能有一位估計數字。如果用下面那把尺量測，卻把度量結果寫成 51.253 公分，就是不正確的，因爲在這個有五位有效數字的度量值裡，有兩個數字是估計值（5 和 3），是那把直尺無法達到的精確度。

這裡有一些書寫或使用有效數字的基本規則。

規則一　不含零的數字，所有的位數都是有效數字。

4.1327　五位有效數字
5.14　三位有效數字
369　三位有效數字

規則二　在有效數字之間的所有零，都是有效數字。

8.052　四位有效數字
7059　四位有效數字
306　三位有效數字

規則三　在第一位非零數字前的零（左邊的零），只是表示小數點的位置，並不是有效數字。

0.00068　二位有效數字
0.0427　三位有效數字
0.0003506　四位有效數字

規則四　有小數點的數字，在小數點之後（右邊），非零數字後面的零，也是有效數字。

53.0	三位有效數字
53.00	四位有效數字
0.00200	三位有效數字
0.70050	五位有效數字

規則五　一個沒有小數點的數字若結尾是零，不管有多少個零，這些零都不是有效數字。

3600	兩位有效數字
290	兩位有效數字
5,000,000	一位有效數字
10	一位有效數字
6050	三位有效數字

規則六　用科學記號表示的數字，所有的係數都是有效數字。

4.6×10^{-5}	兩位有效數字
4.60×10^{-5}	三位有效數字
4.600×10^{-5}	四位有效數字
2×10^{-5}	一位有效數字
3.0×10^{-5}	兩位有效數字
4.00×10^{-5}	三位有效數字

■ 請你試試：

下列的數字，有幾位有效數字？

a. 43,384

b. 43,084

c. 0.004308

d. 43,084.0

e. 43,000

f. 4.30×10^4

■ 你答對了嗎？

a. 五位　b. 五位　c. 四位　d. 六位　e. 兩位

f. 三位

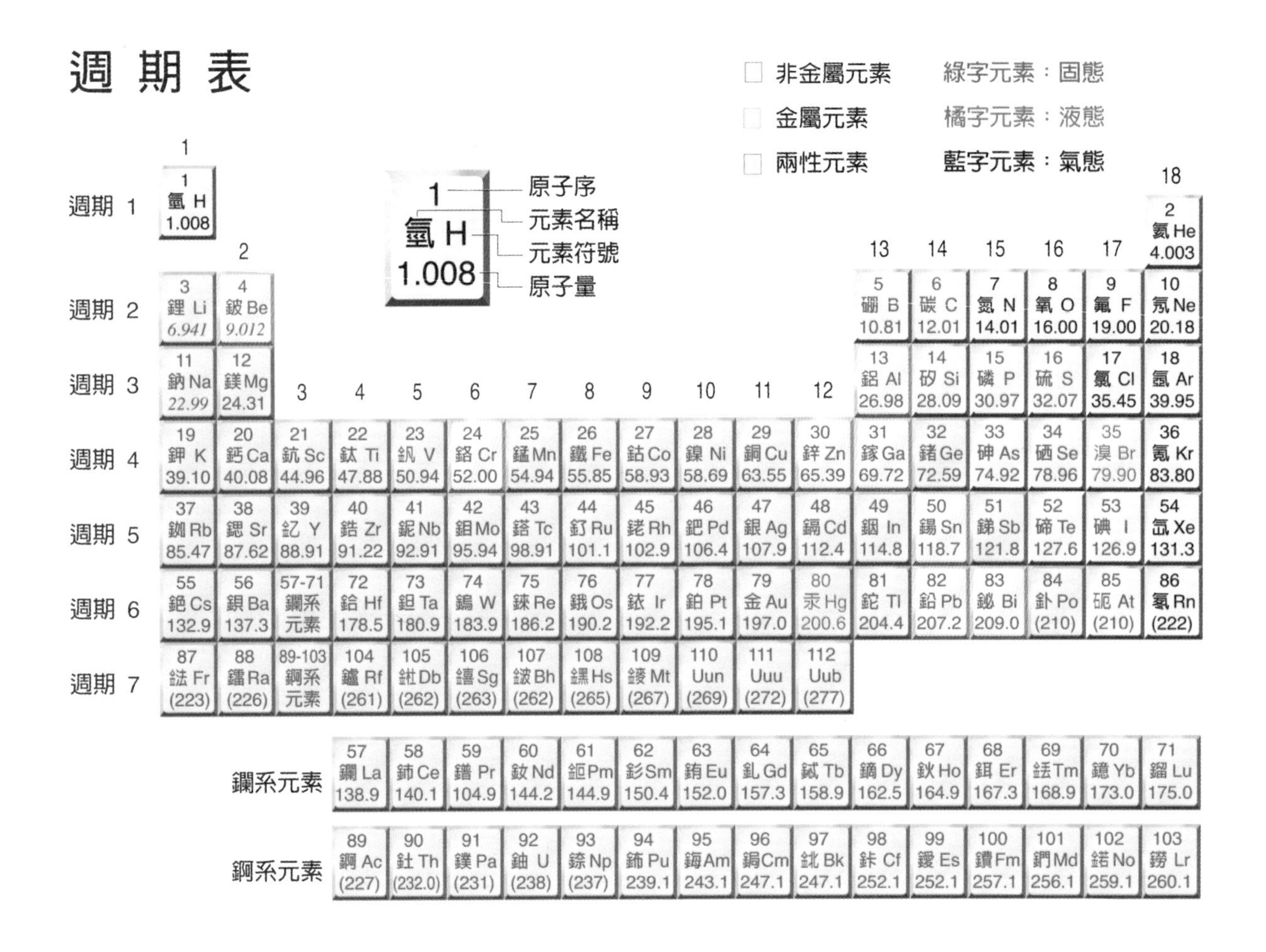

週期表

非金屬元素　綠字元素：固態
金屬元素　橘字元素：液態
兩性元素　藍字元素：氣態

1 原子序
氫 元素名稱
H 元素符號
1.008 原子量

	1	2	3	4	5	6	7	8	9	10	11	12	13	14	15	16	17	18
週期 1	1 氫 H 1.008																	2 氦 He 4.003
週期 2	3 鋰 Li 6.941	4 鈹 Be 9.012											5 硼 B 10.81	6 碳 C 12.01	7 氮 N 14.01	8 氧 O 16.00	9 氟 F 19.00	10 氖 Ne 20.18
週期 3	11 鈉 Na 22.99	12 鎂 Mg 24.31											13 鋁 Al 26.98	14 矽 Si 28.09	15 磷 P 30.97	16 硫 S 32.07	17 氯 Cl 35.45	18 氬 Ar 39.95
週期 4	19 鉀 K 39.10	20 鈣 Ca 40.08	21 鈧 Sc 44.96	22 鈦 Ti 47.88	23 釩 V 50.94	24 鉻 Cr 52.00	25 錳 Mn 54.94	26 鐵 Fe 55.85	27 鈷 Co 58.93	28 鎳 Ni 58.69	29 銅 Cu 63.55	30 鋅 Zn 65.39	31 鎵 Ga 69.72	32 鍺 Ge 72.59	33 砷 As 74.92	34 硒 Se 78.96	35 溴 Br 79.90	36 氪 Kr 83.80
週期 5	37 銣 Rb 85.47	38 鍶 Sr 87.62	39 釔 Y 88.91	40 鋯 Zr 91.22	41 鈮 Nb 92.91	42 鉬 Mo 95.94	43 鎝 Tc 98.91	44 釕 Ru 101.1	45 銠 Rh 102.9	46 鈀 Pd 106.4	47 銀 Ag 107.9	48 鎘 Cd 112.4	49 銦 In 114.8	50 錫 Sn 118.7	51 銻 Sb 121.8	52 碲 Te 127.6	53 碘 I 126.9	54 氙 Xe 131.3
週期 6	55 銫 Cs 132.9	56 鋇 Ba 137.3	57-71 鑭系元素	72 鉿 Hf 178.5	73 鉭 Ta 180.9	74 鎢 W 183.9	75 錸 Re 186.2	76 鋨 Os 190.2	77 銥 Ir 192.2	78 鉑 Pt 195.1	79 金 Au 197.0	80 汞 Hg 200.6	81 鉈 Tl 204.4	82 鉛 Pb 207.2	83 鉍 Bi 209.0	84 釙 Po (210)	85 砈 At (210)	86 氡 Rn (222)
週期 7	87 鍅 Fr (223)	88 鐳 Ra (226)	89-103 錒系元素	104 鑪 Rf (261)	105 𨧀 Db (262)	106 𨭎 Sg (263)	107 𨨏 Bh (262)	108 𨭆 Hs (265)	109 䥑 Mt (267)	110 Uun (269)	111 Uuu (272)	112 Uub (277)						

鑭系元素	57 鑭 La 138.9	58 鈰 Ce 140.1	59 鐠 Pr 104.9	60 釹 Nd 144.2	61 鉕 Pm 144.9	62 釤 Sm 150.4	63 銪 Eu 152.0	64 釓 Gd 157.3	65 鋱 Tb 158.9	66 鏑 Dy 162.5	67 鈥 Ho 164.9	68 鉺 Er 167.3	69 銩 Tm 168.9	70 鐿 Yb 173.0	71 鎦 Lu 175.0
錒系元素	89 錒 Ac (227)	90 釷 Th (232.0)	91 鏷 Pa (231)	92 鈾 U (238)	93 錼 Np (237)	94 鈽 Pu 239.1	95 鋂 Am 243.1	96 鋦 Cm 247.1	97 鉳 Bk 247.1	98 鉲 Cf 252.1	99 鑀 Es 252.1	100 鐨 Fm 257.1	101 鍆 Md 256.1	102 鍩 No 259.1	103 鐒 Lr 260.1

圖片來源

圖 1.11、圖 1.16、圖 2.4、第 92 頁觀念檢驗站、圖 3.19 由作者蘇卡奇（John Suchocki）提供

圖 1.2 由沈宜榛攝

圖 1.5（a） Dan Martin 提供

圖 1.5（b）McClintock, J.B. and J. Janssen. 1990. Pteropod abduction as a chemical, defense in a pelagic antarctic amphipod. Nature 346, 462-464

圖 1.10 Lisa Jeffers-Fabro 提供

圖 1.12 BIPM (International Bureau of Weights and Measures/Bureau International des Poids et Mesures, www.bipm.org).

圖 1.14、圖 2.2 左、右、圖 2.5、圖 2.6、圖 2.10、圖 2.12、第 288 頁週期表 由邱意惠繪製

圖 2.18 美國航空暨太空總署（NASA）

圖 2.1 中（鑽石） 京華鑽石提供

圖 4.6 International Atomic Energy Agency (IAEA)

圖 4.17 © Nobel Foundation

圖 4.24 台灣電力公司提供

圖 4.29（b）University of California, Lawrence Livermore National Laboratory, and the Department of Energy

第 18 頁水杯 由許智瑋攝

第 41 頁觀念檢驗站圖、圖 2.1 左、圖 2.15（a）、圖 2.15（b） 購自富爾特圖庫公司

第 149 頁（道耳吞）、第 151 頁（給呂薩克）、第 152 頁（亞佛加厥）、第 153 頁（坎尼札羅）、第 154 頁（門德列夫）由許智瑋繪製

除以上圖片來源，其餘繪圖皆取自本書英文原著。

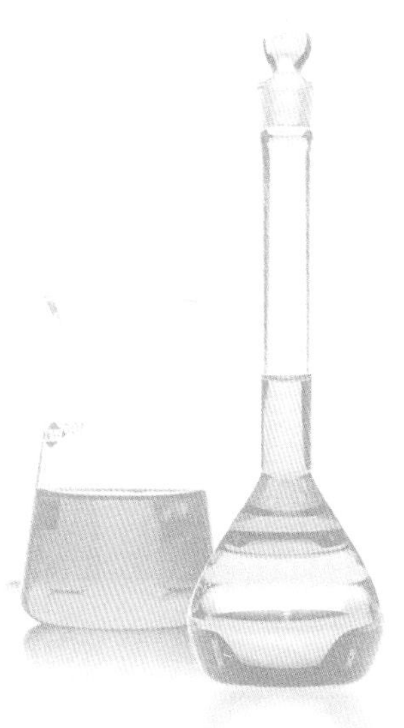

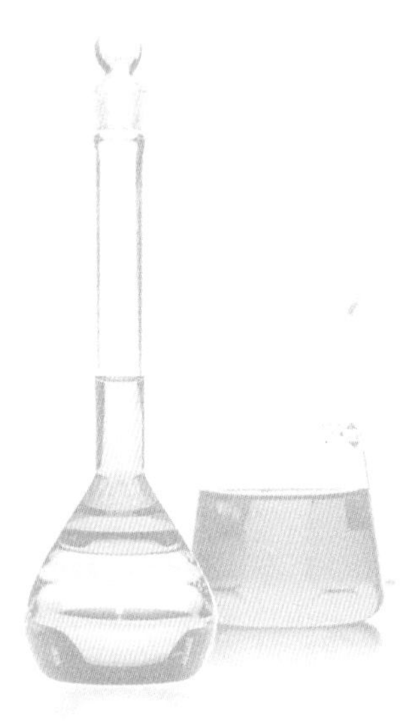

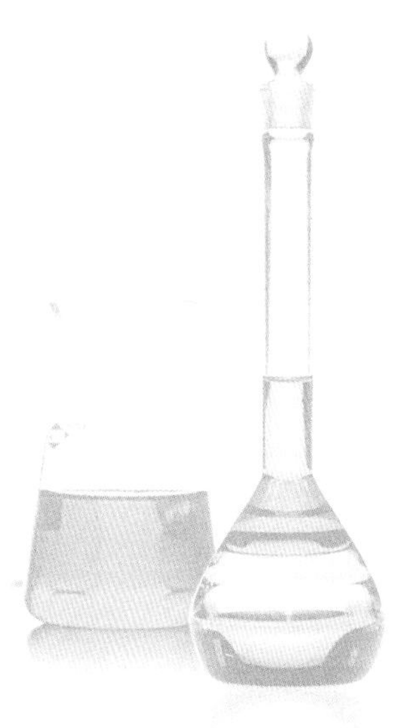

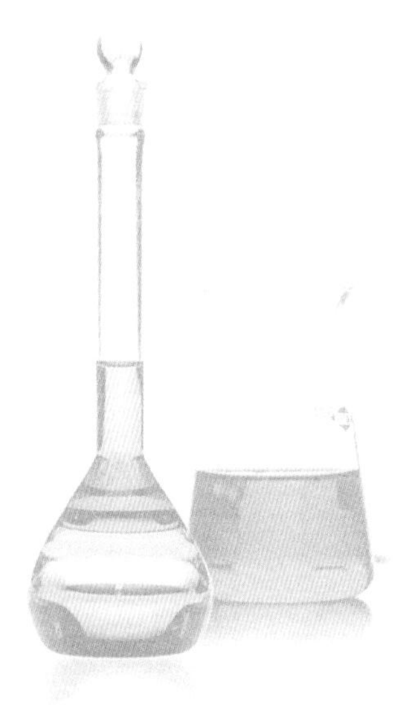

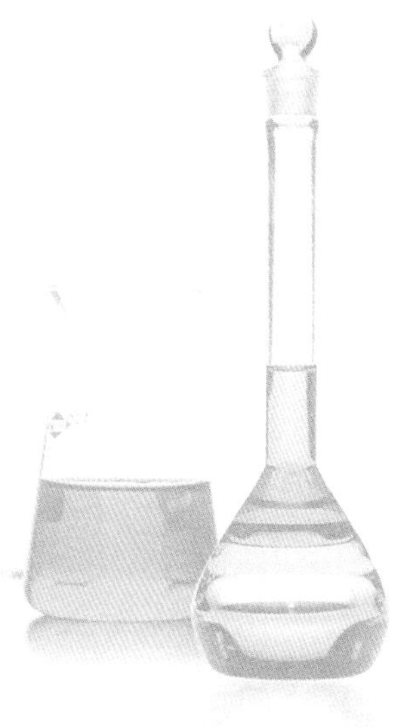

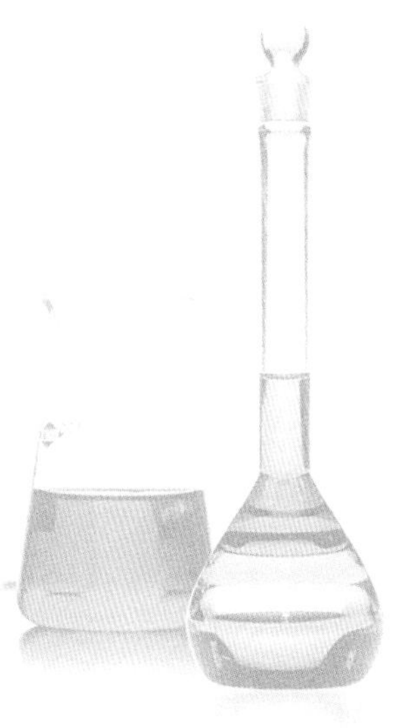

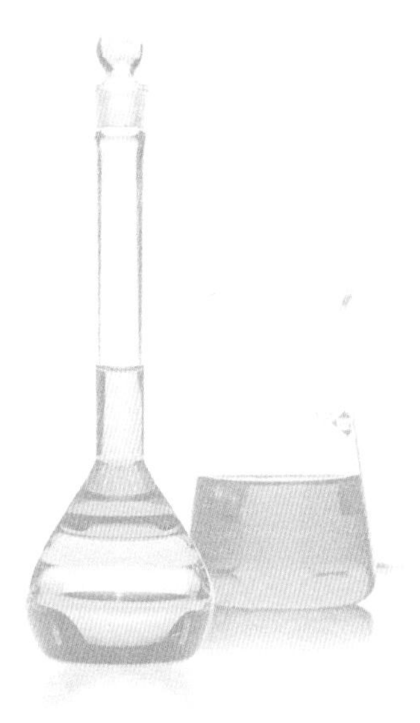

國家圖書館出版品預行編目資料

觀念化學／蘇卡奇（John Suchocki）著；葉偉文等譯.--
第一版. -- 臺北市：天下遠見，2006 [民 95]
冊；　　公分. --（科學天地；85 - 89）
譯自：Conceptual Chemistry : understanding our world of atoms and molecules, 2nd ed.
ISBN 986 - 417 - 676 - 5（第 1 冊：平裝）. --
ISBN 986 - 417 - 677 - 3（第 2 冊：平裝）. --
ISBN 986 - 417 - 678 - 1（第 3 冊：平裝）. --
ISBN 986 - 417 - 679 - X（第 4 冊：平裝）. --
ISBN 986 - 417 - 680 - 3（第 5 冊：平裝）

1. 化學

340　　95006480

觀念化學 I
基本概念 · 原子

原　　著／蘇卡奇
譯　　者／葉偉文
顧 問 群／林　和、牟中原、李國偉、周成功
系列主編／林榮崧
責任編輯／林文珠
美術編輯暨封面設計／江儀玲

出版者／天下遠見出版股份有限公司
創辦人／高希均、王力行
遠見 · 天下文化 · 事業群　董事長／高希均
事業群發行人／CEO／王力行
天下文化編輯部總監／林榮崧
版權暨國際合作開發總監／張茂芸
法律顧問／理律法律事務所陳長文律師　　著作權顧問／魏啓翔律師
社　址／台北市104松江路93巷1號2樓
讀者服務專線／（02）2662-0012　傳真／（02）2662-0007；2662-0009
電子信箱／cwpc@cwgv.com.tw
直接郵撥帳號／1326703-6號 天下遠見出版股份有限公司

電腦排版／極翔企業有限公司
製 版 廠／瑞豐實業股份有限公司
印 刷 廠／華展印刷有限公司
裝 訂 廠／台興印刷裝訂股份有限公司
登 記 證／局版台業字第2517號
總 經 銷／大和書報圖書股份有限公司　電話／（02）8990-2588
出版日期／2006年5月11日第一版第1次印行
　　　　　2010年3月5日第一版第21次印行

定　　價／400元
原著書名／**CONCEPTUAL CHEMISTRY: UNDERSTANDING OUR WORLD OF ATOMS AND MOLECULES**

ISBN: 986-417-676-5（英文版ISBN:0805332286）
書號：**WS085**

BOOKzone 天下文化書坊　http://www.bookzone.com.tw